土木工程学科研究生系列教材

高等基础工程

GAODENG JICHU GONGCHENG

罗　汀　姚仰平　胡贺祥　编

内 容 提 要

本书以位于上部结构与地基土之间的基础为对象，分析在上部结构荷载与地基反力共同作用下基础的内力与变形，其中包括柱下条形基础、筏形基础、箱形基础、桩筏基础、桩箱基础及深基坑支护工程。对于各类基础的内力与变形分析，介绍了不考虑地基基础相互作用的分析方法，考虑地基、基础两者相互作用的分析方法以及考虑地基、基础、上部结构三者相互作用的分析方法。

书中给出了用 Excel、Maple 及 MATLAB 等进行解题及绘图的例子，有助于读者通过绘图加深对所分析问题的理解，应用计算软件求计算参数，应用 Excel 完成题目中多元线性方程组的求解，通过编程解决更加复杂的实际问题。

本书内容是在本科基础工程教材基础上的进一步延伸和提高，可作为土木工程学科的研究生教材，也可作为相关专业研究生及工程技术人员的参考书。

图书在版编目(CIP)数据

高等基础工程/罗汀，姚仰平，胡贺祥编．—北京：人民交通出版社，2013.12

ISBN 978-7-114-10811-2

Ⅰ.①高… Ⅱ.①罗… ②姚… ③胡… Ⅲ.①基础(工程)-研究生-教材 Ⅳ.①TU47

中国版本图书馆 CIP 数据核字(2013)第 174965 号

土木工程学科研究生系列教材

书　　名：高等基础工程
著 作 者：罗　汀　姚仰平　胡贺祥
责任编辑：杜　琛　温鹏飞
出版发行：人民交通出版社
地　　址：(100011)北京市朝阳区安定门外外馆斜街 3 号
网　　址：http://www.ccpress.com.cn
销售电话：(010)59757973
总 经 销：人民交通出版社发行部
经　　销：各地新华书店
印　　刷：北京交通印务实业公司
开　　本：787×1092　1/16
印　　张：13.75
字　　数：321 千
版　　次：2013 年 12 月　第 1 版
印　　次：2013 年 12 月　第 1 次印刷
书　　号：ISBN 978-7-114-10811-2
定　　价：32.00 元
(有印刷、装订质量问题的图书由本社负责调换)

前言

高等基础工程是岩土工程学科研究生的必修课。本课程涉及材料力学、结构力学、弹性力学、塑性力学、高等土力学、有限单元法、有限差分法等基础课和专业基础课的知识，涉及的规范有《建筑地基基础设计规范》(GB 50007—2011)、《高层建筑筏形与箱形基础技术规范》(JGJ 6—2011)、《建筑桩基技术规范》(JGJ 94—2008)、《建筑基坑支护技术规程》(JGJ 120—99)(JGJ 120—2012)等。本教材把上述各方面的基本知识及规范内容融会其中，希望通过本课程的学习能够使读者综合运用专业知识及岩土工程各种规范解决基础工程中的实际问题。

本书的第1章绪言部分简述了本课程的基本内容。

第2章中首先建立了地基力学模型的基本概念，详细介绍了常用的线性弹性力学模型，简要介绍了弹塑性力学模型。地基的变形、基础的内力与所采用的地基模型密切相关，在以下各章节考虑地基与基础的相互作用的分析计算中首先需要确定地基的力学模型。

第3章中详细介绍了柱下条形基础的静力平衡法、倒梁法、弹性地基梁法、链杆法、有限差分法、有限单元法的计算原理与分析方法。上述方法均满足上部荷载与地基反力的静力平衡条件。考虑地基与基础相互作用的弹性地基梁法、链杆法、有限差分法、有限单元法还需考虑地基与基础的变形协调条件，在考虑地基基础相互作用时需要确定地基的力学模型。

第4章中分析了筏板上的荷载与内力、变形之间的关系。第3章中的基础梁只考虑一个方向的位置与挠度的关系，若采用文克尔地基模型，建立四阶挠曲线微分方程在数学上有较简洁的解析解，而第4章中的板与梁的不同之处是要考虑两个方向的位置与挠度的关系，文克尔地基上板的解析解较为繁琐，因此该章还详细介绍了筏形基础数值分析方法中的有限差分法和有限单元法。

第5章中介绍了箱形基础的内力、变形分析方法。对于刚度较大的箱形基础可假设基础底面变形后还是平面，基于这种假设的分析方法有解析法与轮算法。《高层建筑筏形与箱形基础技术规范》(JGJ 6—2011)中指出：基底反力可按规范中给出的反力系数确定，整体弯矩的简化计算可将上部框架简化为等代梁并通过结构的底层柱与筏形或箱形基础连接。因此本章中以例题[5-2]为例说明了上述简化计算方法，若地基反力由反力系数给定，可以考虑基础与上部结构的共同工作；若设地基土为某地基模型，地基反力为弹簧支撑，可以考虑上部结构、基础、地基三者的共同工作。对于结构矩阵分析中的子结构方法，以例题[5-2]为例进行了分析。

第6章中对桩筏、桩箱基础进行内力与变形分析。其也可分为三种情况：1. 不考虑桩与承台板共同作用，即假设桩顶荷载直线分布；2. 考虑桩、土和承台结构共同作用，此时桩顶位移、桩顶荷载均为未知数，需通过静力平衡条件和变形协调条件建立平衡方程并求解；

3. 考虑上部结构—承台—桩、土三者的共同作用，这是把三者作为一个整体分析计算，不仅要考虑三者之间的静力平衡条件，还要考虑到三者之间的变形协调条件，可通过结构矩阵分析的方法求解，在结构整体分析中可采用子结构的分析方法使问题得到解决。

第 7 章是基坑支护工程的设计理论和方法，其中详细介绍了假想支点法、m 法、弹性支点法、杆系有限单元法、二维有限单元法的计算方法。对各种方法进行了分析比较，例如在第 3 章文克尔地基上梁的方法中设地基变形与其上的压应力成正比，比例系数为基床系数 k(kN/m^3)，对于无载段，建立了四阶线性常系数齐次常微分方程。在该章的 m 法中设水平基床系数随深度增加，水平基床系数比例系数 m(kN/m^4)为常数，建立了四阶线性变系数齐次常微分方程，为方便分析计算，本书中给出了解中参数 A_1、A_2、A_3、A_4、$B_1 \cdots D_4$ 的计算公式，并给出了该组公式的 Maple 计算程序。本章中 m 法与弹性支点法的不同在于，基坑底面以下荷载分布不同，用弹性支点法分析问题，建立了四阶线性变系数非齐次常微分方程，书中给出了解析解中计算参数 E_1、E_2、E_3、E_4 的计算公式及计算表格。以上各种方法均以例题为例详细说明其解题过程。

第 8 章中给出了第 3 章例题的用 MATLAB 编程的详解，为读者深入学习该软件，自行编程解决工程问题提供参考。

以上各章中均涉及不考虑地基基础相互作用的分析方法；考虑地基基础两者相互作用的分析方法；考虑地基、基础、上部结构三者相互作用的分析方法。相互作用问题贯穿本书始终，可根据工程的实际情况采用相应的设计方法。

各章中的例题有助于读者深入理解本课程的基本概念、基本理论和基本计算，切实牢固掌握解决问题的基本方法。书中给出的用 Excel、Maple、MATLAB 等分析计算软件、工具解题及绘图的例题，有助于读者通过绘图加深对所分析问题的理解，通过计算软件直接算出以往需要给出的参数表格，应用 Excel 软件完成有限单元等分析方法中多元线性方程组的求解。问题再复杂些，则可通过编程完成基础工程中的设计计算工作。

编者根据多年的教学实践编写了这本教材，其中第 1 章、第 2 章由北京航空航天大学的姚仰平编写，第 3 章～第 7 章由北京航空航天大学的罗汀编写，第 8 章由中国建筑股份有限公司技术中心的胡贺祥编写。希望读者通过本教材的学习，掌握基础工程的基本概念，提高分析计算能力，提高解决基础工程疑难问题的能力和科学研究能力。

感谢北京航空航天大学的博士研究生彭仁、阮杨志，硕士研究生高明、张盼盼、胡晶、张海鹏等对于本书的计算、校核所做的工作。

感谢人民交通出版社对本书出版的大力支持，感谢人民交通出版社杜琛编辑、温鹏飞编辑对本书的出版所作的辛勤工作。

虽然经过了认真的编写，但由于水平所限，还会有不尽如意之处，对于书中出现的错误和不当之处深表歉意，欢迎读者的批评指正。

编者

2013 年 11 月

目　录 | contents

第1章 绪言

建筑物、构筑物的荷载由基础传给地基，地基土在荷载作用下会产生变形，应根据荷载及地基的情况采用相应的基础形式，满足强度、变形和稳定等各方面的要求。例如，目前在建的总高度达632m的上海中心大厦（2008年11月开工，计划2014年竣工），基础底板厚度达6m，钻孔灌注桩长达86m，要完成该工程项目的施工，还需要在50m深的地下连续墙的支护下，开挖深度达31m的深基坑。

1.1 本课程的研究对象和内容

本课程的研究对象是地基和基础，分析地基在荷载作用下的应力和变形，分析地基上基础的内力与变形。地基是承受建筑物荷载的土层，地基土在荷载的作用下应具有足够的强度、足够小的变形和足够的稳定性。基础是与地基相连的建筑物或构筑物的下部结构，也应具有足够的强度和刚度。

1.1.1 地基的力学模型

要计算地基土在荷载作用下的变形，首先应该确定应力与应变之间的关系，这种关系取决于土的性质，称为本构关系，或称为地基的力学模型。线性弹性力学模型是地基计算中通常采用的模型，其中主要有文克尔地基模型、弹性半空间模型和有限压缩层地基模型。文克尔地基模型假设地基土的变形与其上承受的压应力成正比，比例系数是基床系数 k。弹性半空间模型假设地基土是半无限弹性体，用弹性力学公式分析地基中的应力和变形，土的压缩性指标是变形模量 E_0，可由载荷试验求出。《建筑地基基础设计规范》（GB 50007—2011）中推荐的分层总和法假设地基土是有限压缩层地基模型，土的压缩性指标是侧限压缩模量 E_s 或再压缩模量 E_s'。实际上土体不是弹性体，常用有限单元法分析弹塑性地基的应力和变形。常用的弹塑性模型有剑桥模型等，其中土的压缩性指标是 λ 和 κ。采用不同的地基模型会得到不同的计算结果，应视具体工程情况而定。

1.1.2 基础

基础位于上部结构和地基土之间，起着承上启下的作用。

强度验算要求基础底面接触压应力小于地基承载力。《建筑地基基础设计规范》（GB 50007—2011）中根据直线分布的基底反力验算地基承载力，在强度验算中取直线分布的基底反力没有考虑地基与基础相互作用，这是一种简化计算。

根据建筑物、构筑物的类型，荷载的大小及场地条件，基础形式分别有柱下独立基础、墙下条形基础、柱下条形基础、十字交叉基础、筏形基础、箱形基础、桩筏基础、桩箱基础等。

柱下独立基础和墙下条形基础在土木工程专业本科课程“基础工程”中已经详细介绍，本书不再赘述。本书主要介绍柱下条形基础、十字交叉基础、筏形基础、箱形基础、桩筏基础、桩箱基础的变形与内力的分析计算方法。

1.1.3 深基坑支护

高层建筑的建造、大型市政设施的施工及大量地下空间的开发，必然会有大量的深基坑支护工程，而且由于城市建筑与道路的日趋密集，城市中心区的深基坑周围条件越来越复杂，对支护设计的要求越来越严格。根据实际工程情况，基坑支护有悬臂式、单支撑式和多支撑式。

1.2 分析方法

1.2.1 相互作用问题

建筑物位于地基之上，可分为基础和上部结构两部分。在上部结构设计时常常把基础假设为固定端，在地基基础设计时常常假设上部结构传下来的荷载是已知的，这种只考虑静力平衡条件，没有考虑变形协调条件的方法称为不考虑上部结构与地基基础共同作用的设计方法。实际上，基础与上部结构是一个整体，基础与地基紧密相连，在荷载的作用下三方面彼此联系、相互制约。在分析地基基础问题时从地基、基础、上部结构相互作用的整体概念出发，不仅考虑三者之间静力平衡条件还要考虑变形协调条件的方法称为考虑三者共同作用的设计方法。实际工程常常根据具体情况采用相应设计方法。

不考虑基础地基相互作用的简化设计方法（常规设计方法），在分析基础时，把上部荷载（例如柱荷载）和地基土的反力（例如，根据柱荷载与地基反力相等的静力平衡条件求出相应的线性分布基底反力）分别作用在基础上，对基础进行内力分析。例如柱下独立基础、墙下条形基础就使用这样的计算方法，也称为刚性法（没有考虑基础变形）。分析地基时，考虑静力平衡条件，把基础传下来的线性分布荷载作用在地基上，地基中的应力计算用弹性理论，变形计算用线变形体理论，根据基础底面压力值用分层总和法计算最终沉降量，变形验算要求地基变形计算值不应大于允许值。

《建筑地基基础设计规范》(GB 50007—2011)的条文 5.3.12 中指出“在同一整体大面积基础上建有多栋高层和低层建筑，宜考虑上部结构、基础和地基的共同作用进行变形计算”。

考虑基础和地基两者相互作用的分析方法有文克尔弹性地基法、链杆法、有限差分法、有限单元法等。本书中对于柱下条形基础、十字交叉基础、筏形基础、箱形基础这些不同的基础形式，详细介绍了考虑地基、基础两者相互作用的分析方法，即不仅要考虑地基与基础之间的静力平衡条件还要考虑到两者之间的变形协调。例如，文克尔地基模型考虑了地基与基础的相互作用，基础底面的压应力与地基变形成正比，比例系数就是基床系数 k。

考虑地基、基础、上部结构三者的相互作用可采用结构矩阵分析法，研究内容从弹性地基上的梁板到非线性地基模型上的梁板，计算工作量大。可采用考虑地基、基础、上部结构三者共同作用的子结构分析方法，即使这样也需要用计算机和相应的计算方法，手算已难以完成。

深基坑支护工程设计中同样有不考虑支护结构与土相互作用的极限平衡法和考虑支护结构与土相互作用的弹性地基法。《建筑基坑支护技术规程》(JGJ 120—2012)中指出的“结构内力与变形计算宜按弹性支点法计算”就是考虑支护结构与土相互作用的内力和变形的分析方法。

1.2.2 相关知识

基础工程是一门实践性和理论性都很强的课程,基础工程分析与设计需要有良好的数学、力学基础,本书中的内容涉及了弹性力学、塑性力学、高等土力学、有限单元法、有限差分法和岩土工程中的《建筑地基基础设计规范》(GB 50007—2011)、《高层建筑筏形与箱形基础技术规范》(JGJ 6—2011)、《建筑基坑支护技术规程》(JGJ 120—99)(JGJ 120—2012)、《建筑桩基技术规范》(JGJ 94—2008)等各方面的知识,需要用以上的知识解决浅基础、深基础和深基坑工程的设计问题。

基础工程设计计算工作量都很大,不仅需要解多元线性方程组,还常常需要进行有限元分析,这些问题用手算难以解决。本书第8章以柱下条形基础为例,编制了柱下条形基础各种内力分析的MATLAB源程序;在第2章中,给出了剑桥模型、修正剑桥模型的屈服面、破坏面在应力空间图形的Maple绘图程序;在第3章中给出了用Excel解方程的方法,并在例题[3-4]中用Excel求解了未知数为52个的线性方程组;在第7章中给出了m法和弹性支点法中参数A_1、A_2、A_3、A_4、$B_1\cdots E_4$的计算公式,并给出了用Maple编制的该组公式中$A_1(\alpha z)$的计算程序。这些示例有助于读者学习相关绘图、计算软件,提高分析解决基础工程中相关问题的能力。

第 2 章　地基计算

2.1　设计基本原则

地基基础设计中要满足强度、变形、稳定三方面的要求，即基础底面压力应小于地基承载力值(强度问题)；建筑物的地基变形计算值不应大于地基变形允许值(变形问题)；避免地基滑动，防止建筑物失稳(稳定问题)。

在地基计算中通常按弹性理论求解地基中的应力和附加应力。

2.1.1　地基中的附加应力

1)集中荷载作用下地基中的附加应力

由弹性力学可知，半无限弹性体上作用集中荷载 P，地基中任意点 M(图 2-1)附加应力的布辛奈斯克(Boussinesq)解为：

$$\left.\begin{aligned}
\sigma_z &= \frac{3P}{2\pi}\frac{z^3}{R^5} \\
\sigma_x &= \frac{3P}{2\pi}\left\{\frac{z}{R^5}x^2+\frac{1-2\upsilon}{3}\left[\frac{R^2-Rz-z^2}{R^3(R+z)}-\frac{2R+z}{R^3(R+z)^2}x^2\right]\right\} \\
\sigma_y &= \frac{3P}{2\pi}\left\{\frac{z}{R^5}y^2+\frac{1-2\upsilon}{3}\left[\frac{R^2-Rz-z^2}{R^3(R+z)}-\frac{2R+z}{R^3(R+z)^2}y^2\right]\right\} \\
\tau_{xy} &= \frac{3P}{2\pi}\left[\frac{xyz}{R^5}-\frac{1-2\upsilon}{3}\frac{xy(2R+z)}{R^3(R+z)^2}\right] \\
\tau_{zx} &= \frac{3P}{2\pi}\frac{z^2}{R^5}x \\
\tau_{zy} &= \frac{3P}{2\pi}\frac{z^2}{R^5}y
\end{aligned}\right\} \tag{2-1}$$

式中：σ_x、σ_y、σ_z —— x、y、z 方向的法向应力；

τ_{xy}、τ_{zx}、τ_{zy} ——剪应力；

R——荷载作用点距 M 点的距离，$R=\sqrt{x^2+y^2+z^2}$ 。

M 点的位移为：

$$
\left.\begin{aligned}
u_z &= \frac{P(1+\upsilon)}{2\pi E}\left[\frac{z^2}{R^3}+\frac{2(1-\upsilon)}{R}\right] \\
u_x &= \frac{Px(1+\upsilon)}{2\pi E}\left[\frac{z}{R^3}-\frac{1-2\upsilon}{R(R+z)}\right] \\
u_y &= \frac{Py(1+\upsilon)}{2\pi E}\left[\frac{z}{R^3}-\frac{1-2\upsilon}{R(R+z)}\right]
\end{aligned}\right\} \tag{2-2}
$$

式中：u_x、u_y、u_z ——M 点沿 x、y、z 方向的位移；

E ——弹性模量；

υ ——泊松比。

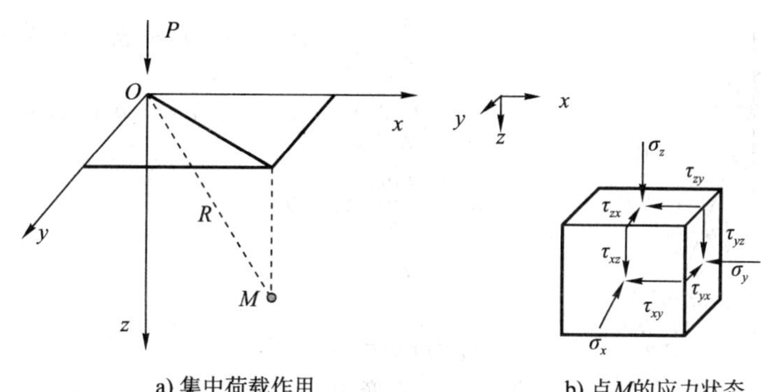

a) 集中荷载作用　　b) 点M的应力状态

图 2-1　集中荷载作用下地基中的附加应力(直角坐标)

在柱坐标系下(图 2-2)竖向集中力 P 作用于均匀各向同性弹性半空间表面，地基中应力的布辛奈斯克(Boussinesq)解为：

$$
\left.\begin{aligned}
\sigma_r &= \frac{P}{2\pi R^2}\left(\frac{1-2\upsilon}{R+z}R-\frac{3r^2z}{R^3}\right) \\
\sigma_\theta &= \frac{(1-2\upsilon)P}{2\pi R^2}\left(\frac{z}{R}-\frac{R}{z+R}\right) \\
\sigma_z &= \frac{3z^3}{2\pi R^5}P \\
\tau_{zr} &= \tau_{rz} = \frac{3z^2r}{2\pi R^5}P
\end{aligned}\right\} \tag{2-3}
$$

式中：σ_r、σ_θ、σ_z —— r、θ、z 方向的法向应力；

τ_{zr}、τ_{rz} ——剪应力；

R ——荷载作用点距 M 点的距离。

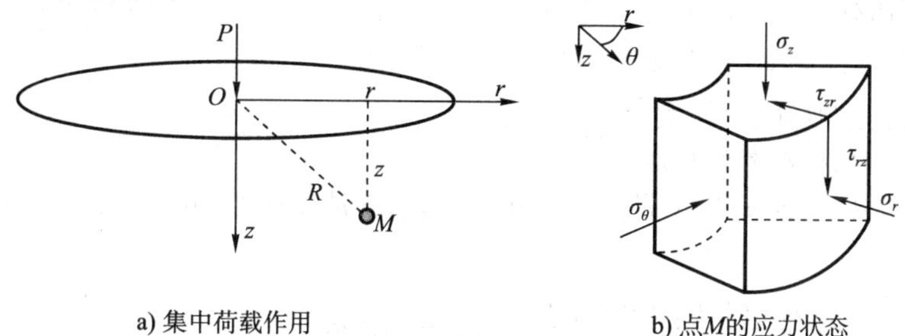

a) 集中荷载作用　　b) 点M的应力状态

图 2-2　集中力 P 作用下地基中的应力(柱坐标)

M 点的位移为：

$$\left.\begin{aligned} u_z &= \frac{P(1+\upsilon)}{2\pi ER}\left[\frac{z^2}{R^2}+2(1-\upsilon)\right] \\ u_r &= \frac{P(1+\upsilon)}{2\pi ER}\left[\frac{rz}{R^2}-\frac{1-2\upsilon}{R+z}r\right] \end{aligned}\right\} \tag{2-4}$$

式中：u_r、u_z ——M 点沿 r、z 方向的位移。

2)条形均布荷载作用下地基中的附加应力

条形均布荷载见图 2-3，对式(2-1)积分并整理得均布条形荷载 p_0 作用下地基中的附加应力为：

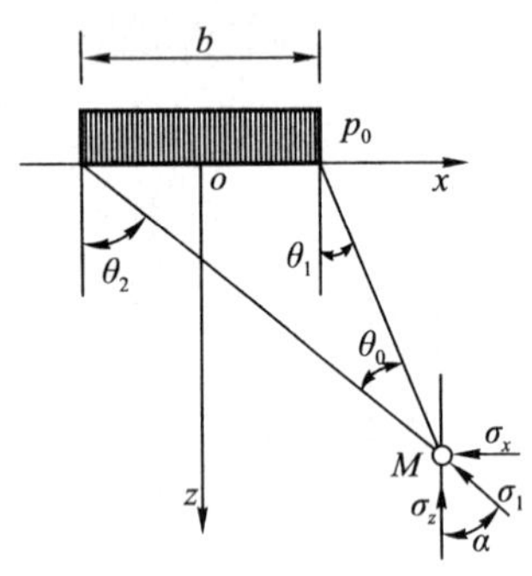

图 2-3　条形均布荷载作用下地基中的附加应力

$$\left.\begin{aligned} \sigma_z &= \frac{p_0}{\pi}[(\theta_2-\theta_1)+\sin(\theta_2-\theta_1)\cos(\theta_1+\theta_2)] \\ \sigma_x &= \frac{p_0}{\pi}[(\theta_2-\theta_1)-\sin(\theta_2-\theta_1)\cos(\theta_1+\theta_2)] \\ \sigma_y &= \frac{2\upsilon p_0}{\pi}(\theta_2-\theta_1) \\ \tau_{zx} &= \frac{p_0}{\pi}\sin(\theta_2-\theta_1)\sin(\theta_1+\theta_2) \\ \tau_{yx} &= \tau_{yz} = 0 \end{aligned}\right\} \tag{2-5}$$

例如，设条形基础底面宽度 $b=10\text{m}$，均布条形荷载为 $p_0(\text{kPa})$，由图 2-3 可知 $\theta_2=\arctan\left(\frac{x+b/2}{z}\right)$，$\theta_1=\arctan\left(\frac{x-b/2}{z}\right)$，按式(2-5)绘制附加应力等值线见图 2-4。

根据式(2-5)可求得均布条形荷载附加应力主应力 σ_1、σ_3 及最大剪应力 $\tau_{\max}$ 为：

$$\begin{matrix}\sigma_1\\ \sigma_3\end{matrix} = \frac{\sigma_z+\sigma_x}{2}\pm\sqrt{\left(\frac{\sigma_z-\sigma_x}{2}\right)^2+\tau_{zx}^2} = \frac{p_0}{\pi}[(\theta_2-\theta_1)\pm\sin(\theta_2-\theta_1)] \tag{2-6}$$

$$\tau_{\max} = \frac{\sigma_1-\sigma_3}{2} = \frac{p_0}{\pi}\sin(\theta_2-\theta_1) \tag{2-7}$$

均布条形荷载附加应力 σ_1 方向为：

$$\alpha = \frac{\theta_2+\theta_1}{2} \tag{2-8}$$

均布条形荷载附加应力主应力 σ_1、σ_3 和最大剪应力 $\tau_{\max}$ 等值线见图 2-5。

3)矩形均布荷载作用下地基中的附加应力

矩形均布荷载是常见的荷载形式，矩形均布荷载作用下地基中的附加应力可以通过对式(2-1)积分求得。例如，均布矩形荷载角点下地基中的附加应力为：

$$\sigma_z = \frac{p_0}{2\pi}\left[\frac{lbz(l^2+b^2+2z^2)}{(l^2+z^2)(b^2+z^2)\sqrt{l^2+b^2+z^2}}+\arctan\frac{lb}{z\sqrt{l^2+b^2+z^2}}\right] = p_0\cdot\alpha \tag{2-9a}$$

若设 $m=l/b$，$n=z/b$，l 是荷载面积的长边，b 是荷载面积的短边，公式(2-9a)可改写为：

$$\sigma_z = \frac{p_0}{2\pi}\left[\frac{mn(1+m^2+2n^2)}{(m^2+n^2)(n^2+1)\sqrt{m^2+n^2+1}}+\arctan\frac{m}{n\sqrt{n^2+m^2+1}}\right] = p_0\cdot\alpha \tag{2-9b}$$

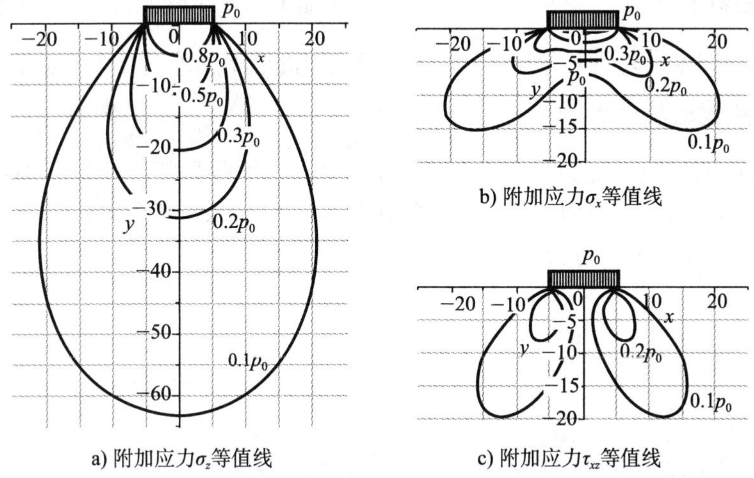

a) 附加应力σ_z等值线　b) 附加应力σ_x等值线　c) 附加应力τ_{xz}等值线

图 2-4　条形均布荷载下地基中的附加应力 σ_z 、σ_x 、τ_{xz} 等值线❶

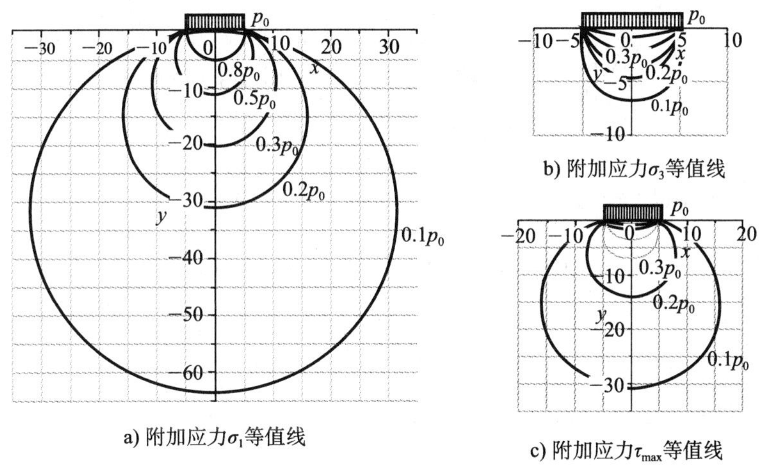

a) 附加应力σ_1等值线　b) 附加应力σ_3等值线　c) 附加应力τ_{max}等值线

图 2-5　条形均布荷载下地基中的附加应力 σ_1 、σ_2 、τ_{max}等值线

$$\alpha = \frac{1}{2\pi}\left[\frac{mn(1+n^2+2m^2)}{(m^2+n^2)(n^2+1)\sqrt{m^2+n^2+1}} + \arctan\frac{n}{m\sqrt{n^2+m^2+1}}\right] \qquad (2\text{-}10)$$

式中：α ——角点下附加应力系数。

---

❶ 该图用 Maple 15 绘出，例如图 2-4c)的绘图程序为：

```
b:=10;
smartplot[x,z](sin(arctan((x+b/2)/z)-arctan((x-b/2)/z)) * sin(arctan((x+b/2)/z)+arctan((x-b/2)/z))/Pi=0.1,
sin(arctan((x+b/2)/z)-arctan((x-b/2)/z)) * sin(arctan((x+b/2)/z)+arctan((x-b/2)/z))/Pi=0.2,
sin(arctan(((-x)+b/2)/z)-arctan(((-x)-b/2)/z)) * sin(arctan(((-x)+b/2)/z)+arctan(((-x)-b/2)/z))/Pi=0.1,
sin(arctan(((-x)+b/2)/z)-arctan(((-x)-b/2)/z)) * sin(arctan(((-x)+b/2)/z)+arctan(((-x)-b/2)/z))/Pi=0.2;
```

由式(2-9a)可求得，$\sigma_{z=0}=\frac{p_0}{2\pi}\cdot\frac{\pi}{2}=0.25p_0$，即矩形均布荷载角点下 $z=0$ 处的附加应力是 $0.25p_0$。同理，可以求出其他不同的荷载作用面积、不同的荷载分布规律下地基中的附加应力。

2.1.2 地基中的应力

地基中的应力为附加应力与自重应力之和，考虑到条形基础下自重应力与附加应力的主应力方向不同，假设由自重应力产生的主应力 $\sigma_3=\sigma_1=\gamma z$，则根据式(2-6)可得图 2-6 中条形基础下 M 点处的主应力为：

$$\begin{matrix}\sigma_1\\ \sigma_3\end{matrix}=\frac{p-\gamma d}{\pi}(\theta_0\pm\sin\theta_0)+\gamma(d+z) \tag{2-11a}$$

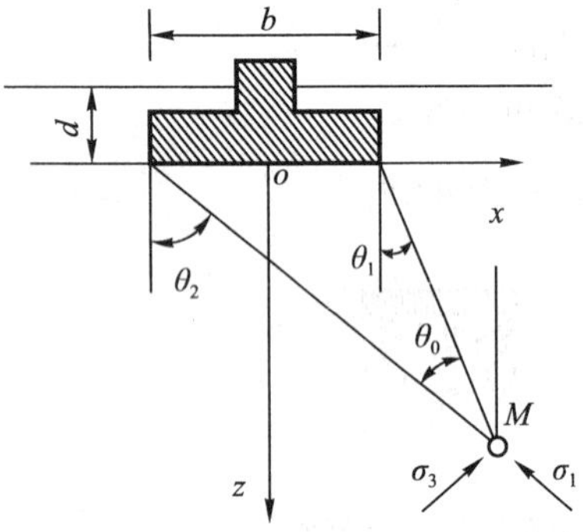

图 2-6 条形基础下地基中的应力

式中：p ——基础底面上的荷载；

γ ——土的重度；

b ——基底宽度；

d ——基础埋置深度；

θ_0 ——$\theta_0=\theta_2-\theta_1$。

粒状体材料在剪应力与正应力比最大 $(\tau/\sigma)_{max}$ 的面上破坏[3]，由图 2-7a)中的莫尔圆可得材料的最大应力比为：

$$\left(\frac{\tau}{\sigma}\right)_{max}=\frac{\frac{\sigma_1-\sigma_3}{2}}{\sqrt{\sigma_1\sigma_3}} \tag{2-11b}$$

把式(2-11a)中的主应力代入式(2-11b)得最大应力比为：

$$\left(\frac{\tau}{\sigma}\right)_{max}=\frac{\frac{p-\gamma d}{\pi}\sin\theta_0}{\sqrt{\left[\frac{p-\gamma d}{\pi}(\theta_0+\sin\theta_0)+\gamma(d+z)\right]\left[\frac{p-\gamma d}{\pi}(\theta_0-\sin\theta_0)+\gamma(d+z)\right]}} \tag{2-12}$$

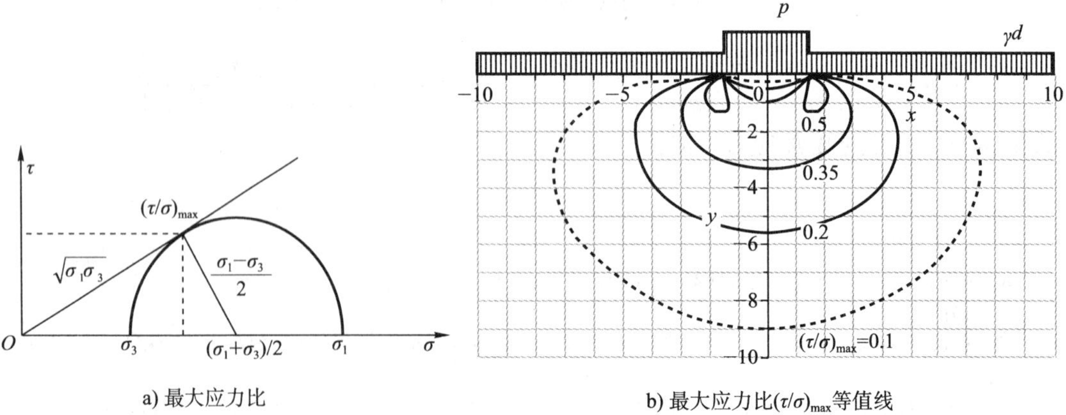

a) 最大应力比

b) 最大应力比 $(\tau/\sigma)_{max}$ 等值线

图 2-7 条形基础最大应力比 $(\tau/\sigma)_{max}$ 等值线

设条形基础底面宽度 $b=3$m，基础埋深 $d=2$m，地基土的重度 $\gamma=18$kN/m^3，均布条形

荷载 p=250kPa,按式(2-12)绘制最大应力比 $(\tau/\sigma)_{max}$ 等值线见图 2-7b)。由图可以看到,最大应力比在条形基础的边缘处最大,所以破坏(或者屈服)从基础的边缘处开始。

2.1.3 地基承载力验算

1)基础底面压应力

当受轴心荷载作用时:

$$p_k=\frac{F_k+G_k}{A} \tag{2-13}$$

式中:p_k——相应于荷载效应标准组合时,基础底面处的平均压应力值(kPa);

F_k——相应于荷载效应标准组合时,上部结构传至基础顶面的竖向力值(kN);

G_k——基础自重和基础上土重之和,在稳定的地下水位以下部分,应扣除水的浮力(kN);

A——基础底面面积(m^2)。

当受偏心荷载作用时:

$$\left.\begin{matrix}p_{kmax}\\p_{kmin}\end{matrix}\right\}=\frac{F_k+G_k}{A}\pm\frac{M_k}{W} \tag{2-14}$$

式中:p_{kmax}——相应于荷载效应标准组合时,基础底面边缘的最大压应力值(kPa);

p_{kmin}——相应于荷载效应标准组合时,基础底面边缘的最小压应力值(kPa);

M_k——相应于荷载效应标准组合时,作用于基础底面的力矩值(kN·m);

W——基础底面的抵抗矩(m^3)。

2)地基承载力

地基承载力可由载荷试验等原位测试或按理论公式并结合工程实践经验综合确定。当基础宽度大于 3m 或基础埋深大于 0.5m 时,根据载荷试验或其他原位测试、经验值等方法确定的地基承载力特征值 f_{ak}还应进行深度宽度的修正,修正公式为:

$$f_a=f_{ak}+\eta_b\gamma(b-3)+\eta_d\gamma_m(d-0.5) \tag{2-15}$$

式中:f_a——修正后的地基承载力特征值(kPa);

γ——基础底面以下土的重度(kN/m^3),水位以下的土层取有效重度;

γ_m——基础底面以上土的加权平均重度(kN/m^3),位于地下水位以下的土层取有效重度;

b——基底宽度(m),小于 3m 时取 3m,大于 6m 时取 6m;

d——基础埋置深度(m)。

承载力修正系数 η_b(0~3),η_d(1~4.4),按基底以下土的类别查表。

《建筑地基基础设计规范》(GB 50007—2011)推荐的计算地基承载力的理论公式为:

$$f_a=M_b\gamma b+M_d\gamma_m d+M_c c_k \tag{2-16}$$

式中: f_a——由土的抗剪强度指标确定的地基承载力特征值(kPa);

M_b、M_d、M_c——承载力系数,可根据土的抗剪强度指标内摩擦角 φ 查表 2-1;

c_k——基底下一倍短边宽度的深度范围内土的黏聚力标准值(kPa)。

式(2-16)是根据地基的临界荷载 $p_{\frac{1}{4}}$ 得出的,计算简图见图 2-6,基础底面以下 z 深度处点 M 的应力为附加应力与自重应力之和。

由土力学可知,图 2-6 中点 M 的极限平衡条件为:

$$\sin\varphi = \frac{(\sigma_1 - \sigma_3)/2}{(\sigma_1 + \sigma_3)/2 + c \cdot \cot\varphi} \tag{2-17}$$

把式(2-11a)代入式(2-17)并整理,得塑性区边界方程为:

$$z = \frac{p - \gamma d}{\pi\gamma}\left(\frac{\sin\theta_0}{\sin\varphi} - \theta_0\right) - \frac{c}{\gamma}\cot\varphi - d \tag{2-18}$$

例如,设地基土的重度 $\gamma = 18\text{kN/m}^3$,条形基础底面宽度 $b = 4\text{m}$,内聚力 $c = 10\text{kPa}$,内摩擦角 $\varphi = 20°$,基础埋深 $d = 2\text{m}$,分别取均布条形荷载 $p_1 = 190\text{kPa}$, $p_2 = 205\text{kPa}$, $p_3 = 300\text{kPa}$, $p_4 = 400\text{kPa}$,按式(2-18)绘制塑性区边界线见图 2-8。由图可以看到,塑性区从条形基础的边缘处开始产生,在 $p = 190\text{kPa}$ 时塑性区很小,在 $p = 204\text{kPa}$ 时塑性区开展深度达 $b/4 = 1\text{m}$,随着荷载的继续增加,塑性区进一步开展,直至在基础底面塑性区连成一片,并随着荷载的增加范围不断扩大。

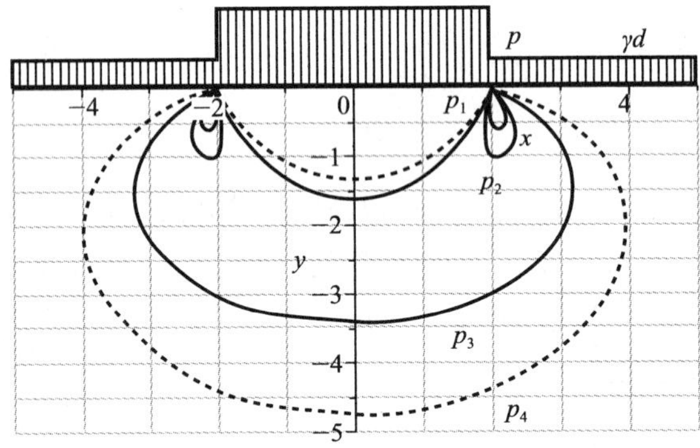

图 2-8　条形基础塑性区边界线

在基础的底面开始产生塑性区的荷载称为临塑荷载,用公式表示就是最大塑性区深度为零的荷载称为临塑荷载 p_{cr},塑性区的最大深度可由式(2-18)求得,由 $\frac{dz}{d\theta_0} = 0$ 的条件,即

$$\frac{dz}{d\theta_0} = \frac{p - \gamma d}{\pi\gamma}\left(\frac{\cos\theta_0}{\sin\varphi} - 1\right) = 0$$

得 $\cos\theta_0 = \sin\varphi$,即

$$\theta_0 = \frac{\pi}{2} - \varphi$$

将上式代入公式(2-18)得:

$$z_{max} = \frac{p - \gamma d}{\pi\gamma}\left[\cot\varphi - \left(\frac{\pi}{2} - \varphi\right)\right] - \frac{c}{\gamma}\cot\varphi - d \tag{2-19}$$

令 $z_{max} = 0$ 整理得:

$$p_{cr} = \frac{\pi(\gamma d + c\cot\varphi)}{\cot\varphi + \varphi - \frac{\pi}{2}} + \gamma d \tag{2-20}$$

根据式(2-20),计算出图 2-8 中的临塑荷载为 $p_{cr} = 167\text{kPa}$。

对于建筑物的基础,允许塑性区开展到一定深度,塑性区最大深度达 1/4 基底宽度的荷载称为临界荷载 $p_{\frac{1}{4}}$,在式(2-19)中,令 $z_{max} = b/4$ 整理得:

$$p_{\frac{1}{4}}=\frac{\pi(\gamma d+c\cot\varphi+b\gamma/4)}{\cot\varphi+\varphi-\pi/2}+\gamma d \tag{2-21}$$

根据式(2-21),计算出图 2-8 中的临界荷载为 $p_{\frac{1}{4}}=204\text{kPa}$ 。

设

$$\left.\begin{aligned}N_{\frac{1}{4}}&=\frac{\pi}{4\left(\cot\varphi+\varphi-\frac{\pi}{2}\right)}\\N_{c}&=\frac{\pi\cot\varphi}{\cot\varphi+\varphi-\frac{\pi}{2}}\\N_{d}&=\frac{\cot\varphi+\varphi+\frac{\pi}{2}}{\cot\varphi+\varphi-\frac{\pi}{2}}\end{aligned}\right\} \tag{2-22}$$

式(2-21)还可以表示为:

$$p_{\frac{1}{4}}=N_{\frac{1}{4}}\gamma b+N_{c}c+N_{d}\gamma_{m}d \tag{2-23}$$

《建筑地基基础设计规范》(GB 50007—2011)推荐的计算地基承载力的理论公式(2-16)是在公式(2-23)的基础上进行了部分修正,当 $\varphi\geqslant24°$ 时,将承载力系数值 N_b 提高,式(2-16)与式(2-23)的承载力系数比较见表 2-1。

承载力系数比较 表 2-1

摩擦角 φ(°)	M_b	$N_{\frac{1}{4}}$	M_c	N_c	M_d	N_d
0	0.00	0.00	3.14	3.142	1.00	1.000
2	0.03	0.029	3.32	3.320	1.12	1.116
4	0.06	0.061	3.51	3.510	1.25	1.245
6	0.10	0.098	3.71	3.714	1.39	1.390
8	0.14	0.138	3.93	3.933	1.55	1.553
10	0.18	0.184	4.17	4.168	1.73	1.735
12	0.23	0.235	4.42	4.421	1.94	1.940
14	0.29	0.293	4.69	4.694	2.17	2.170
16	0.36	0.358	5.00	4.989	2.43	2.431
18	0.43	0.431	5.31	5.309	2.72	2.725
20	0.51	0.515	5.66	5.657	3.06	3.059
22	0.61	0.610	6.04	6.036	3.44	3.439
24	0.80	0.718	6.45	6.449	3.87	3.871
26	1.10	0.842	6.90	6.902	4.37	4.366
28	1.40	0.983	7.40	7.398	4.93	4.934
30	1.90	1.147	7.95	7.945	5.59	5.587
32	2.60	1.336	8.55	8.550	6.35	6.342
34	3.40	1.555	9.22	9.220	7.21	7.219
36	4.20	1.810	9.97	9.965	8.25	8.240
38	5.00	2.109	10.80	10.799	9.44	9.437
40	5.80	2.461	11.73	11.733	10.84	10.846

3)验算

地基的强度验算是要求地基土上承受的荷载小于地基承载力,用公式表示为:

$$\left.\begin{aligned}p_{k}&\leqslant f_{a}\\p_{kmax}&\leqslant1.2f_{a}\end{aligned}\right\} \tag{2-24}$$

《高层建筑筏形与箱形基础技术规范》(JGJ 6—2011)中指出对于抗震设防的建筑,除应符合上述公式要求外，还应按下列公式验算地基抗震承载力：

$$\left.\begin{aligned} p_{kE} &\leqslant f_{aE} \\ p_{max} &\leqslant 1.2 f_{aE} \end{aligned}\right\} \tag{2-25}$$

$$f_{aE} = \zeta_a f_a \tag{2-26}$$

式中：p_{kE}——相应于地震作用效应标准组合时，基础底面的平均压应力值(kPa)；

p_{max}——相应于地震作用效应标准组合时，基础底面边缘的最大压应力值(kPa)；

f_{aE}——调整后的地基抗震承载力(kPa)；

ζ_a——地基抗震承载力调整系数，见表 2-2。

地基抗震承载力调整系数ζ_a 表 2-2

岩土名称和性状	ζ_a
岩石，密实的碎石土，密实的砾，粗、中砂，$f_{ak} \geqslant 300$kPa 的黏性土和粉土	1.5
中密、稍密的碎石土，中密和稍密的砾，粗、中砂，密实和中密的细、粉砂，150kPa$\leqslant f_{ak} <$300kPa 的黏性土和粉土	1.3
稍密的细、粉砂，100kPa$\leqslant f_{ak} <$150kPa 的黏性土和粉土，新近沉积的黏性土和粉土	1.1
淤泥，淤泥质土，松散的砂，填土	1.0

2.1.4 变形计算

建筑物的地基变形计算值不应大于地基变形允许值，地基变形特征值为沉降量、沉降差、倾斜和局部倾斜。建筑物的地基变形允许值见表 2-3。

地基的变形计算可采用分层总和法，计算简图见图 2-9，考虑基坑开挖后地基土产生的回弹变形，《高层建筑筏形与箱形基础技术规范》(JGJ 6—2011)中给出了根据压缩模量 E_s 得出的最终沉降量计算公式：

$$s = s_1 + s_2 \tag{2-27}$$

式中：s_1——回弹再压缩沉降量；

s_2——固结沉降量。

建筑物的地基变形允许值[1] 表 2-3

变形特征		地基土类别	
		中、低压缩性土	高压缩性土
砌体承重结构基础的局部倾斜		0.002	0.003
工业与民用建筑相邻柱基的沉降差	框架结构	$0.002l$	$0.003l$
	砌体墙填充的边排柱	$0.0007l$	$0.001l$
	当基础不均匀沉降时不产生附加应力的结构	$0.005l$	$0.005l$
单层排架结构(柱距为 6m)柱基的沉降量(mm)		(120)	200
桥式吊车轨面的倾斜(按不调整轨道考虑)	纵向	0.004	
	横向	0.003	
多层和高层建筑的整体倾斜	$H_g \leqslant 24$	0.004	
	$24 < H_g \leqslant 60$	0.003	
	$60 < H_g \leqslant 100$	0.0025	
	$H_g > 100$	0.002	

续上表

变形特征		地基土类别	
		中、低压缩性土	高压缩性土
体型简单的高层建筑基础的平均沉降量(mm)		200	
高耸结构基础的倾斜	$H_g \leqslant 20$	0.008	
	$20 < H_g \leqslant 50$	0.006	
	$50 < H_g \leqslant 100$	0.005	
	$100 < H_g \leqslant 150$	0.004	
	$150 < H_g \leqslant 200$	0.003	
	$200 < H_g \leqslant 250$	0.002	
高耸结构基础的沉降量(mm)	$H_g \leqslant 100$	400	
	$100 < H_g \leqslant 200$	300	
	$200 < H_g \leqslant 250$	200	

注:1. 表中式中为建筑物设计最终变形允许值。
2. 有括号者仅适用于中压缩性土。
3. l 为相邻柱基的中心距离(mm);H_g 为自室外地面起算的建筑物高度(m)。
4. 倾斜指基础倾斜方向两端点的沉降差与其距离的比值。
5. 局部倾斜指砌体承重结构沿纵向 6～10m 内基础两点的沉降差与其距离之比。

式(2-27)展开为:

$$s=\psi'_s\sum_{i=1}^{m}\frac{p_c}{E'_{si}}(z_i\bar{\alpha}_i-z_{i-1}\bar{\alpha}_{i-1})+\psi_s\sum_{i=1}^{n}\frac{p_0}{E_{si}}(z_i\bar{\alpha}_i-z_{i-1}\bar{\alpha}_{i-1}) \qquad (2\text{-}28)$$

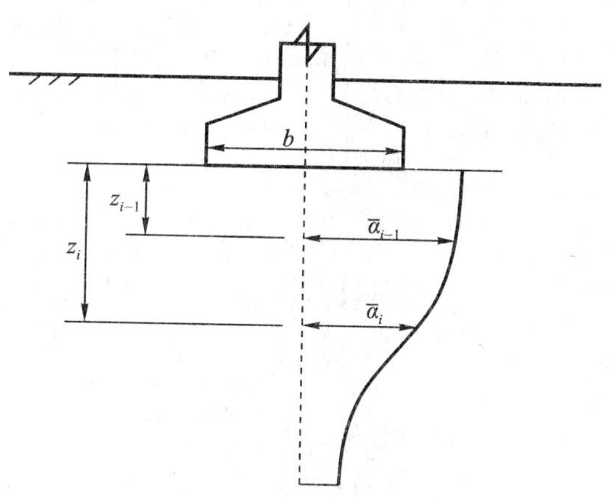

图 2-9 分层总和法计算简图

式中: s ——地基最终变形量(mm);

p_c ——基底处土自重压力(kPa),计算时地下水位以下部分取土的浮重度;

p_0 ——基底处土的附加压力(kPa);

E_{si}、E'_{si} ——基础底面下第 i 层土的压缩模量、回弹再压缩模量(MPa);

z_i、z_{i-1} ——基础底面至第 i 层土、第 $i-1$ 层土底面的距离;

$\bar{\alpha}_i$、$\bar{\alpha}_{i-1}$ ——基底计算点下第 i 层、第 $i-1$ 层底面范围内平均附加应力系数,表 2-4 中给出了矩形面积上均布荷载作用下角点平均附加应力系数 $\bar{\alpha}$。矩形面积上三角形分布荷载作用下角点平均附加应力系数 $\bar{\alpha}$、圆形面积上均布荷载作用下中心点平均附加应力系数 $\bar{\alpha}$ 等详见《建筑地基基础设计规范》(GB 50007—2011)附录 K;

m ——基础底面以下回弹影响深度范围内所划分土层数;

n ——基础底面以下沉降计算深度范围内所划分土层数;

ψ'_s ——考虑回弹影响的沉降计算经验系数,无经验时可取 1;

ψ_s ——沉降计算经验系数,可根据 $\bar{E}_s$ 查表 2-5 确定。

变形计算深度范围内压缩模量当量值 $\bar{E}_s$ 根据第 i 层土附加应力系数沿土层厚度的积

分值A_i和第i层土的压缩模量E_{si}确定。

$$\overline{E}_s = \frac{\sum A_i}{\sum \frac{A_i}{E_{si}}} \tag{2-29}$$

矩形面积上均布荷载作用下角点平均附加应力系数 $\overline{\alpha}$[1] 表 2-4

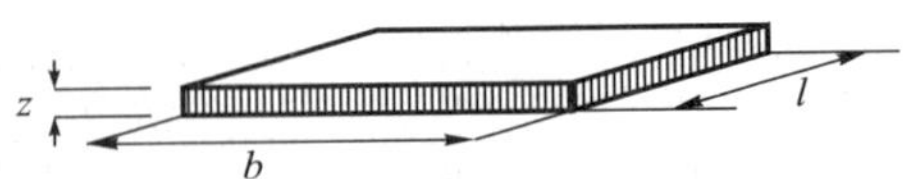

注：l——矩形均布荷载长度(m)；b——矩形均布荷载宽度(m)；z——计算点离基础底面或桩端平面垂直距离(m)

z/b \ l/b	1.0	1.2	1.4	1.6	1.8	2.0	2.4	2.8	3.2	4.0	5.0	10.0
0.0	0.2500	0.2500	0.2500	0.2500	0.2500	0.2500	0.2500	0.2500	0.2500	0.2500	0.2500	0.2500
0.2	0.2496	0.2497	0.2497	0.2498	0.2498	0.2498	0.2498	0.2498	0.2498	0.2498	0.2498	0.2498
0.4	0.2474	0.2479	0.2481	0.2483	0.2483	0.2484	0.2485	0.2485	0.2485	0.2485	0.2485	0.2485
0.6	0.2423	0.2437	0.2444	0.2448	0.2451	0.2452	0.2454	0.2455	0.2455	0.2455	0.2455	0.2456
0.8	0.2346	0.2372	0.2387	0.2395	0.2400	0.2403	0.2407	0.2408	0.2409	0.2410	0.2410	0.2410
1.0	0.2252	0.2291	0.2313	0.2326	0.2335	0.2340	0.2346	0.2349	0.2351	0.2352	0.2353	0.2353
1.2	0.2149	0.2199	0.2229	0.2248	0.2260	0.2268	0.2278	0.2282	0.2285	0.2287	0.2288	0.2289
1.4	0.2043	0.2102	0.2140	0.2146	0.2180	0.2191	0.2204	0.2211	0.2215	0.2218	0.2220	0.2221
1.6	0.1939	0.2006	0.2049	0.2079	0.2099	0.2113	0.2130	0.2138	0.2443	0.2148	0.2150	0.2152
1.8	0.1840	0.1912	0.1960	0.1994	0.2018	0.2034	0.2055	0.2066	0.2073	0.2079	0.2082	0.2084
2.0	0.1746	0.1822	0.1875	0.1912	0.1980	0.1958	0.1982	0.1996	0.2004	0.2012	0.2015	0.2018
2.2	0.1659	0.1737	0.1793	0.1833	0.1862	0.1883	0.1911	0.1927	0.1937	0.1947	0.1952	0.1955
2.4	0.1578	0.1657	0.1715	0.1757	0.1789	0.1812	0.1843	0.1862	0.1873	0.1885	0.1890	0.1895
2.6	0.1503	0.1583	0.0642	0.1686	0.1719	0.1745	0.1779	0.1799	0.1812	0.1825	0.1832	0.1838
2.8	0.1433	0.1514	0.1574	0.1619	0.1654	0.1680	0.1717	0.1739	0.1753	0.1769	0.1777	0.1784
3.0	0.1369	0.1449	0.1510	0.1556	0.1592	0.1619	0.1658	0.1682	0.1698	0.1715	0.1725	0.1733
3.2	0.1310	0.1390	0.1450	0.1497	0.1533	0.1562	0.1602	0.1628	0.1645	0.1664	0.1675	0.1685
3.4	0.1256	0.1334	0.1394	0.1441	0.1478	0.1508	0.1550	0.1577	0.1595	0.1616	0.1628	0.1639
3.6	0.1205	0.1282	0.1342	0.1389	0.1427	0.1456	0.1500	0.1528	0.1548	0.1570	0.1583	0.1595
3.8	0.1158	0.1234	0.1293	0.1340	0.1378	0.1408	0.1452	0.1482	0.1502	0.1526	0.1541	0.1554
4.0	0.1114	0.1189	0.1248	0.1294	0.1332	0.1362	0.1408	0.1438	0.1459	0.1485	0.1500	0.1516
4.2	0.1073	0.1147	0.1205	0.1251	0.1289	0.1319	0.1365	0.1396	0.1418	0.1445	0.1462	0.1479
4.4	0.1035	0.1107	0.1164	0.1210	0.1248	0.1279	0.1325	0.1357	0.1379	0.1407	0.1425	0.1444
4.6	0.1000	0.1107	0.1127	0.1172	0.1209	0.1240	0.1387	0.1319	0.1342	0.1371	0.1390	0.1410
4.8	0.0967	0.1036	0.1091	0.1136	0.1173	0.1204	0.1250	0.1283	0.1307	0.1337	0.1357	0.1379
5.0	0.0935	0.1003	0.1057	0.1102	0.1139	0.1169	0.1216	0.1249	0.1273	0.1304	0.1325	0.1348
6.0	0.0805	0.0866	0.0916	0.0957	0.0991	0.1021	0.1067	0.1101	0.1136	0.1161	0.1185	0.1216
7.0	0.0705	0.0761	0.0806	0.0844	0.0877	0.0904	0.0949	0.0982	0.1008	0.1044	0.1071	0.1109
8.0	0.0627	0.0678	0.0720	0.0755	0.0785	0.0811	0.0853	0.0886	0.0912	0.0948	0.0976	0.1020
10.0	0.0514	0.0556	0.0592	0.0622	0.0649	0.0672	0.0710	0.0739	0.0763	0.0799	0.0829	0.0880
12.0	0.0435	0.0471	0.0502	0.0529	0.0552	0.0573	0.0606	0.0634	0.0656	0.0690	0.0719	0.0774
16.0	0.0332	0.0361	0.0385	0.0407	0.0425	0.0442	0.0469	0.0492	0.0511	0.0540	0.0567	0.0625
18.0	0.0297	0.0323	0.0345	0.0364	0.0381	0.0396	0.0422	0.0442	0.0460	0.0487	0.0512	0.0570
20.0	0.0269	0.0292	0.0312	0.0330	0.0345	0.0359	0.0383	0.0402	0.0418	0.0444	0.0468	0.0524

沉降计算经验系数ψ_s[1]　　表 2-5

$\overline{E}_s$(MPa) / 基底附加压力	2.5	4.0	7.0	15.0	20.0
$p_0 \geq f_{ak}$	1.4	1.3	1.0	0.4	0.2
$p_0 \leq 0.75 f_{ak}$	1.1	1.0	0.7	0.4	0.2

式(2-27)是补偿式基础沉降的计算公式，对于 $p < p_c$ 的全补偿基础，最终沉降量只有 s_1 部分，对于 $p > p_c$ 的部分补偿基础，最终沉降量为式(2-27)中的 s。

《高层建筑筏形与箱形基础技术规范》(JGJ 6—2011)中还给出了根据变形模量 E_0 计算最终沉降量计算公式：

$$s = p_k b \eta \sum_{i=1}^{n} \frac{\delta_i - \delta_{i-1}}{E_{0i}} \tag{2-30}$$

式中：p_k ——基底处平均压力标准值(kPa)；

b ——基础底面的宽度(m)；

δ_i、δ_{i-1} ——与基础长宽比 L/b 及基础底面至第 i 层土和第 $i-1$ 层土底面的距离深度 z 有关的无因次系数，按表 2-6 确定；

n ——土层层数；

E_{0i} ——基础底面下第 i 层土的变形模量(MPa)，通过试验或地区经验确定；

η ——沉降计算修正系数，可按表 2-7 确定。

按 E_0 计算沉降时的系数 δ[2]　　表 2-6

$m=\frac{2z}{b}$	$n=l/b$						
	1	1.4	1.8	2.4	3.2	5	$n \geq 10$
0.0	0.000	0.000	0.000	0.000	0.000	0.000	0.000
0.4	0.100	0.100	0.100	0.100	0.100	0.100	0.104
0.8	0.200	0.200	0.200	0.200	0.200	0.200	0.208
1.2	0.299	0.300	0.300	0.300	0.300	0.300	0.311
1.6	0.380	0.394	0.397	0.397	0.397	0.397	0.412
2.0	0.446	0.472	0.482	0.486	0.486	0.486	0.511
2.4	0.499	0.538	0.556	0.565	0.567	0.567	0.605
2.8	0.542	0.592	0.618	0.635	0.640	0.640	0.687
3.2	0.577	0.637	0.671	0.696	0.707	0.709	0.763
3.6	0.606	0.676	0.717	0.750	0.768	0.772	0.831
4.0	0.630	0.708	0.756	0.796	0.820	0.830	0.892
4.4	0.650	0.735	0.789	0.837	0.867	0.883	0.949
4.8	0.668	0.759	0.819	0.873	0.908	0.932	1.001
5.2	0.683	0.780	0.834	0.904	0.948	0.977	1.050
5.6	0.697	0.798	0.867	0.933	0.981	1.018	1.096
6.0	0.708	0.814	0.887	0.958	1.011	1.056	1.138
6.4	0.719	0.828	0.904	0.980	1.031	1.090	1.178
6.8	0.728	0.841	0.920	1.000	1.065	1.122	1.215
7.2	0.736	0.852	0.935	1.019	1.088	1.152	1.251
7.6	0.744	0.863	0.948	1.036	1.109	1.180	1.285
8.0	0.751	0.872	0.960	1.051	1.128	1.205	1.316

续上表

$m=\frac{2z}{b}$	$n=l/b$						
	1	1.4	1.8	2.4	3.2	5	$n\geqslant 10$
8.4	0.757	0.881	0.970	1.065	1.146	1.229	1.347
8.8	0.762	0.888	0.980	1.078	1.162	1.251	1.376
9.2	0.768	0.896	0.989	1.089	1.178	1.272	1.404
9.6	0.772	0.902	0.998	1.100	1.192	1.291	1.431
10	0.777	0.908	1.005	1.110	1.205	1.309	1.456
11	0.786	0.922	1.022	1.132	1.238	1.349	1.506
12	0.794	0.933	1.037	1.151	1.257	1.384	1.550

沉降计算修正系数 η [2]　　表 2-7

$m=2z_n/b$	$0<m\leqslant 0.5$	$0.5<m\leqslant 1$	$1<m\leqslant 2$	$2<m\leqslant 3$	$3<m\leqslant 5$	$5<m\leqslant\infty$
η	1.00	0.95	0.9	0.8	0.75	0.7

当按式(2-30)计算沉降时,沉降计算深度 z_n 宜按下式计算:

$$z_n=(z_m+\xi b)\beta \tag{2-31}$$

式中:z_m——与基础长宽比有关的经验值(m),可按表 2-8 确定;

ξ——折减系数,可按表 2-8 确定;

β——调整系数,可按表 2-9 确定。

z_m值和折减系数ξ [2]　　表 2-8

L/b	$\leqslant 1$	2	3	4	$\geqslant 5$
z_m	11.6	12.4	12.5	12.7	13.2
ξ	0.42	0.49	0.53	0.6	1

调 整 系 数 β [2]　　表 2-9

土类	碎石	砂土	粉土	黏性土	软土
β	0.3	0.5	0.6	0.75	1.0

地基变形特征值为沉降量、沉降差、倾斜和局部倾斜,根据式(2-28)或式(2-30)可以计算出基础底面下任意一点的沉降量,两点的沉降量之差为沉降差。

例如图 2-10 表示受偏心荷载作用的基础,可根据上述方法计算出 A、B、C 各点的沉降量与沉降差。

多层和高层建筑需验算整体倾斜,砌体承重结构基础需验算局部倾斜。

横向整体倾斜计算公式为:

$$\theta\approx\tan\theta=\frac{s_B-s_C}{b} \tag{2-32a}$$

局部倾斜的计算公式为:

$$\theta\approx\tan\theta=\frac{s_B-s_C}{l} \tag{2-32b}$$

式中:b——筏基的宽度;

l——计算点 B、C 之间的距离;

θ——基础倾斜角。

刚性基础承受偏心荷载时,沉降后基础底面为倾斜的平面,基底倾斜的弹性力学公式为:

圆形基础

$$\theta \approx \tan\theta = 6\,\frac{(1-\upsilon^2)}{E_0}\,\frac{Pe}{b^3} \tag{2-33a}$$

矩形基础

$$\theta \approx \tan\theta = 8K\,\frac{(1-\upsilon^2)}{E_0}\,\frac{Pe}{b^3} \tag{2-33b}$$

式中：θ——基础倾斜角；

b——矩形基础底面偏心方向的边长或圆形基础底面的直径；

P——中心荷载；

e——偏心距；

K——计算矩形基础无量纲系数，可按图 2-11 查取，其中 l 与 b 分别是矩形基础的两个边长，见图 2-11 中的图示。

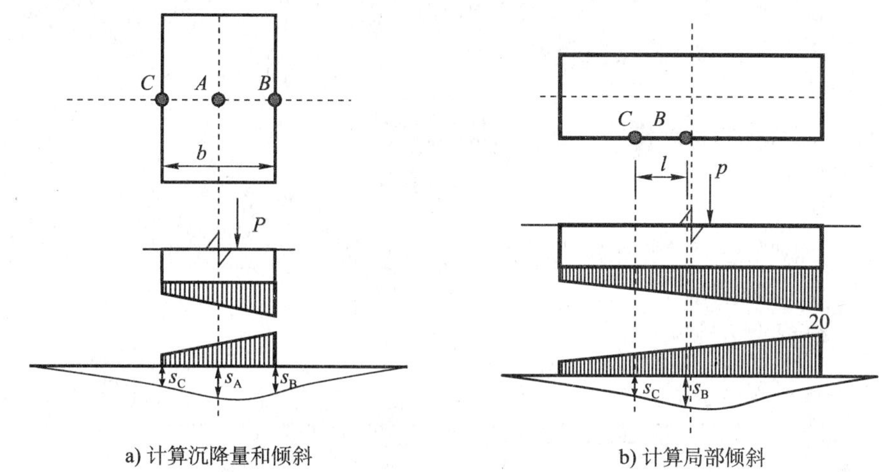

图 2-10　变形计算简图

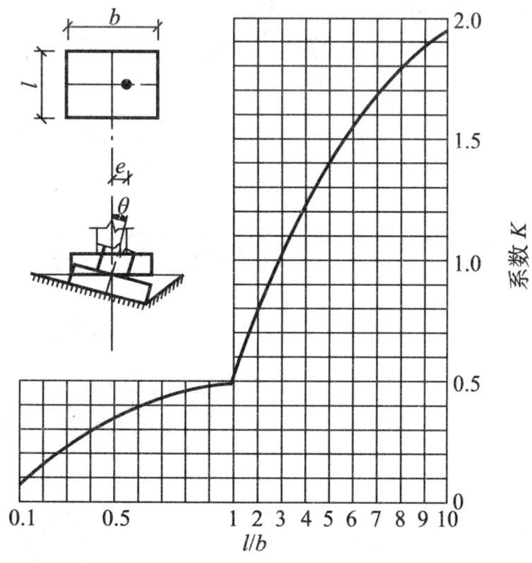

图 2-11　计算矩形刚性基础倾斜的系数 K

2.1.5 稳定性计算

高层建筑在承受水平荷载(地震作用、风荷载等)时筏形基础和箱形基础要进行抗滑移稳定性验算和抗倾覆稳定性验算。

1)抗滑移稳定性验算

抗滑移稳定性验算计算简图见图 2-12,水平荷载作用下防止滑移应符合下式的要求:

$$K_s \leqslant \frac{F_1 + F_2 + (E_p - E_a)l}{Q} \tag{2-34}$$

式中:K_s——抗滑移稳定安全系数,取 1.3;

Q——作用于基础顶部的水平荷载(风载、地震荷载或其他荷载)(kN);

F_1——基础底面摩擦力合力(kN);

F_2——基础侧面摩擦力合力(kN);

E_p、E_a——被动土压力、主动土压力合力(kN/m);

l——垂直于剪力方向的基础边长(m)。

2)抗倾覆稳定验算

在水平荷载或偏心荷载作用下防止建筑物倾覆应符合下式的要求:

$$K_r \leqslant \frac{M_r}{M_c} \tag{2-35}$$

式中:K_r——抗倾覆稳定安全系数,取 1.5;

M_r——抗倾覆力矩(kN·m);

M_c——倾覆力矩(kN·m)。

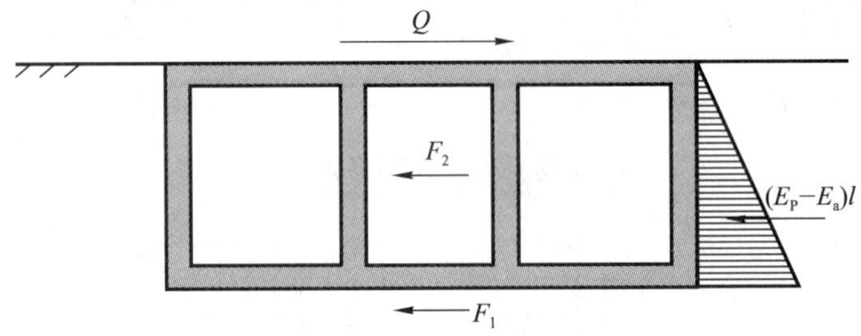

图 2-12 抗滑移稳定性验算计算简图

2.2 线性弹性地基模型——简化分析方法

地基的力学模型即描述土的应力应变关系的力学模型,地基的力学模型分为线性弹性力学模型、非线性弹性地基模型和弹塑性地基模型,在线性弹性力学模型中常用的有文克尔地基模型、弹性半空间模型和有限压缩层地基模型。

2.2.1 文克尔地基模型

1)文克尔(Winkler)地基模型

假定地基土界面上任一点处的沉降 $s(x,y)$ 与该点所承受压应力 $p(x,y)$ 成正比,地表沉降 s 与地表压应力 p 呈直线关系,见图 2-13a),比例系数为基床系数 k,所以称为线性弹性地基模型。文克尔地基模型相当于把地基土比作弹簧，弹簧刚度为基床系数 k，量纲为 kN/m^3，即产生单位变形(m)所需的压应力(kN/m^2)，基床系数用公式表示为：

$$k=\frac{p(x,y)}{s(x,y)} \tag{2-36}$$

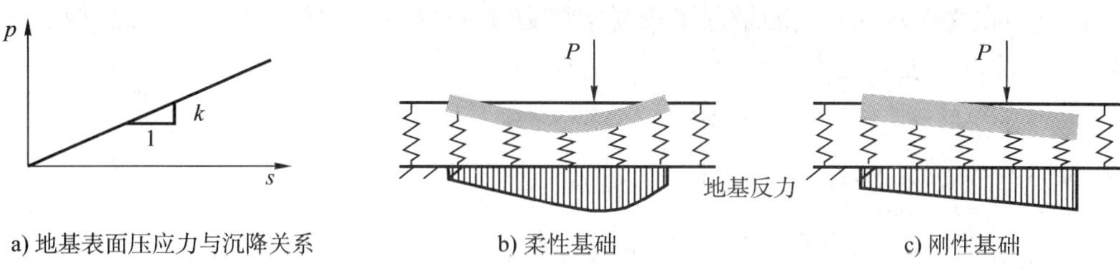

a) 地基表面压应力与沉降关系　b) 柔性基础　c) 刚性基础

图 2-13　文克尔地基图示

图 2-13b)表示文克尔地基上的柔性基础，在荷载的作用下，基础底面不同的位置变形不同，沉降量大基底反力大，沉降量小基底反力小。图 2-13c)表示文克尔地基上的刚性基础，在荷载的作用下，基础底面变形后还是平面，沉降量大基底反力大，沉降量小基底反力小，在没有荷载作用处变形为零，这是与实际不相符合的地方。

图 2-14 中把荷载面积划分为 m 个矩形网格，设 j 网格面积为 $a\times b$，其上作用有均布荷载 p_j，简化为集中荷载 $P_j=p_jab$，根据文克尔地基模型计算由 P_j 引起的各网格的沉降，可得：

$$s_{ij}=\begin{cases}\dfrac{p_j}{k}=\dfrac{1}{kab}P_j & i=j\\ 0 & i\neq j\end{cases}\quad i,j=1,2,3,\cdots,m \tag{2-37}$$

把计算各区格的沉降写成矩阵形式为：

$$\begin{Bmatrix}s_1\\ s_2\\ \vdots\\ s_i\\ \vdots\\ s_m\end{Bmatrix}=\begin{bmatrix}\delta_{11} & & & & \\ & \delta_{22} & & 0 & \\ & & \ddots & & \\ & & & \delta_{ii} & \\ & 0 & & & \ddots \\ & & & & & \delta_{mm}\end{bmatrix}\begin{Bmatrix}P_1\\ P_2\\ \vdots\\ P_i\\ \vdots\\ P_m\end{Bmatrix} \tag{2-38}$$

式(2-38)简写为：

$$\{s\}=[\Delta]\{P\} \tag{2-39}$$

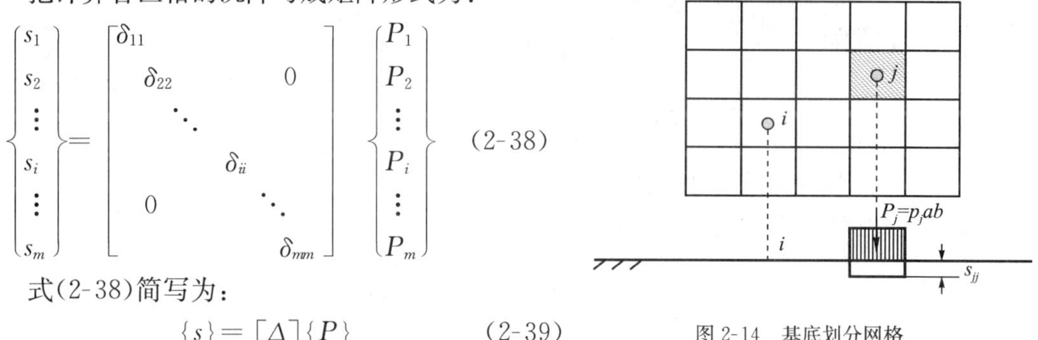

图 2-14　基底划分网格

式中：$[\Delta]$——地基的柔度矩阵。

柔度矩阵中的系数 δ_{ij} 的含义是，在 j 点作用单位荷载，引起 i 点的沉降变形，用公式表示为：

$$\delta_{ij}=\begin{cases}\dfrac{1}{kab} & i=j\\ 0 & i\neq j\end{cases}\quad i,j=1,2,3,\cdots,m \tag{2-40}$$

由式(2-39)可得：

$$\{P\}=[\Delta]^{-1}\{s\}=[K]\{s\} \tag{2-41}$$

其中 $[K]$ 称为地基的刚度矩阵。

2)双参数模型

为了弥补文克尔地基模型不能考虑应力扩散和变形的不足,许多学者对其进行了改进,建立了双参数模型。

(1)费罗年柯—鲍罗基契模型

该模型在文克尔地基表面增加了承受常拉力 T 的薄膜,见图 2-15,在均布荷载 p 作用下,土体表面的挠度方程为:

$$p(x,y)=ks(x,y)-T\nabla^2 s(x,y) \tag{2-42}$$

式中:∇^2——拉氏算子,$\nabla^2=\frac{\partial^2}{\partial x^2}+\frac{\partial^2}{\partial y^2}$;

k、T——分别为土体的两个独立的弹性常数。

弹性地基上的梁可简化为二维问题,式(2-42)可简化为:

$$p(x)=ks(x)-T\frac{\mathrm{d}^2 s(x)}{\mathrm{d}x^2} \tag{2-43}$$

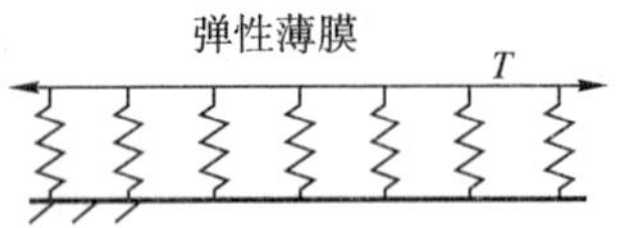

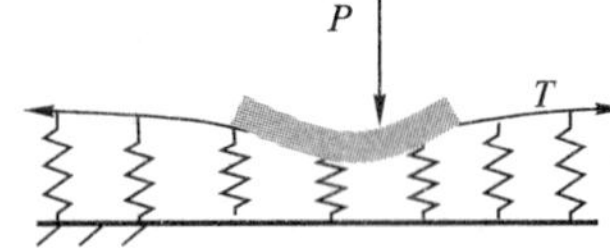

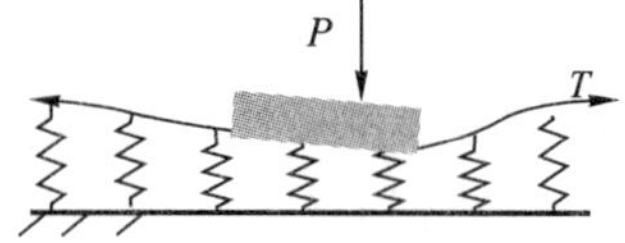

图 2-15　费罗年柯—鲍罗基契模型

(2)海腾尼模型

该模型假设文克尔地基表面设置了用一个刚度为 D 的弹性板,见图 2-16,在均布荷载 p 作用下,土体表面的挠度方程为:

$$p(x,y)=ks(x,y)-D\nabla^4 s(x,y) \tag{2-44}$$

式中:D——板的挠曲刚度。

$$D=\frac{E_c h^3}{12(1-\upsilon^2)} \tag{2-45}$$

式中:h——板的厚度;

E_c、υ——分别是板材料的弹性模量、泊松比。

对于二维问题,式(2-44)可简化为:

$$p(x)=ks(x)-D\frac{\mathrm{d}^4 s(x)}{\mathrm{d}x^4} \tag{2-46}$$

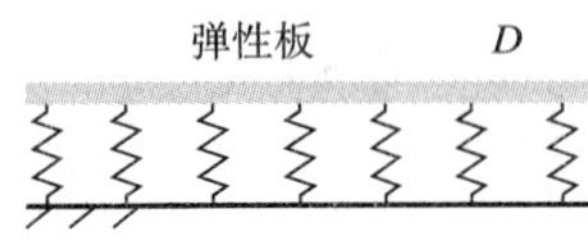

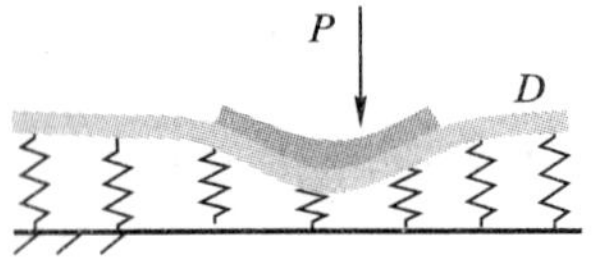

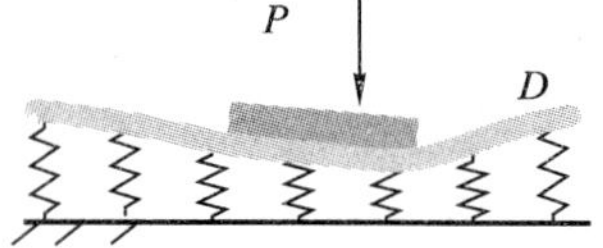

图 2-16　海腾尼模型

3)基床系数 k

基床系数 k 是文克尔地基模型中地基土的参数,可由经验或试验确定。

(1)根据经验确定

可根据表 2-10 确定。

基床系数 k 的经验值 表 2-10

土类		$k(kN/m^3)$
黏土及粉质黏土	软塑 可塑 硬塑	10000～20000 20000～40000 40000～100000
砂土	松散 中密 密实	10000～15000 15000～25000 25000～40000
中密的砾石土		25000～40000

(2)根据标准承压板载荷试验确定

《高层建筑筏形与箱形基础技术规范》(JGJ 6—2011)附录 A 给出了基床系数载荷试验要点。

平板载荷试验在每个场地应选择有代表性的地点，布置不少于 3 组试验，布置在基础底面标高处。试坑直径不应小于承压板直径的 3 倍，标准承压板应为直径 0.3m 的圆形。根据载荷试验成果绘制压应力 p 与沉降量 s 的关系曲线或压应力与时间的 $p-\lg t$ 关系曲线，根据 $p-s$ 曲线的拐点，结合 $p-\lg t$ 曲线特征，确定比例界限压力。

标准承压板载荷试验的 $p-s$ 曲线，按下式确定基准基床系数 k_v：

$$k_v = \frac{p}{s} \tag{2-47}$$

式中：p ——实测 $p-s$ 曲线比例界限压力，若无明显直线段，可取极限压力的一半(kPa)；

s ——对应该 p 值的沉降量(m)。

建筑物基础的底面尺寸较载荷板大，基础底面宽度为 b 的基础，修正后的基床系数 k_{vl} 为：

黏性土

$$k_{vl} = \frac{0.3}{b} k_v \tag{2-48}$$

砂土

$$k_{vl} = \left(\frac{b+0.3}{2b}\right)^2 k_v \tag{2-49}$$

基础底面宽度为 b，长度为 l 的基础，修正后的基床系数 k_{sl} 为：

黏性土

$$k_{sl} = \frac{2l+b}{3l} k_{vl} \tag{2-50}$$

砂土

$$k_{sl} = k_{vl} \tag{2-51}$$

2.2.2 弹性半空间模型

假设地基土符合弹性半空间地基模型，土的弹性模量为 E（实用上取变形模量 E_0），直接用弹性理论计算地基表面的沉降量。

1)竖向集中力 P 作用下地表沉降量

在式(2-2)或式(2-4)中取 $z=0$,得半无限弹性体表面上任一点的法向位移(即地表沉陷)为:

$$s=\frac{(1-\upsilon^2)P}{\pi E_0 r} \tag{2-52}$$

式中:E_0——土的变形模量,可以由载荷试验求出,详见式(2-88);

υ——土的泊松比;可由静止土压力系数 K_0 求出,详见式(2-84);

r——荷载 p 的作用点距沉降计算点的距离。

根据式(2-52)得出的地表面沉降量见图 2-17,该公式计算简单,但在荷载作用点处沉降量计算值为无限大,因此可以用该公式计算距荷载作用点一定距离处的沉降量,计算荷载作用点处的沉降量可用下面分布荷载作用下的沉降计算公式计算。

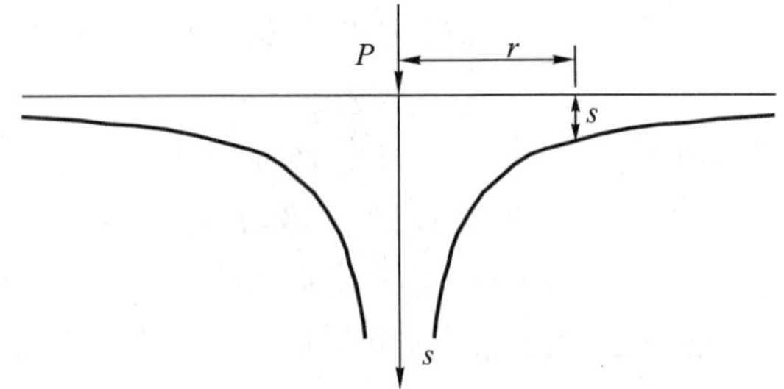

图 2-17 集中力 P 作用下地表面沉降量

2)竖向分布荷载 p 作用下地表沉降量

竖向分布荷载 p 作用于地表面某区域时,可运用式(2-52)通过积分的方法求出分布荷载作用下任意一点处的表面沉降,见图 2-18,j 点处作用有集中荷载 $\mathrm{d}P=p(\xi,\eta)\mathrm{d}\xi\mathrm{d}\eta$,求 i 点处的沉降量,把集中荷载代入式(2-52)并积分得:

$$s(x,y)=\frac{(1-\upsilon^2)}{\pi E_0}\iint_{\Omega}\frac{p(\xi,\eta)\mathrm{d}\xi\mathrm{d}\eta}{\sqrt{(x-\xi)^2+(y-\eta)^2}} \tag{2-53}$$

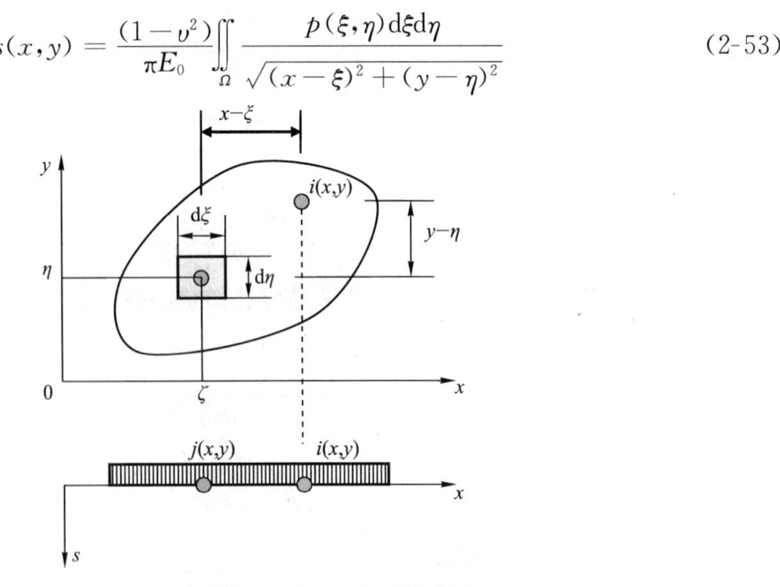

图 2-18 分布荷载作用下地表面沉降量计算简图

式(2-53)的求解与基础的刚度、形状、尺寸及计算点位置相关。

柔性基础的沉降量中间大，两边小；刚性基础在中心荷载作用下沉降量相等，基底反力两边大，中间小。

例如，圆形均布垂直荷载作用于半无限弹性土体（相当于柔性基础），弹性半空间体表面（基底）沉降计算公式可用式（2-54）表示[7]：

$$s=\begin{cases}\dfrac{2p\delta(1-\upsilon^2)}{E_0}\left[1-0.25\left(\dfrac{r}{\delta}\right)^2-0.047\left(\dfrac{r}{\delta}\right)^4-0.020\left(\dfrac{r}{\delta}\right)^6-0.011\left(\dfrac{r}{\delta}\right)^8\cdots\right] & r<\delta\\[2ex] \dfrac{4p\delta(1-\upsilon^2)}{E_0\pi} & r=\delta\\[2ex] \dfrac{p\delta^2(1-\upsilon^2)}{E_0}\left[1+0.125\left(\dfrac{\delta}{r}\right)^2+0.047\left(\dfrac{\delta}{r}\right)^4+0.024\left(\dfrac{\delta}{r}\right)^6+0.015\left(\dfrac{\delta}{r}\right)^8\cdots\right] & r>\delta\end{cases} \tag{2-54}$$

式中：δ——圆形荷载的半径。

柔性基础在均布荷载作用下，基底反力还是均匀分布的，根据式（2-54）绘制柔性基础地表面沉降见图 2-19a）。

刚性基础圆形荷载（基础底面沉降相等）作用下，基础底面沉降量 s_r 为[7]：

$$s_r=\frac{\pi}{2}\frac{p\delta}{E_0}(1-\upsilon^2) \tag{2-55}$$

基底反力为：

$$\sigma_z=\frac{E_0 s_r}{\pi(1-\upsilon^2)}\begin{cases}\dfrac{1}{\sqrt{\delta^2-r^2}} & r<\delta\\[2ex] 0 & r\geqslant\delta\end{cases} \tag{2-56}$$

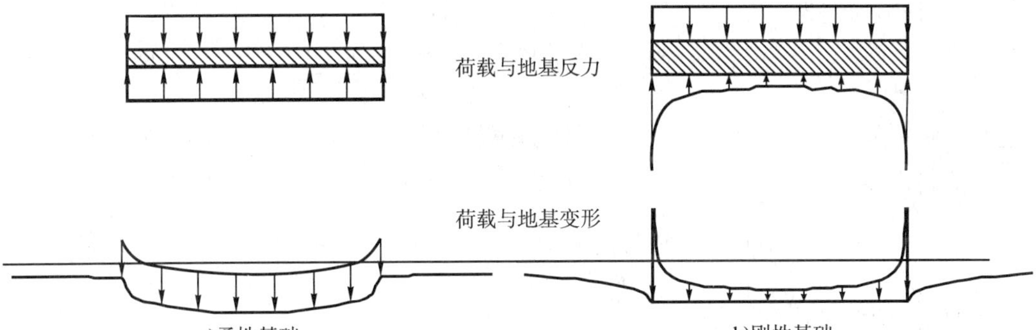

图 2-19　圆形分布荷载作用下荷载与地表面沉降量

地表面沉降量为：

$$s=\frac{2s_r}{\pi}\begin{cases}\dfrac{\pi}{2} & r\leqslant\delta\\[2ex] \arcsin\left(\dfrac{\delta}{r}\right) & r>\delta\end{cases} \tag{2-57}$$

根据式（2-56）绘制刚性基础基底反力、根据式（2-57）绘制刚性基础地表面沉降见图 2-19b）。

对于不同的基础刚度、尺寸及计算点，可把基础沉降量整理为下列形式：

$$s=\frac{(1-\upsilon^2)pb}{E_0}\omega \tag{2-58}$$

式中：b ——基础的直径或宽度；

ω ——沉降影响系数。

例如：①对于圆形基础，由式(2-54)得圆形荷载边缘处沉降量 $s=\frac{2pb(1-\upsilon^2)}{E_0\pi}=\frac{(1-\upsilon^2)pb}{E_0}\frac{2}{\pi}$，比较式(2-58)，可以求得圆形柔性基础的边缘沉降影响系数 $\omega_c=0.637$；②由式(2-54)得圆形荷载中心点处 $s=\frac{pb(1-\upsilon^2)}{E_0}\cdot 1$，所以圆形柔性基础中心点沉降影响系数 $\omega_0=1.00$；③由式(2-55)得 $s_r=\frac{\pi}{2}\frac{p\delta}{E_0}(1-\upsilon^2)=\frac{pb(1-\upsilon^2)}{E_0}\cdot\frac{\pi}{4}$，比较式(2-58)，可以求得圆形刚性基础的沉降影响系数 $\omega_r=0.785$。

若矩形面积的边长分别是 a、b，由式(2-53)经积分运算可得矩形面积均布荷载角点下的竖向变形为：

$$s_{ii}=\frac{p(1-\upsilon^2)}{\pi E_0}\left[a\ln\frac{b+\sqrt{a^2+b^2}}{a}+b\ln\frac{a+\sqrt{a^2+b^2}}{b}\right] \tag{2-59a}$$

若设 $m=l/b$，代入上式得：

$$s_{ii}=\frac{p(1-\upsilon^2)b}{\pi E_0}\left[m\ln\frac{1+\sqrt{m^2+1}}{m}+\ln(m+\sqrt{m^2+1})\right] \tag{2-59b}$$

式(2-59b)简记为：

$$s_{ii}=\frac{p(1-\upsilon^2)b}{\pi E_0}F_{ii}=\frac{p(1-\upsilon^2)b}{E_0}\frac{F_{ii}}{\pi}=\frac{p(1-\upsilon^2)b}{E_0}\omega_c \tag{2-60}$$

计算矩形面积中心点沉降量，可设区格的面积是 $2a\times 2b$，按叠加的方法，取1/4面积计算沉降量再乘以4倍。若设基础底面尺寸为 $a\times b$，按式(2-60)求得基础底面角点下沉降量为 $s_c=\frac{p(1-\upsilon^2)b}{\pi E_0}F_{ii}$，中心点沉降为 $s_0=4\frac{p(1-\upsilon^2)}{\pi E_0}\left(\frac{b}{2}\right)F_{ii}$，由此可知中心点沉降量是角点沉降量的两倍。

根据式(2-60)可求出矩形面积均布荷载角点下沉降影响系数 ω_c，其余情况见表2-11。

沉降影响系数 ω 表2-11

基底形状		圆形	方形	矩形 (l/b)						
				1.5	2.0	3.0	4.0	5.0	10.0	100.0
基底角点 圆形周边	ω_c	0.64	0.56	0.68	0.77	0.89	0.98	1.05	1.27	2.00
基底中心 ω_0		1.00	1.12	1.36	1.5	1.78	1.96	2.10	2.54	4.0
基底平均 ω_m		0.85	0.95	1.15	1.30	1.50	1.70	1.83	2.25	3.70
刚性基础 ω_r		0.79	0.88	1.08	1.22	1.44	1.61	1.72	2.12	3.40

根据半无限弹性体地基模型计算基础的地表沉降，可得用矩阵表示的计算公式为：

$$\begin{Bmatrix} s_1 \\ s_2 \\ \vdots \\ s_i \\ \vdots \\ s_m \end{Bmatrix} = \begin{bmatrix} \delta_{11}\delta_{12}\cdots\delta_{1i}\cdots\delta_{1m} \\ \delta_{21}\delta_{22}\cdots\delta_{2i}\cdots\delta_{2m} \\ \vdots \\ \delta_{i1}\delta_{i2}\cdots\delta_{ii}\cdots\delta_{im} \\ \vdots \\ \delta_{m1}\delta_{m2}\cdots\delta_{mi}\cdots\delta_{mm} \end{bmatrix} \begin{Bmatrix} p_1 \\ p_2 \\ \vdots \\ p_i \\ \vdots \\ p_m \end{Bmatrix} \tag{2-61}$$

上式可简写为：

$$\{s\} = [\Delta]\{p\} \tag{2-62}$$

其中，柔度矩阵 $[\Delta]$ 为：

$$[\Delta] = \begin{bmatrix} \delta_{11}\delta_{12}\cdots\delta_{1i}\cdots\delta_{1m} \\ \delta_{21}\delta_{22}\cdots\delta_{2i}\cdots\delta_{2m} \\ \vdots \\ \delta_{i1}\delta_{i2}\cdots\delta_{ii}\cdots\delta_{im} \\ \vdots \\ \delta_{m1}\delta_{m2}\cdots\delta_{mi}\cdots\delta_{mm} \end{bmatrix} \tag{2-63}$$

柔度矩阵的系数 δ_{ij} 的含义(见图 2-20)是在 j 区格上作用单位荷载 p_j，引起 i 点的沉降量，若还用角点法的计算公式(2-60)，需要用叠加方法求 δ_{ij}，设 s_{abcd} 是单位荷载 $p=1$ 作用在图 2-20 中面积的 $abcd$ 上，在角点 a 处的沉降量，则 δ_{ij} 为：

$$\delta_{ij} = s_{abcd} - s_{aehd} - s_{abfk} + s_{aegk} \tag{2-64}$$

由式(2-64)可知，按分布荷载求 δ_{ij} 的计算较繁琐，当计算点与作用点不同时，即 $i \neq j$ 时，可近似用集中荷载的公式(2-52)计算，设区格的面积是 $2a \times 2b$，区格上作用的分布荷载 p 简化为集中荷载 $P = 4abp$，式(2-63)中的柔度系数 δ_{ij} 为：

$$\delta_{ij} = \begin{cases} \dfrac{(1-\upsilon^2)}{\pi E_0} 4bF_{ii} & i = j \\ \dfrac{(1-\upsilon^2)}{\pi E_0 r} 4ab & i \neq j \end{cases} \tag{2-65}$$

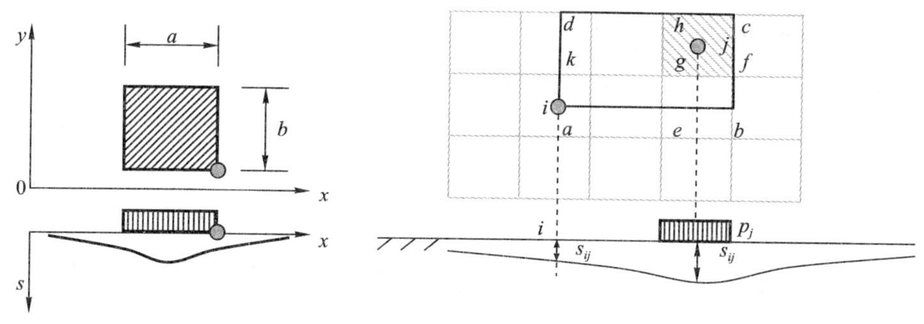

a) 矩形荷载角点沉降　　b) 沉降量叠加

图 2-20　柔度系数计算简图

设区格面积为 A_i，把均布荷载 p 简化为作用在区格中心点的集中荷载 P，则：

$$P_i = p_i A_i \tag{2-66}$$

由式(2-61)可得集中荷载 P 与地表沉降 s 的关系为：

$$\begin{Bmatrix} s_1 \\ s_2 \\ \vdots \\ s_i \\ \vdots \\ s_m \end{Bmatrix} = \begin{bmatrix} \delta_{11}/A_1 & \delta_{12}/A_2 \cdots \delta_{1i}/A_i \cdots \delta_{1m}/A_m \\ \delta_{21}/A_1 & \delta_{22}/A_2 \cdots \delta_{2i}/A_i \cdots \delta_{2m}/A_m \\ \vdots & \vdots \quad\quad \vdots \quad\quad \vdots \\ \delta_{i1}/A_1 & \delta_{i2}/A_2 \cdots \delta_{ii}/A_i \cdots \delta_{im}/A_m \\ \vdots & \vdots \quad\quad \vdots \quad\quad \vdots \\ \delta_{m1}/A_1 & \delta_{m2}/A_2 \cdots \delta_{mi}/A_i \cdots \delta_{mm}/A_m \end{bmatrix} \begin{Bmatrix} P_1 \\ P_2 \\ \vdots \\ P_i \\ \vdots \\ P_m \end{Bmatrix} \tag{2-67}$$

式(2-67)可以简写为：

$$\{s\} = [\Delta]\{P\} \tag{2-68}$$

上式可改写为：

$$\{P\} = [\Delta]^{-1}\{s\} = [K]\{s\} \tag{2-69}$$

文克尔地基模型表示地表面作用的集中荷载与荷载作用点处沉降的关系为式(2-39)和式(2-41)，弹性半空间地基模型表示地表面作用的集中荷载与荷载作用点处沉降的关系是式(2-68)和式(2-69)，因为地基参数不同，所以两者柔度矩阵和刚度矩阵不同。

弹性半空间地基模型，考虑了地基表面一点 i 的变形不仅与该点作用的压力有关，其他位置的压应力也会引起 i 的沉降，这方面比文克尔假定合理。但由于刚性基础的刚度较大，基础底面变形均匀，边缘处地基反力计算值较大，而实际的地基土，当剪应力超过土的抗剪强度时将产生塑性变形，边缘反力不再增加，根据静力平衡条件，应力会向内部集中，产生应力重分布，该方法没有考虑塑性变形问题，没有考虑应力重分布，所以边缘反力计算值偏大，见图 2-19b)。

弹性半空间地基模型用弹性力学的公式计算土体变形，考虑到实际的土体并不是弹性体，所以在公式中土的弹性参数是变形模量，变形模量实际包含土体塑性变形部分，所以这是用弹性力学的公式计算土体变形的一种简化计算方法。该方法假设土体是各向同性均质半无限弹性体，实际上土体是由各层土组成，分别考虑各土层应力应变关系特性的方法为有限压缩层地基模型。

2.2.3 有限压缩层地基模型

有限压缩层地基模型是把地基土沿深度方向分成若干层，设每层土的侧限压缩模量 E_s 为常数，见图 2-21，计算每一层的压缩变形，然后汇总求得总沉降量，即分层总和法。该方法较好地表示了土的分层的特性。

设地基土层数为 n，把基础底面划分为 m 个区格，j 区格上作用的荷载 p_j 使 j 点下产生了附加应力 $(\sigma_z)_{jj}$，i 点下产生了附加应力 $(\sigma_z)_{ij}$，该附加应力可以通过角点下的附加应力通过叠加计算得到。图 2-22 中，j 点处作用单位均布荷载 p_j，在 i 处产生沉降量为：

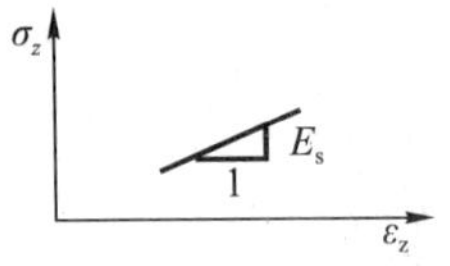

图 2-21 垂直方向应力应变成正比

$$\delta_{ij} = \sum_{k=1}^{n} \frac{(\sigma_{zk})_{ij}}{(E_{sk})_i} h_{ki} \tag{2-70}$$

式中：E_{sk}——第 k 层土的压缩模量；

σ_{zk}——第 k 层土的平均附加应力；

h_{ki}——i 点下第 k 层土的厚度。

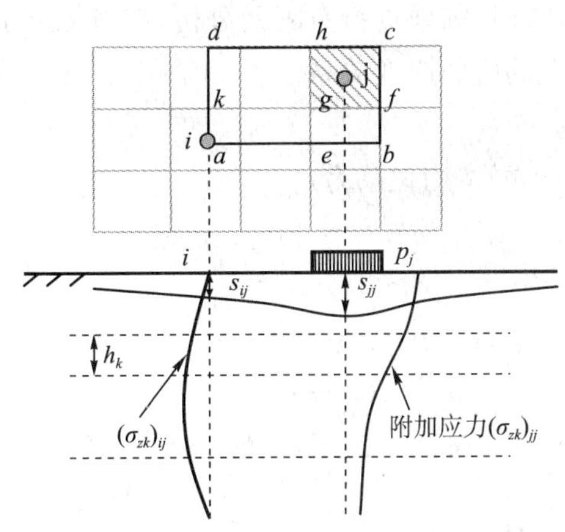

图 2-22　有限压缩层地基模型计算简图

基础底面划分为 m 个区格，各区格均作用有分布荷载 p_j，在这些荷载的共同作用下使 i 处产生沉降量总和为：

$$s_i = \sum_{j=1}^{m} \delta_{ij} p_j \tag{2-71}$$

计算基底各区格的沉降量，写成矩阵的形式为：

$$\{s\} = [\Delta]\{p\} \tag{2-72}$$

同样可以用集中荷载表示为：

$$\{s\} = [\Delta]\{P\}$$

$$\{P\} = [K]\{s\}$$

有限压缩层地基模型的地基参数是压缩模量 E_s，由侧限压缩试验求出，压缩模量 E_s 不是土的弹性参数，是弹塑性参数。

有限压缩层地基模型用弹性理论计算应力，用直线变形体理论计算变形，用分层总和法考虑土的非均匀性，较好地反映了土层变化，应用广泛。但计算工作繁琐，工作量很大。

文克尔弹性地基模型、弹性半空间地基模型、有限压缩层地基模型均给出了地基表面沉降量和压应力的关系式，当荷载已知、地基参数已知时，文克尔弹性地基模型可以直接按式(2-38)计算出基础底面下各点的沉降量；弹性半空间地基模型可以直接按式(2-61)计算出基础底面下各点的沉降量；有限压缩层地基模型可以直接按式(2-72)计算出基础底面下各点的沉降量。

2.3　地基的力学模型——数值分析方法

2.3.1　线性弹性地基模型

在 2.2 节中直接给出了文克尔弹性地基模型、弹性半空间地基模型、有限压缩层地基模型根据地基表面压应力 p 计算地基表面沉降量 s 的计算公式，可以根据实际情况分别采用上述的计算方法。

当考虑的问题更加复杂时，需要进行有限元分析，在有限元分析中，应根据土的实际情况建立土的本构关系，即土的应力应变关系。

1)弹性地基空间问题

弹性地基空间问题中土的本构关系为：

$$\{\sigma\}_{6\times1} = [C]_{6\times6}\ \{\varepsilon\}_{6\times1} \tag{2-73}$$

式(2-73)展开为：

$$\begin{Bmatrix}\sigma_x\\ \sigma_y\\ \sigma_z\\ \tau_{xy}\\ \tau_{yz}\\ \tau_{zx}\end{Bmatrix}=\frac{E}{(1+\upsilon)(1-2\upsilon)}\begin{bmatrix}(1-\upsilon) & \upsilon & \upsilon & 0 & 0 & 0\\ \upsilon & (1-\upsilon) & \upsilon & 0 & 0 & 0\\ \upsilon & \upsilon & (1-\upsilon) & 0 & 0 & 0\\ 0 & 0 & 0 & \frac{1-2\upsilon}{2} & 0 & 0\\ 0 & 0 & 0 & 0 & \frac{1-2\upsilon}{2} & 0\\ 0 & 0 & 0 & 0 & 0 & \frac{1-2\upsilon}{2}\end{bmatrix}\begin{Bmatrix}\varepsilon_x\\ \varepsilon_y\\ \varepsilon_z\\ \gamma_{xy}\\ \gamma_{yz}\\ \gamma_{zx}\end{Bmatrix} \tag{2-74}$$

式中：E——土的弹性模量；

υ——土的泊松比。

式(2-73)中的 $[C]$ 称为弹性刚度矩阵：

$$[C]=\frac{E}{(1+\upsilon)(1-2\upsilon)}\begin{bmatrix}(1-\upsilon) & \upsilon & \upsilon & 0 & 0 & 0\\ \upsilon & (1-\upsilon) & \upsilon & 0 & 0 & 0\\ \upsilon & \upsilon & (1-\upsilon) & 0 & 0 & 0\\ 0 & 0 & 0 & \frac{1-2\upsilon}{2} & 0 & 0\\ 0 & 0 & 0 & 0 & \frac{1-2\upsilon}{2} & 0\\ 0 & 0 & 0 & 0 & 0 & \frac{1-2\upsilon}{2}\end{bmatrix} \tag{2-75}$$

对刚度矩阵 $[C]$ 求逆得柔度矩阵 $[D]$，式(2-73)可以改写为由应力求应变的形式：

$$\{\varepsilon\}=[C]^{-1}\{\sigma\}=[D]\{\sigma\} \tag{2-76}$$

式(2-76)中的 $[D]$ 称为弹性柔度矩阵：

$$[D]=\frac{1}{E}\begin{bmatrix}1 & -\upsilon & -\upsilon & 0 & 0 & 0\\ -\upsilon & 1 & -\upsilon & 0 & 0 & 0\\ -\upsilon & -\upsilon & 1 & 0 & 0 & 0\\ 0 & 0 & 0 & 2(1+\upsilon) & 0 & 0\\ 0 & 0 & 0 & 0 & 2(1+\upsilon) & 0\\ 0 & 0 & 0 & 0 & 0 & 2(1+\upsilon)\end{bmatrix} \tag{2-77}$$

2)弹性地基平面应变问题

分析岩土工程中的大坝、挡土墙、护坡桩等时常把空间问题简化为平面应变问题,即 $\tau_{yz}=\tau_{zx}=0$, $\varepsilon_z=\gamma_{yz}=\gamma_{zx}=0$ 。把空间问题单元刚度矩阵式(2-74)中与 τ_{yz}、τ_{zx}、ε_z、γ_{yz}、γ_{zx} 相关的行列划去,即得平面应变问题的 $[C]$ 矩阵,平面应变问题的应力应变关系为:

$$\begin{Bmatrix}\sigma_x\\ \sigma_y\\ \tau_{xy}\end{Bmatrix}=\frac{E}{(1+\upsilon)(1-2\upsilon)}\begin{bmatrix}(1-\upsilon) & \upsilon & 0\\ \upsilon & (1-\upsilon) & 0\\ 0 & 0 & \dfrac{1-2\upsilon}{2}\end{bmatrix}\begin{Bmatrix}\varepsilon_x\\ \varepsilon_y\\ \gamma_{xy}\end{Bmatrix} \tag{2-78}$$

3)用主应力表示的应力应变关系

用主应力表示应力应变关系,式(2-74)成为:

$$\begin{Bmatrix}\sigma_1\\ \sigma_2\\ \sigma_3\end{Bmatrix}=\frac{E}{(1+\upsilon)(1-2\upsilon)}\begin{bmatrix}(1-\upsilon) & \upsilon & \upsilon\\ \upsilon & (1-\upsilon) & \upsilon\\ \upsilon & \upsilon & (1-\upsilon)\end{bmatrix}\begin{Bmatrix}\varepsilon_1\\ \varepsilon_2\\ \varepsilon_3\end{Bmatrix} \tag{2-79}$$

或者

$$\begin{Bmatrix}\varepsilon_1\\ \varepsilon_2\\ \varepsilon_3\end{Bmatrix}=\frac{1}{E}\begin{bmatrix}1 & -\upsilon & -\upsilon\\ -\upsilon & 1 & -\upsilon\\ -\upsilon & -\upsilon & 1\end{bmatrix}\begin{Bmatrix}\sigma_1\\ \sigma_2\\ \sigma_3\end{Bmatrix} \tag{2-80}$$

4)用 p、q 表示的应力应变关系

用平均主应力 p、广义剪应力 q、体积应变 ε_v、剪应变 ε_d 表示的应力应变关系为:

$$\begin{Bmatrix}p\\ q\end{Bmatrix}=\begin{bmatrix}K & 0\\ 0 & 3G\end{bmatrix}\begin{Bmatrix}\varepsilon_v\\ \varepsilon_d\end{Bmatrix} \tag{2-81}$$

式(2-81)表明,对于弹性材料,体积应变只与平均正应力相关,剪应变只与广义剪应力相关,相互间无交叉影响。

5)弹性模量、压缩模量和变形模量

在弹性力学公式中,弹性模量是材料在单向应力状态下应力与应变的比值,卸荷后材料的变形返回初始状态,没有残余变形,所以称为弹性材料。在三维应力状态下,材料的应力应变关系是式(2-74),材料的弹性常数是弹性模量 E 和泊松比 υ。

然而,通常土不是弹性材料,加荷、卸荷的应力应变曲线不重叠,卸荷后会有不可恢复的塑性变形。但是再加荷、卸荷近似为弹性关系,因此可以根据土的再加荷曲线确定土的弹性模量,土的弹性模量可用于基坑回弹量或再压缩量的计算。

弹性半空间地基模型、有限压缩层地基模型在计算变形时借用了应力应变成正比的弹性力学公式,即计算应力用弹性理论,计算变形用直线变形体理论,实际上在土的参数中包含了塑性部分。

对于弹性土体,理论上可以整理出变形模量 E_0、侧限压缩模量 E_s 之间的关系。在侧限压缩试验中,压缩模量定义为:

$$E_s=\frac{\sigma_z}{\varepsilon_z} \tag{2-82}$$

由式(2-74)得:

$$\left.\begin{aligned}\varepsilon_z &= \frac{\sigma_z}{E_0} - \frac{\upsilon}{E_0}(\sigma_x + \sigma_y)\\ \varepsilon_x &= \frac{\sigma_x}{E_0} - \frac{\upsilon}{E_0}(\sigma_y + \sigma_z)\\ \varepsilon_y &= \frac{\sigma_y}{E_0} - \frac{\upsilon}{E_0}(\sigma_z + \sigma_x)\end{aligned}\right\} \tag{2-83}$$

在式(2-83)中代入侧限条件 $\varepsilon_x = \varepsilon_y = 0$,整理得:

$$\sigma_x = \sigma_y = \frac{\upsilon}{1-\upsilon}\sigma_z = K_0\sigma_z \tag{2-84}$$

把式(2-84)代入式(2-83)中的第 1 个公式得:

$$\varepsilon_z = \frac{\sigma_z}{E_0}\left(1 - \frac{2\upsilon^2}{1-\upsilon}\right) \tag{2-85}$$

比较式(2-82)与式(2-85)得:

$$E_0 = \left(1 - \frac{2\upsilon^2}{1-\upsilon}\right)E_s \tag{2-86}$$

对于天然土体,常取垂直方向压应力 $\sigma_z = \gamma z$,水平方向压应力 $\sigma_x = K_0\gamma z$,由式(2-84)可得 $\upsilon = K_0/(1+K_0)$ 。

式(2-86)表示了弹性土体变形模量 E_0 、侧限压缩模量 E_s 之间的关系,而实际土材料不是弹性体,式(2-86)与实际并不完全符合。

6)根据载荷试验求变形模量 E_0

把载荷板视为刚性基础,由式(2-58)得刚性基础沉降量为:

$$s = \frac{(1-\upsilon^2)pb}{E_0}\omega_r \tag{2-87}$$

由上式可得:

$$E_0 = \frac{1-\upsilon^2}{s}bp\omega_r \tag{2-88}$$

式中:ω_r ——刚性基础沉降系数,见表 2-11。

把现场载荷试验的比例界限 p_1 和相应的沉降量 s_1 代入式(2-88),即可求出变形模量 E_0。

地基土的线性弹性地基模型概念清楚,计算简单,在实际工程中得到了广泛的应用。其中的文克尔地基模型没有考虑相邻荷载对变形的影响,与实际不符;弹性半空间地基模型假定土是均质材料与实际不符;有限压缩层地基模型考虑了不同土层压缩性的不同,但只计算了垂直变形,水平变形没有考虑。因此,在数值分析中,根据荷载与地基土的实际情况可采用土的非线性弹性模型或弹塑性地基模型。

2.3.2 非线性弹性地基模型

基于广义胡克定律基础上的增量非线性弹性模型认为土体的变形虽然是非线性的,但在微小增量时可以看作是线性的,且服从增量线性的各向同性的广义胡克定律,见图 2-23,这种沿着应力或应变路径在增量意义上表示为弹性的性质也称为“次弹性”,次弹性材料具有以下性质:

①应力应变关系与应力路径相关。

②在当前的应力水平下,应力应变具有增量意义上的可逆性。

③不同的初始条件会得到不同的本构关系。

最简单的次弹性模型是将线性材料的弹性刚度矩阵和柔度矩阵改为与应力路径相关的切线刚度矩阵和切线柔度矩阵，即对应于不同的应力状态，土的弹性参数可取不同应力、应变下的切线值，例如切线模量 E_t 和切线泊松比 υ_t（注：E_t 和 υ_t 中的下标 t 表示与应力路径相关），土的应力与应变关系用增量形式来表示。

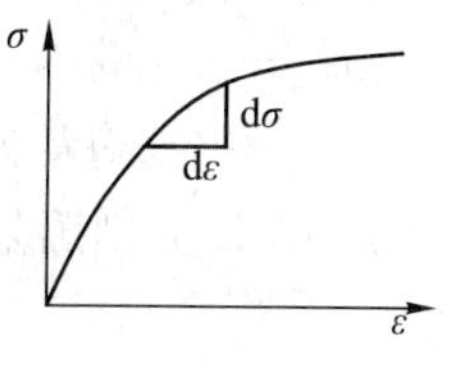

图 2-23　非线性弹性材料

常用的非线性弹性地基模型有邓肯—张模型、K-G 模型等。

1)应力应变增量关系

土的应力应变增量关系为：

$$\{d\sigma\} = [C]^e\{d\varepsilon\} \tag{2-89}$$

对于三维情况，式(2-89)展开为：

$$\begin{Bmatrix} d\sigma_x \\ d\sigma_y \\ d\sigma_z \\ d\tau_{xy} \\ d\tau_{yz} \\ d\tau_{zx} \end{Bmatrix} = \frac{E_t}{(1+\upsilon_t)(1-2\upsilon_t)} \begin{bmatrix} (1-\upsilon_t) & \upsilon_t & \upsilon_t & 0 & 0 & 0 \\ \upsilon_t & (1-\upsilon_t) & \upsilon_t & 0 & 0 & 0 \\ \upsilon_t & \upsilon_t & (1-\upsilon_t) & 0 & 0 & 0 \\ 0 & 0 & 0 & \frac{1-2\upsilon_t}{2} & 0 & 0 \\ 0 & 0 & 0 & 0 & \frac{1-2\upsilon_t}{2} & 0 \\ 0 & 0 & 0 & 0 & 0 & \frac{1-2\upsilon_t}{2} \end{bmatrix}^e \begin{Bmatrix} d\varepsilon_x \\ d\varepsilon_y \\ d\varepsilon_z \\ d\gamma_{xy} \\ d\gamma_{yz} \\ d\gamma_{zx} \end{Bmatrix} \tag{2-90}$$

式中 $[C]^e$ ——与某应力状态相对应的弹性刚度矩阵。

此时，只要求得用切线表示的各种弹性参数 E_t、υ_t，由它们及上述线弹性关系式，即可用弹性增量法计算应变或应力。

为方便计算，式(2-90)还可以表示为：

$$\begin{Bmatrix} d\sigma_x \\ d\sigma_y \\ d\sigma_z \\ d\tau_{xy} \\ d\tau_{yz} \\ d\tau_{zx} \end{Bmatrix} = \begin{bmatrix} C_{1111} & C_{1122} & C_{1133} & C_{1112} & C_{1123} & C_{1131} \\ C_{2211} & C_{2222} & C_{2233} & C_{2212} & C_{2223} & C_{2231} \\ C_{3311} & C_{3322} & C_{3333} & C_{3312} & C_{3323} & C_{3331} \\ C_{1211} & C_{1222} & C_{1233} & C_{1212} & C_{1223} & C_{1231} \\ C_{2311} & C_{2322} & C_{2333} & C_{2312} & C_{2323} & C_{2331} \\ C_{3111} & C_{3122} & C_{3133} & C_{3112} & C_{3123} & C_{3131} \end{bmatrix}^e \begin{Bmatrix} d\varepsilon_x \\ d\varepsilon_y \\ d\varepsilon_z \\ d\gamma_{xy} \\ d\gamma_{yz} \\ d\gamma_{zx} \end{Bmatrix} \tag{2-91}$$

或者表示为：

$$\begin{Bmatrix} d\sigma_{11} \\ d\sigma_{22} \\ d\sigma_{33} \\ d\sigma_{12} \\ d\sigma_{23} \\ d\sigma_{31} \end{Bmatrix} = \begin{bmatrix} C_{1111} & C_{1122} & C_{1133} & C_{1112} & C_{1123} & C_{1131} \\ C_{2211} & C_{2222} & C_{2233} & C_{2212} & C_{2223} & C_{2231} \\ C_{3311} & C_{3322} & C_{3333} & C_{3312} & C_{3323} & C_{3331} \\ C_{1211} & C_{1222} & C_{1233} & C_{1212} & C_{1223} & C_{1231} \\ C_{2311} & C_{2322} & C_{2333} & C_{2312} & C_{2323} & C_{2331} \\ C_{3111} & C_{3122} & C_{3133} & C_{3112} & C_{3123} & C_{3131} \end{bmatrix}^e \begin{Bmatrix} d\varepsilon_{11} \\ d\varepsilon_{22} \\ d\varepsilon_{33} \\ 2d\varepsilon_{12} \\ 2d\varepsilon_{23} \\ 2d\varepsilon_{31} \end{Bmatrix} \tag{2-92}$$

其中系数 C_{ijkl}^e 用公式表示为：

$$C_{ijkl}^{e}=L\delta_{ij}\delta_{kl}+G(\delta_{ik}\delta_{jl}+\delta_{il}\delta_{jk}) \tag{2-93}$$

式中：δ_{ij} ——克朗内克系数；

G、L ——拉梅常数。

δ_{ij}、G、L 分别用公式表示为：

$$\delta_{ij}=\begin{cases}1, & i=j\\ 0, & i\neq j\end{cases} \tag{2-94}$$

$$\left.\begin{aligned}G&=\frac{E}{2(1+\upsilon)}\\ L&=\frac{E}{3(1-2\upsilon)}-\frac{2}{3}G\end{aligned}\right\} \tag{2-95}$$

例如，求弹性系数：

$$C_{1111}^{e}=L\delta_{11}\delta_{11}+G(\delta_{11}\delta_{11}+\delta_{11}\delta_{11})=\frac{E}{3(1-2\upsilon)}-\frac{2}{3}\frac{E}{2(1+\upsilon)}+\frac{2E}{2(1+\upsilon)}=E\frac{1-\upsilon}{(1+\upsilon)(1-2\upsilon)}$$

$$C_{3311}^{e}=L\delta_{33}\delta_{11}+G(\delta_{31}\delta_{31}+\delta_{31}\delta_{31})=\frac{E}{3(1-2\upsilon)}-\frac{2}{3}\frac{E}{2(1+\upsilon)}=E\frac{\upsilon}{(1+\upsilon)(1-2\upsilon)}$$

由此验证了式(2-91)与式(2-90)是等价的，用式(2-91)便于有限元计算。

2)邓肯—张(Duncan-Chang)模型

邓肯—张(Duncan-Chang)模型是 E-υ 模型的一种，获取土样基本参数的试验是常规三轴的固结排水试验，根据垂直方向应力与应变 $(\sigma_1-\sigma_3)$-ε_1 关系曲线确定弹性参数 E_t，根据垂直方向应变与水平方向应变 ε_1-ε_3 关系曲线确定弹性参数 υ_t，推得切线模量 E_t、泊松比 υ_t 分别为：

$$E_t=\left[1-\frac{R_f(\sigma_1-\sigma_3)(1-\sin\varphi)}{2c\cos\varphi+2\sigma_3\sin\varphi}\right]^2 Kp_a\left(\frac{\sigma_3}{p_a}\right)^n \tag{2-96}$$

$$\upsilon_t=\frac{1}{\left\{1-\dfrac{D(\sigma_1-\sigma_3)}{E_i\left[1-\dfrac{R_f(\sigma_1-\sigma_3)(1-\sin\varphi)}{2c\cos\varphi+2\sigma_3\sin\varphi}\right]}\right\}^2}\cdot\left[G-F\lg\left(\frac{\sigma_3}{p_a}\right)\right] \tag{2-97}$$

其中，初始切线模量 $E_i=Kp_a(\sigma_3/p_a)^n$，p_a 是大气压力。在邓肯—张模型求弹性参数 E_t、υ_t 的公式中，包含了 K、n、R_f、c、φ 和 G、F、D 8 个参数，它们均可由常规三轴试验得到。

2.3.3 弹塑性地基模型

由试验结果可知，土的本构关系表现为弹塑性。图 2-24 是在 p-ε_v（体积应力—体积应变）坐标系下，排水条件下饱和砂土等向固结三轴试验的应力—应变关系的典型曲线，由图可知，在该坐标系下加荷与卸荷均表示了非线性的性质，加荷的过程中产生的变形包括弹性变形和塑性变形，当卸荷到初始应力状态时，应变恢复的部分是弹性应变，不可恢复的是塑性应变。

弹塑性地基模型定义土在荷载作用下的应变增量 $d\varepsilon$ 由弹性应变增量 $d\varepsilon^e$ 和塑性应变增量 $d\varepsilon^p$ 两部分组成，用公式表示为：

$$d\varepsilon=d\varepsilon^e+d\varepsilon^p \tag{2-98}$$

经整理可得土的弹塑性应力应变增量关系用式(2-99)表示：

$$\begin{Bmatrix} d\sigma_x \\ d\sigma_y \\ d\sigma_z \\ d\tau_{xy} \\ d\tau_{yz} \\ d\tau_{zx} \end{Bmatrix} = \begin{bmatrix} C_{1111} & C_{1122} & C_{1133} & C_{1112} & C_{1123} & C_{1131} \\ C_{2211} & C_{2222} & C_{2233} & C_{2212} & C_{2223} & C_{2231} \\ C_{3311} & C_{3322} & C_{3333} & C_{3312} & C_{3323} & C_{3331} \\ C_{1211} & C_{1222} & C_{1233} & C_{1212} & C_{1223} & C_{1231} \\ C_{2311} & C_{2322} & C_{2333} & C_{2312} & C_{2323} & C_{2331} \\ C_{3111} & C_{3122} & C_{3133} & C_{3112} & C_{3123} & C_{3131} \end{bmatrix}^{ep} \begin{Bmatrix} d\varepsilon_x \\ d\varepsilon_y \\ d\varepsilon_z \\ d\gamma_{xy} \\ d\gamma_{yz} \\ d\gamma_{zx} \end{Bmatrix} \tag{2-99}$$

其中 C_{ijkl}^{ep} 称为弹塑性刚度矩阵的系数，用张量表示为：

$$C_{ijkl}^{ep} = C_{ijkl}^{e} - \frac{C_{ijmn}^{e} \frac{\partial g}{\partial \sigma_{mn}} \frac{\partial f}{\partial \sigma_{st}} C_{stkl}^{e}}{-\frac{\partial f}{\partial H} \frac{\partial H}{\partial \varepsilon_{ij}^{p}} \frac{\partial g}{\partial \sigma_{ij}} + \frac{\partial f}{\partial \sigma_{ij}} C_{ijkl}^{e} \frac{\partial g}{\partial \sigma_{kl}}} \tag{2-100}$$

对于弹塑性力学模型，需要求式(2-100)中弹塑性刚度矩阵的系数 C_{ijkl}^{ep}，首先应确定屈服函数 f、塑性势函数 g、硬化参数 H。在塑性理论中，这三个问题被称为是塑性理论的三大支柱：屈服条件、流动法则和硬化规律，它们分别被定义为：

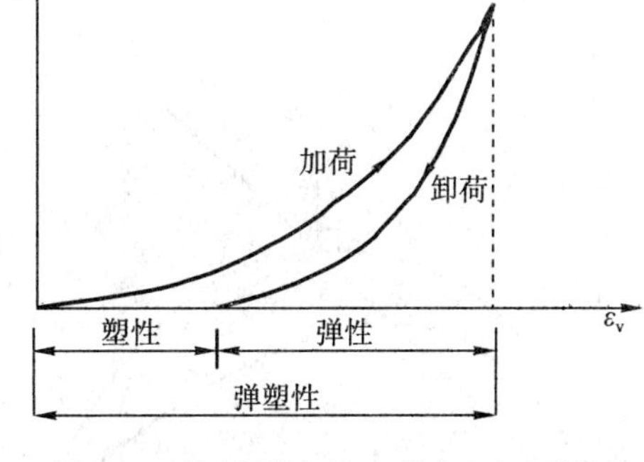

图 2-24　等向固结加荷、卸荷应力应变关系

(1)屈服条件是确定开始产生塑性变形的应力条件。

(2)流动法则是确定塑性应变增量方向的法则。

(3)硬化规律是确定塑性应变增量大小的规律，确定硬化规律实质上是要确定硬化参量。

或者可以这样说，屈服条件确定了塑性变形的起点，流动法则确定塑性变形的方向，硬化规律(确定硬化参量)确定了塑性变形的大小。

不同的弹塑性模型，定义了不同的屈服函数 f、塑性势函数 g 和硬化参数 H。

在国内，通常使用的弹塑性地基模型有剑桥模型、黄文熙等的"清华模型"、沈珠江提出的"南水模型"、郑颖人提出的广义弹塑性理论、殷宗泽提出的椭圆—抛物双曲面模型等。下面简要介绍有代表性的剑桥模型及其在剑桥模型基础上发展的 UH 模型。

1)修正剑桥模型

剑桥模型是目前得到广泛应用的土的弹塑性模型，由英国剑桥大学的罗斯柯(Roscoe)等人于 1963 年提出的土的弹塑性本构模型称为原始剑桥模型。原始剑桥模型在 p-q (平均正应力—广义剪应力)坐标系中建立了塑性体积应变等值面方程，该方程称为塑性势函数，该函数在应力空间形成的曲面称为塑性势面，其中塑性体积应变就是剑桥模型的硬化参量，采用屈服函数与塑性势函数相等的相关联流动法则确定了屈服面。当应力在屈服面以内变化，材料只有弹性变形；应力超过这个屈服面时，产生塑性变形。

考虑到原始剑桥模型的塑性势面在与 p 轴相交处与 p 轴不正交，不符合等向固结应力状态下塑性应变应该只有塑性体积应变增量 $d\varepsilon_v^p$ 的实际情况。因此 1968 年罗斯柯等人又提出了椭圆形的塑性势面的修正剑桥模型，原始剑桥模型的屈服函数和塑性势函数为：

$$f = g = M\ln p + \frac{q}{p} - M\ln p_x = 0 \tag{2-101}$$

修正剑桥模型的屈服函数和塑性势函数为：

$$f = g = q^2 + M^2 p^2 - M^2 p_x p = 0 \tag{2-102}$$

式中：M——破坏时的应力比；

p_x——屈服面与 p 轴的交点。

原始剑桥模型和修正剑桥模型的屈服面、塑性势面见图 2-25，其中图 2-25a）是在 q-p 坐标系中表示的屈服面，图 2-25b）是在应力空间中表示的屈服面，剑桥模型破坏面采用米塞斯准则，破坏面与应力洛德角无关，在应力空间是圆锥，原始剑桥模型屈服面在应力空间近似梨形，修正剑桥模型屈服面在应力空间是椭球。

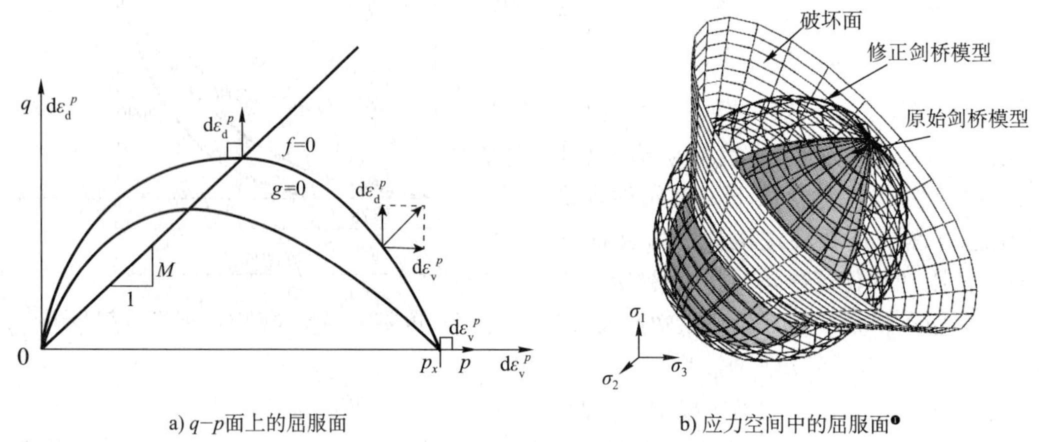

a) q-p面上的屈服面

b) 应力空间中的屈服面[❶]

图 2-25　剑桥模型的屈服面和破坏面

根据等向固结试验结果，修正剑桥模型的屈服函数和塑性势函数用土的压缩性参数 λ、κ 和塑性体积应变 ε_v^p 表示为：

$$f = g = \frac{\lambda - \kappa}{1 + e_0} \ln \frac{p}{p_0} + \frac{\lambda - \kappa}{1 + e_0} \ln\left(1 + \frac{q^2}{M^2 p^2}\right) - \varepsilon_v^p = 0 \tag{2-103}$$

剑桥模型的硬化参数是塑性体积应变 $H = \varepsilon_v^p$，代入式(2-100)得：

$$C_{ijkl}^{ep} = C_{ijkl}^{e} - \frac{C_{ijmn}^{e} \dfrac{\partial f}{\partial \sigma_{mn}} \dfrac{\partial f}{\partial \sigma_{st}} C_{stkl}^{e}}{\dfrac{\partial f}{\partial \sigma_{ii}} + \dfrac{\partial f}{\partial \sigma_{ij}} C_{ijkl}^{e} \dfrac{\partial f}{\partial \sigma_{kl}}} \tag{2-104}$$

---

❶　注：该图用 Maple 15 绘出，绘图程序为：

```
with(plots);
m:=0.9;
px:=10;
q1:=plot3d(m*p,theta=0..2*Pi,p=0..0.8*px,coords=cylindrical);
q2:=plot3d(m*p*ln(px/p),theta=0..2*Pi,p=0.01..px,coords=cylindrical);
q3:=plot3d(m*sqrt(p*px-p*p),theta=0..2*Pi,p=0.01..px,coords=cylindrical);
display((q1,q2,q3),scaling=constrained)
```

说明：m 是破坏应力比，方程 q_1 是破坏面，$q_1 = mp$；方程 q_2 是剑桥模型屈服面，$q_2 = mp\ln(p_x/p)$；方程 q_3 是修正剑桥模型屈服面，$q_3 = m\sqrt{pp_x - p^2}$。绘出图形后把外面修正剑桥模型的椭圆改为透明色就可以同时看到里面的原始剑桥模型的图形。

其中

$$\frac{\partial f}{\partial \sigma_{ij}} = c_p \left[\left(\frac{M^2 p^2 - q^2}{M^2 p^2 + q^2} \right) \frac{\delta_{ij}}{3p} + \frac{3(\sigma_{ij} - p\delta_{ij})}{M^2 p^2 + q^2} \right] \tag{2-105}$$

$$\frac{\partial f}{\partial \sigma_{ii}} = \frac{\partial f}{\partial \sigma_{11}} + \frac{\partial f}{\partial \sigma_{22}} + \frac{\partial f}{\partial \sigma_{33}} = c_p \frac{1}{p} \frac{M^2 p^2 - q^2}{M^2 p^2 + q^2} \tag{2-106}$$

式中，$c_p = (\lambda - \kappa)/(1 + e_0)$，剑桥模型的弹性模量 E 为：

$$E = \frac{3(1 - 2\upsilon)(1 + e_0)}{\kappa} p \tag{2-107}$$

由式(2-104)求出弹塑性刚度矩阵，可进行有限元分析。

对于平面应变问题，式(2-99)中 $d\varepsilon_z = d\gamma_{yz} = d\gamma_{zx} = 0$，得：

$$\begin{Bmatrix} d\sigma_x \\ d\sigma_y \\ d\tau_{xy} \end{Bmatrix} = \begin{bmatrix} C_{1111} & C_{1122} & C_{1112} \\ C_{2211} & C_{2222} & C_{2212} \\ C_{1211} & C_{1222} & C_{1212} \end{bmatrix}^{ep} \begin{Bmatrix} d\varepsilon_x \\ d\varepsilon_y \\ d\gamma_{xy} \end{Bmatrix} \tag{2-108}$$

2)统一硬化模型[9-10]

姚仰平等在修正剑桥模型的基础上，屈服面采用能反映土在应力空间强度特性的 SMP 面，并基于 Hvorslev 面，提出了当前屈服面、参考屈服面、潜在强度的概念，将其与特征状态应力比一起引入到统一硬化参数中建立了超固结土的本构模型，简称 UH 模型。所提出的模型能够反映超固结土的硬化、软化、临界状态、剪缩和剪胀等应力应变特性以及应力路径对它的影响，此超固结土模型仅比剑桥模型增加了一个材料参数，即 Hvorslev 面的切线斜率。

UH 模型的当前屈服面为当前应力点 $A(p,q)$ 所在的屈服面，它与剑桥模型屈服面相似，在三轴压缩情况下与修正剑桥模型相同，见图 2-26。采用 H 作为硬化参数，参考屈服面为参考应力点 $B(\bar{p},\bar{q})$ 所在的屈服面，它是以塑性体应变 ε_v^p 为硬化参数的剑桥模型屈服面，参考应力点 B 是与当前应力点 A 在等应力比条件下参考屈服面上的对应点，即 $\eta = q/p = \bar{q}/\bar{p}$。引入参考屈服面后，可借用当前屈服面与参考屈服面的关系来描述超固结程度，再用超固结参数 R 来反映超固结程度对当前屈服面中硬化参数 H 和峰值强度的影响。

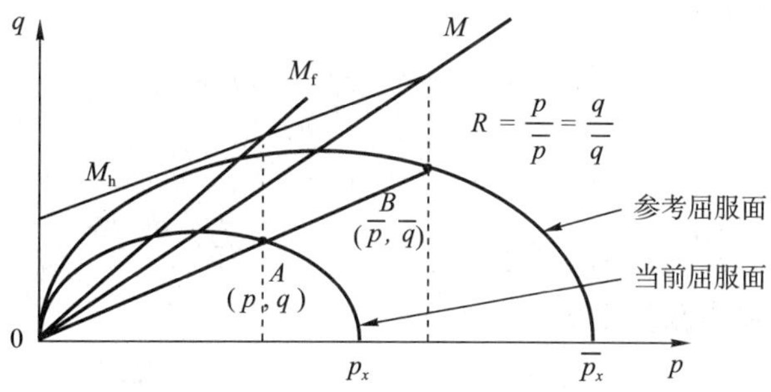

图 2-26　当前屈服面和参考屈服面

采用塑性体应变 ε_v^p 作为硬化参数，参考屈服面可表示为：

$$\bar{f} = \ln \frac{\bar{p}}{\bar{p}_{x0}} + \ln\left(1 + \frac{\bar{q}^2}{M^2 \bar{p}^2}\right) - \frac{1}{c_p} \varepsilon_v^p = 0 \tag{2-109}$$

$$c_p = \frac{(\lambda - k)}{(1 + e_0)} \tag{2-110}$$

以上式中：$\bar{p}$ ——参考应力点上的平均主应力；

$\bar{q}$ ——该点上的广义剪应力；

M ——特征状态（临界状态）应力比；

$\bar{p}_{x0}$ ——参考屈服面与平均主应力 p 轴的交点；

λ ——等向压缩线的斜率；

κ ——等向回弹线的斜率；

e_0 ——初始孔隙比；

$\bar{p}_{x0}$ ——初始屈服面与 p 轴的交点，在等向压缩条件下，其等于前期固结压力。

由于当前屈服面和参考屈服面几何相似，故当前屈服面函数可以相应的表示为：

$$f=\ln\frac{p}{p_{x0}}+\ln\left(1+\frac{q^2}{M^2p^2}\right)-\frac{1}{c_{\mathrm{p}}}H=0 \tag{2-111}$$

式中：p ——当前应力点上的平均主应力；

q ——该点上的广义剪应力；

p_{x0} ——当前屈服面与 p 轴的交点。

硬化参数 H 表示为：

$$H=\int\mathrm{d}H=\int\frac{M_{\mathrm{f}}^4-\eta^4}{M^4-\eta^4}\mathrm{d}\varepsilon_{\mathrm{v}}^{p} \tag{2-112}$$

式中，潜在强度 M_{f} 的表达式为：

$$M_{\mathrm{f}}=\frac{q_{\mathrm{f}}}{p}=\left(\frac{1}{R}-1\right)(M-M_{\mathrm{h}})+M \tag{2-113}$$

式中：M_{h} ——伏斯列夫面在 q-p 面上的斜率。

超固结参数 R 是指当前应力点上的平均主应力与参考应力点上的平均主应力的比值，可表示为下式：

$$R=\frac{p}{\bar{p}}=\frac{q}{\bar{q}} \tag{2-114}$$

通过变换应力的方法把在应力空间符合 SMP 准则的屈服面变换为椭球，见图 2-27，变换应力用公式表示如下：

$$\tilde{\sigma}_{ij}=p\delta_{ij}+\frac{q_{\mathrm{c}}}{q}(\sigma_{ij}-p\delta_{ij}) \tag{2-115}$$

式中

$$q_{\mathrm{c}}=\frac{2I_1}{3\sqrt{(I_1I_2-I_3)/(I_1I_2-9I_3)}-1} \tag{2-116}$$

其中，I_1 、I_2 和 I_3 是应力张量不变量：

$$\left.\begin{aligned}I_1&=\sigma_1+\sigma_2+\sigma_3\\I_2&=\sigma_1\sigma_2+\sigma_2\sigma_3+\sigma_3\sigma_1\\I_3&=\sigma_1\sigma_2\sigma_3\end{aligned}\right\} \tag{2-117}$$

在变换应力空间采用相关联流动法则，其屈服面函数和塑性势面函数可统一表示为：

$$f=g=\ln\frac{\tilde{p}_0}{\tilde{p}_0}+\ln\left[1+\frac{\tilde{q}^2}{M^2\tilde{p}^2}\right]-\frac{1}{c_{\mathrm{p}}}\widetilde{H}=0 \tag{2-118}$$

根据以上屈服面、塑性势面、硬化参数整理得到弹塑性刚度矩阵 D_{ijkl} 为：

$$D_{ijkl}^{ep}=L\delta_{ij}\delta_{kl}+G(\delta_{ik}\delta_{jl}+\delta_{il}\delta_{jk})-\frac{\left(L\frac{\partial f}{\partial\tilde{\sigma}_{mm}}\delta_{ij}+2G\frac{\partial f}{\partial\tilde{\sigma}_{ij}}\right)\left(L\frac{\partial f}{\partial\sigma_{nn}}\delta_{kl}+2G\frac{\partial f}{\partial\sigma_{kl}}\right)}{L\frac{\partial f}{\partial\tilde{\sigma}_{ii}}\frac{\partial f}{\partial\tilde{\sigma}_{kk}}+2G\frac{\partial f}{\partial\sigma_{ij}}\frac{\partial f}{\partial\tilde{\sigma}_{ij}}+\frac{\widetilde{M}_{f}^{4}-\tilde{\eta}^{4}}{M^{4}-\eta^{4}}\frac{\partial f}{\partial\tilde{\sigma}_{mm}}} \tag{2-119}$$

式中

$$\left.\begin{aligned}&\frac{\partial f}{\partial\tilde{\sigma}_{ij}}=\frac{c_{p}}{M^{2}\tilde{p}^{2}+\tilde{q}^{2}}\left[\frac{M^{2}\tilde{p}^{2}-\tilde{q}^{2}}{3\tilde{p}}\delta_{ij}+3(\tilde{\sigma}_{ij}-\tilde{p}\delta_{ij})\right]\\&\frac{\partial f}{\partial\sigma_{ij}}=\frac{\partial f}{\partial\tilde{p}}\frac{\partial\tilde{p}}{\partial\sigma_{ij}}+\frac{\partial f}{\partial\tilde{q}}\frac{\partial\tilde{q}}{\partial\sigma_{ij}}=\frac{1}{3}\frac{\partial f}{\partial\tilde{p}}\delta_{ij}+\frac{\partial f}{\partial\tilde{q}}\frac{\partial q_{c}}{\partial\sigma_{ij}}\\&\frac{\partial q_{c}}{\partial\sigma_{ij}}=\sum_{m=1}^{3}\frac{\partial q_{c}}{\partial I_{m}}\frac{\partial I_{m}}{\partial\sigma_{ij}}\end{aligned}\right\} \tag{2-120}$$

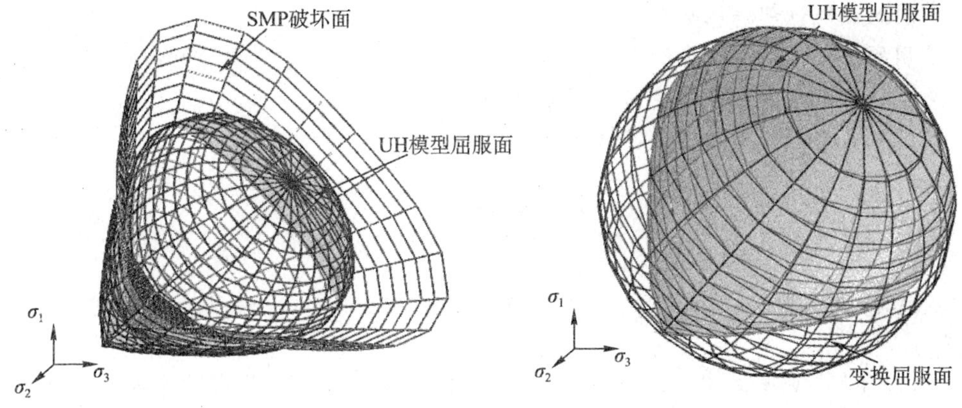

a) SMP破坏面和满足SMP准则的屈服面　　b) SMP屈服面及变换后的屈服面

图 2-27　应力空间的屈服面和破坏面

UH 模型与修正剑桥模型的比较可以得到如下结论：

(1)UH 模型采用两个屈服面(参考屈服面和当前屈服面)来描述超固结土的变形特性，对于正常固结土($R=1$)，超固结土模型能够退化为修正剑桥模型；修正剑桥模型仅能反映正常固结土应力应变性状。

(2)UH 模型采用与潜在强度 M_{f} 、特征状态应力比 M 和应力比 η 有关的硬化参数 H 来反映超固结土的剪缩、剪胀、硬化和软化特性；修正剑桥模型以塑性体积应变 ε_{v}^{p} 作为硬化参数，它不能反映土的剪胀和软化特性。

(3)与修正剑桥模型相比，除了参数 φ 、λ 、κ 、v 、e_0 以外，UH 模型仅仅增加一个材料参数 M_{h} 。

本章小结

本章从地基设计基本原则和地基的力学模型两个方面介绍地基计算的基本内容。

结合《建筑地基与基础设计规范》(GB 50007—2011)、《高层建筑筏形与箱形基础技术规范》(JGJ 6—2011)，介绍了地基基础强度、变形、稳定三方面的设计问题。

在变形计算中首先需要确定地基的力学模型，本章详细介绍了文克尔地基模型、弹性半空间模型和有限压缩层地基模型这3种线性弹性力学模型，简要介绍了非线性弹性地基模型和弹塑性地基模型，为了使读者能直观的理解应力空间的屈服面、破坏面的概念，本章中用 Maple 绘出了剑桥模型、UH 模型在应力空间的屈服面、破坏面。读者若要在非线性弹性地基模型和弹塑性地基模型方面进行深入学习，请参考相关书籍。

思　考　题

1. 什么是地基的力学模型？
2. 地基沉降计算中的分层总和法采用了什么地基模型？
3. 常用的线性弹性地基模型有哪些？
4. 常用的非线性弹性地基模型有哪些？
5. 常用的弹塑性地基模型有哪些？
6. 为什么地基抗震承载力调整系数 $\zeta_a \geqslant 1$？
7. 试绘制条形基础塑性区边界线图 2-8。

参考文献

[1] 中华人民共和国国家标准．GB 50007—2011　建筑地基基础设计规范 [S]. 北京:中国建筑工业出版社,2012.

[2] 中华人民共和国行业标准．JGJ 6—2011　高层建筑筏形与箱形基础技术规范 [S]. 北京:中国建筑工业出版社,2011.

[3] 松冈元．土力学[M]. 罗汀,姚仰平,译．北京:中国水利水电出版社,2001.

[4] 钱力航．高层建筑箱形与筏形基础的设计计算[M]. 北京:中国建筑工业出版社,2003.

[5] 赵成刚,白冰,等．土力学原理[M]. 北京:北京交通大学出版社,清华大学出版社,2009.

[6] 郑刚．高等基础工程学[M]. 北京:机械工业出版社,2007.

[7] 王凯．层状弹性体系的力学分析与计算[M]. 北京:科学出版社,2009.

[8] 徐芝纶．弹性力学简明教程[M]. 3 版．北京: 高等教育出版社,2002.

[9] 姚仰平,侯伟,周安楠．基于伏斯列夫面的超固结土模型[J]. 中国科学,2007,37(11):1417-1429.

[10] 罗汀,姚仰平,侯伟．土的本构关系 [M]. 北京:人民交通出版社,2010.

[11] 华南理工大学,东南大学,浙江大学,湖南大学．地基及基础 [M]. 北京:中国建筑工业出版社,1991.

[12] 姚仰平,汪仁和,徐新生．土力学[M]. 2 版．北京:高等教育出版社,2011.

[13] 谢定义,姚仰平,党发宁．高等土力学[M]. 北京:高等教育出版社,2008.

第3章 柱下条形基础内力分析

柱下条形基础内力的分析方法有静力平衡法、倒梁法、弹性地基梁法、链杆法、有限差分法和有限单元法等，可以根据上部结构、基础的刚度采用相应的设计计算方法。

在地基基础的设计中涉及到基础、地基两者的相互作用问题。例如，在本科阶段学习的柱下独立基础和墙下条形基础设计就没有考虑基础、地基之间的相互作用，只考虑上部荷载与基底反力相等的静力平衡条件，并假设基底反力直线分布，这是一种刚性基础的简化计算方法。柱下条形基础的设计中有只考虑基础、地基之间静力平衡条件的静力平衡法、倒梁法。弹性地基梁法、链杆法、有限差分法和有限单元法不仅考虑基础与地基之间静力平衡条件，还考虑了梁的变形与地基沉降相等的变形协调条件。

3.1 静力平衡法

静力平衡法的计算简图见图3-1，图3-1a)表示设柱脚为嵌固端，上部结构传给柱脚的荷载为P，图3-1b)表示基础承受的荷载为上部荷载P和直线分布的地基反力p，上部荷载P与地基反力p满足静力平衡条件，根据图3-1b)求基础梁内力的方法就称为静力平衡法。图3-1c)表示均质地基土上承受均匀分布的荷载p作用下将产生中间大、两边小的变形。图3-1表示了上部结构、基础、地基三者分别计算的简化计算方法。

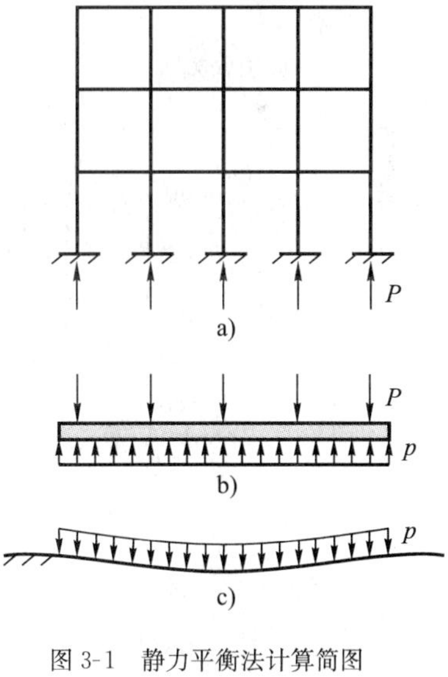

图3-1 静力平衡法计算简图

计算步骤为：

(1)根据上部传至基础的荷载初步确定柱下条形基础尺寸。

(2)进行地基承载力验算：

$$\left.\begin{aligned} p_{\mathrm{k}} &\leqslant f_{\mathrm{a}} \\ p_{\mathrm{kmax}} &\leqslant 1.2 f_{\mathrm{a}} \end{aligned}\right\} \tag{3-1}$$

(3)计算基底净反力及其分布：

$$\left.\begin{aligned} p_{j\max} \\ p_{j\min} \end{aligned}\right\} = \frac{\sum F}{bl} \pm \frac{M}{W} \tag{3-2}$$

式中：$p_{j\max}$、$p_{j\min}$——分别是地基净反力的最大值和最小值，在求基础内力时需要计算净反力；

$\sum F$——扣除基础自重的静荷载；

l、b——分别是基础底面的长、宽；

M——上部传下来的弯矩；

W——基础底面抵抗矩，$W = bl^2/6$ 。

(4)用静力平衡法计算弯矩、剪力和地基反力。

【例题 3-1】 柱荷载及基础梁尺寸见图 3-2，试根据静力平衡法求地基梁的弯矩、剪力和支座反力，并绘制梁的弯矩图、剪力图和地基反力图。

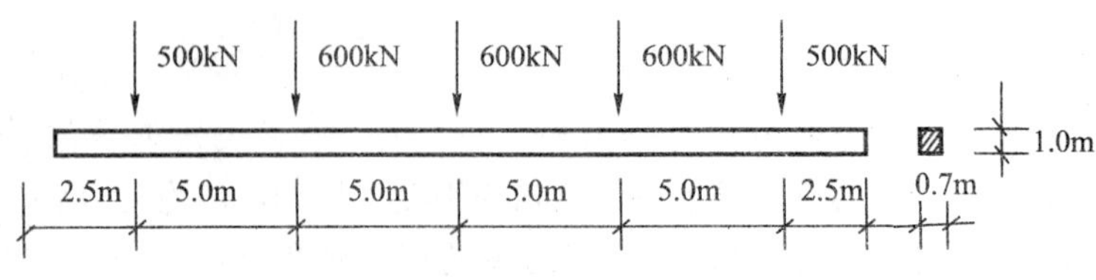

图 3-2 【例题 3-1】图

解法 1：

$$\text{地基净反力 } p=\frac{\sum F}{bl}=\frac{2800}{0.7\times 25}=160\text{kPa}$$

$$\text{基底反力线荷载 } pb = 160 \times 0.7 = 112\text{kN/m}$$

根据静力平衡法，运用 Excel 求得梁的弯矩图、剪力图和地基反力分布图见图 3-3。

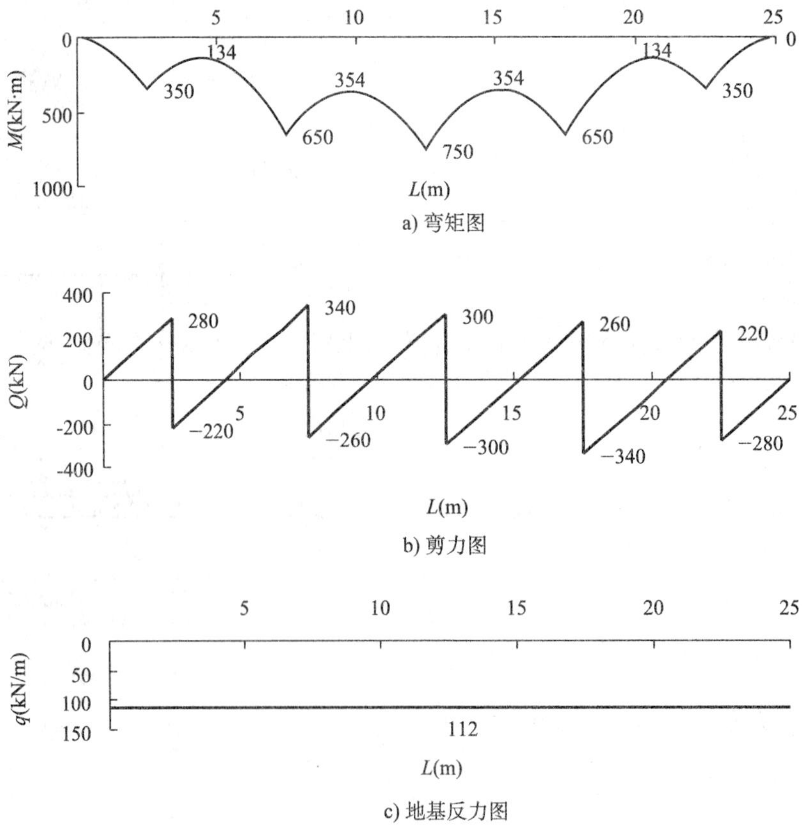

图 3-3 静力平衡法题解

解法 2:用 MATLAB 求解,详见 8.3 节。

静力平衡法适用于基础刚度很大,地基相对软弱,上部为柔性结构的情况,称为刚性设计。用该方法求出的最不利截面弯矩较大(见图 8-9 七种计算方法比较),一般要求平均柱距满足 $l_m \leqslant L$,L 称为特征长度($L = 1.75/\lambda$),$\lambda = \sqrt[4]{kb/(4E_cI)}$ 。并且要求条形基础高度大于平均柱距的 1/6。

3.2 倒梁法

倒梁法见图 3-4,以柱脚为条形基础固定的铰支座,将基础梁视为倒置的多跨连续梁,以基底净反力和柱脚处的弯矩作为基础梁上的荷载,用弯矩分配法或弯矩系数法计算内力的简化计算方法。

倒梁法的计算步骤为:(1)根据梁上的集中荷载 P 和弯矩 M 按静力平衡法求出地基反力 p;(2)假设基础为倒置的连续梁,柱脚处为不动铰支座,荷载为地基反力 p;(3)按倒梁法求支座反力和梁上的弯矩,倒梁法内力计算可用结构力学中的弯矩分配法或弯矩系数法计算梁的弯矩、剪力;(4)调整不平衡力,用倒梁法经过一次计算求出的支座反力 F 与柱荷载 P 通常不相等,不能满足支座处的静力平衡条件,需要调整不平衡力,见图 3-4b)。

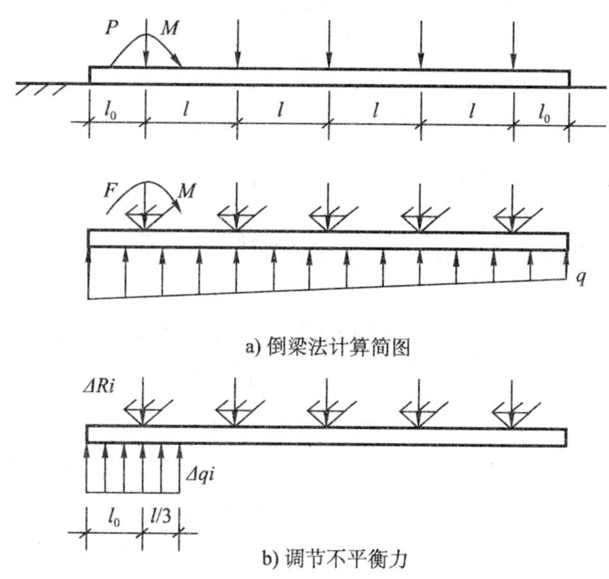

图 3-4 倒梁法计算简图

调整不平衡力的方法是:

①求出不平衡力:

$$\Delta R_i = F_i - P_i \tag{3-3}$$

②把各支座不平衡力均匀分布于支座两端各 1/3 跨度范围,取边跨支座荷载为:

$$\Delta q_i = \frac{\Delta R_i}{l_0 + \dfrac{l_i}{3}} \tag{3-4}$$

跨中支座荷载为:

$$\Delta q_i=\frac{\Delta R_i}{\frac{l_{i-1}}{3}+\frac{l_i}{3}} \tag{3-5}$$

③再次按弯矩分配法计算 ΔM_i 弯矩和剪力 ΔQ_i，结果叠加，这样进行重复调整，直至不平衡力不超过柱荷载的 20%为止。

④将逐次计算结果叠加，得到最终内力分布。

倒梁法方法假定柱脚处没有相对位移，即只考虑了柱间的局部弯曲，忽略了基础的整体弯曲，适用于基础及上部结构刚度都较好，柱间位移相对较小的情况。因为只考虑局部弯矩，不利截面的弯矩小。

【例题 3-2】 按倒梁法求图 3-2 中地基梁的弯矩、剪力和地基反力，并绘制图示梁的弯矩图、剪力图和地基反力图。

解法 1：用结构力学求解器求得梁的弯矩图、剪力图，见图 3-5。因为不平衡力 ΔR_i 均没有超过允许的 20%的差值，所以计算结果不再调整。

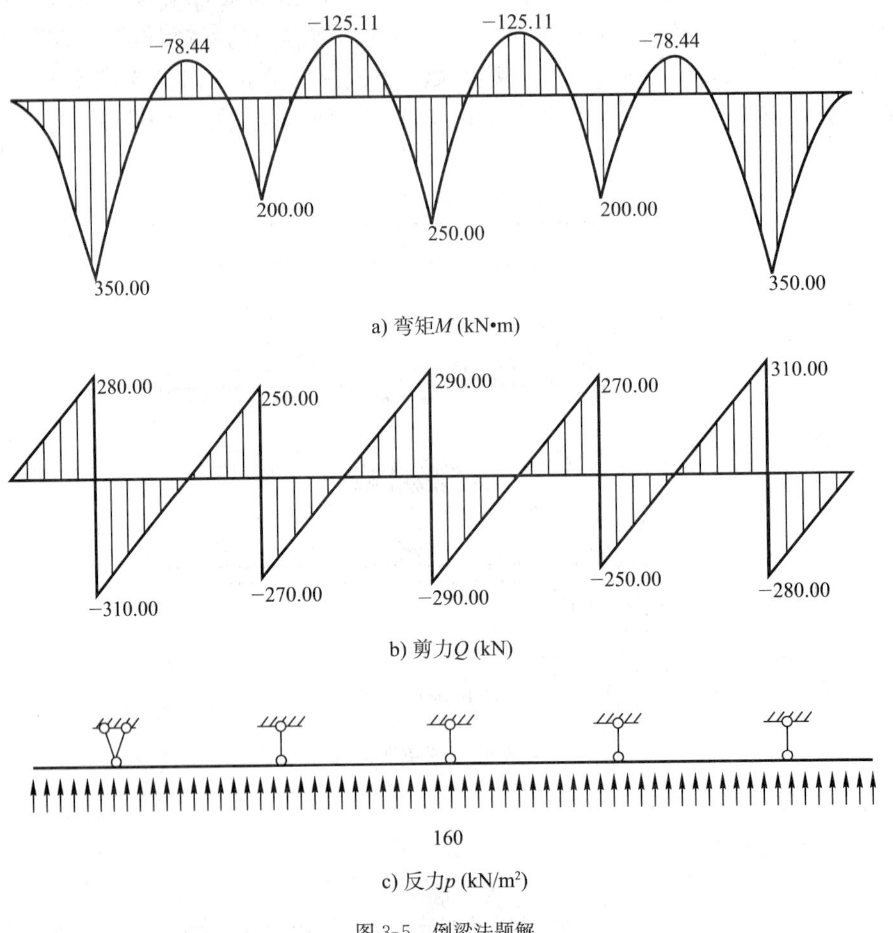

图 3-5　倒梁法题解

解法 2：用 MATLAB 求解，详见 8.4 节。

以上两种计算地基上梁的内力的静力平衡法和倒梁法，在求解内力时没有考虑地基与基础之间的相互作用，设计参数只有荷载大小和梁的尺寸。在结构相对刚度较大，柱脚相对位移较小时适用。例如柱下独立基础的设计采用的是静力平衡法。在基础底面尺寸较大时，基础会随着地基的变形产生相应的变形，考虑地基与基础变形协调的设计方法有弹性地基上的梁的设计方法，例如文克尔地基上的梁。

3.3 文克尔弹性地基上的梁

3.3.1 文克尔假定

假设地基土是弹性地基，在荷载作用下的变形与其上作用的荷载成正比，比例系数称为基床系数 k，基床系数就是图 3-6 所示弹簧的刚度。地基变形只与其上的荷载有关，与相邻荷载无关，地基变形与荷载的关系用公式表示为：

$$p = ks \tag{3-6}$$

或者表示为：

$$s = \frac{p}{k} = \frac{1}{k}p \tag{3-7}$$

式中：k ——基床系数（kN/m^3），假设地基土是弹性地基，是使地基土产生单位变形（m）需要的压应力（kN/m^2）；

p ——土体表面某点单位面积上的压力（kN/m^2）；

s ——相应于某点的竖向位移（m）。

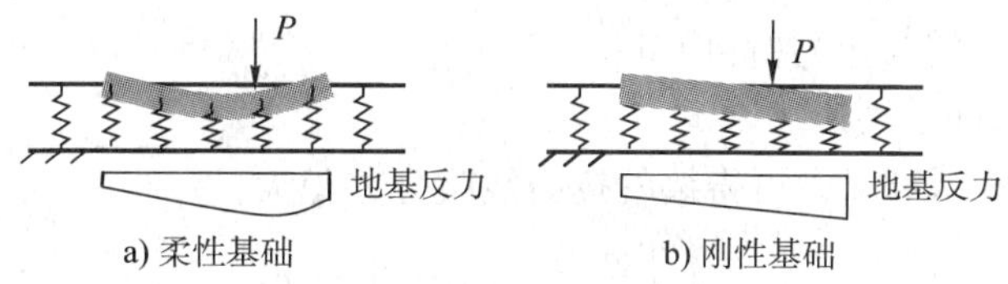

图 3-6 文克尔地基图示

在弹性地基梁的计算中，基底反力通常取线荷载，即

$$\bar{p} = pb\left(\frac{kN}{m^2} \cdot m = kN/m\right) \tag{3-8}$$

式中：b——梁宽。

这样公式(3-6)可写为：

$$\bar{p} = k_s s \tag{3-9}$$

式中：$k_s = kb\left(\frac{kN}{m^3} \cdot m = kN/m^2\right)$。

3.3.2 弹性地基梁的挠曲微分方程及梁的分类

1)梁的挠曲微分方程

文克尔地基上梁的计算简图见图 3-7，弹性地基上的梁承受的荷载有分布线荷载 $q(x)$、集中荷载 P、M 和基底反力 $\bar{p}(x)$。

沿梁长 x 方向取 dx 段的单元体，由该单元纵向的平衡条件得：

$$Q - [Q + dQ] + \bar{p}(x)dx - q(x)dx = 0 \tag{3-10}$$

整理上式得：

$$\frac{\mathrm{d}Q}{\mathrm{d}x}=\bar{p}(x)-q(x) \tag{3-11}$$

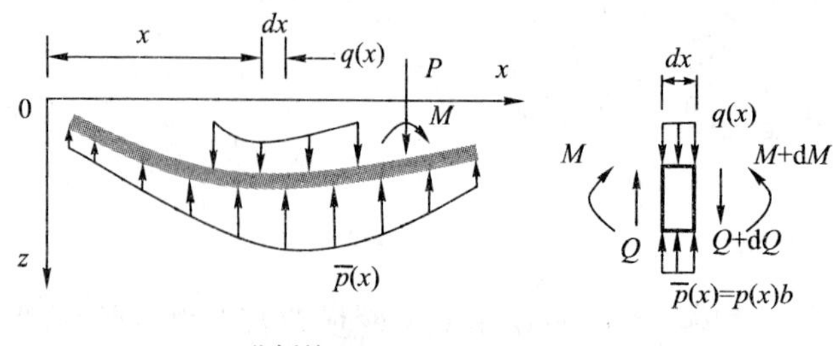

a) 分析简图　　b) 梁截面受力分析

图 3-7　文克尔地基上梁的计算简图

由材料力学可知，剪力与弯矩的关系为：

$$Q=\frac{\mathrm{d}M}{\mathrm{d}x} \tag{3-12}$$

把式(3-12)代入式(3-11)可得：

$$\frac{\mathrm{d}^2M}{\mathrm{d}x^2}=\bar{p}(x)-q(x) \tag{3-13}$$

梁的挠曲线微分方程为：

$$E_cI\frac{\mathrm{d}^2\omega}{\mathrm{d}x^2}=-M \tag{3-14}$$

式中：E_c——梁材料(混凝土)弹性模量；

I——梁的截面惯性矩。

根据式(3-13)和式(3-14)可得梁的挠曲线微分方程为：

$$E_cI\frac{\mathrm{d}^4\omega}{\mathrm{d}x^4}=-\bar{p}(x)+q(x) \tag{3-15}$$

式(3-15)中的 $\bar{p}=k_ss$，文克尔弹性地基梁的变形协调条件是设梁的挠度 ω 与地基沉降 s 相等，即

$$\omega(x)=s(x) \tag{3-16}$$

则式(3-9)可写为：

$$\bar{p}=k_s\omega \tag{3-17}$$

把式(3-17)代入式(3-15)可得：

$$E_cI\frac{\mathrm{d}^4\omega}{\mathrm{d}x^4}+k_s\omega=q(x) \tag{3-18}$$

对于 $q(x)=0$ 的无载段，式(3-18)为：

$$E_cI\frac{\mathrm{d}^4\omega}{\mathrm{d}x^4}+k_s\omega=0 \tag{3-19}$$

式(3-19)是四阶常系数线性常微分方程，可整理为：

$$\frac{\mathrm{d}^4\omega}{\mathrm{d}x^4}+4\lambda^4\omega=0 \tag{3-20}$$

其中

$$\lambda=\sqrt[4]{\frac{k_s}{4E_cI}} \tag{3-21}$$

设

$$L = \frac{1}{\lambda} = \sqrt[4]{\frac{4E_c I}{k_s}}$$

L 表示梁的刚度与地基的刚度之比，可得 L 的量纲为 $\sqrt[4]{\frac{(力/长度^2)长度^4}{(力/长度^2)}}$ = 长度，称 L 为特征长度，特征长度 L 值愈大，则梁相对于地基的刚度愈大。

2)梁的分类

弹性地基上的梁受荷时的变形与地基反力见图 3-8，当梁足够长时，距荷载作用点足够远处梁的变形为零，地基反力也为零，梁的分类如下：

(1)无限长梁(柔性梁)

集中荷载作用点距梁两端的距离都大于 πL，集中荷载对梁端部的影响可以忽略不计。

(2)半无限长梁

集中荷载作用点距梁一端的距离小于 πL，与另一端的距离大于 πL。

(3)有限长梁

集中荷载作用点距梁两端的距离都小于 πL，梁的长度大于 $\pi L/4$。

(4)短梁(刚性梁)

梁的长度小于 $\pi L/4$。

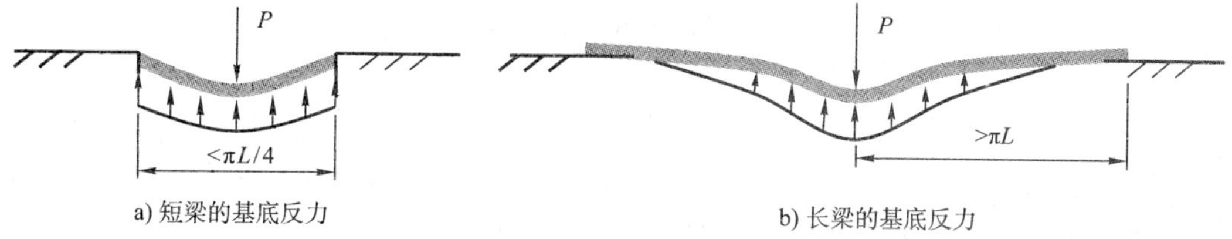

图 3-8 地基梁受荷时的地基反力

3.3.3 无限长梁计算

四阶常系数线性常微分方程(3-20)的通解为：

$$\omega = e^{\lambda x}(C_1\cos\lambda x + C_2\sin\lambda x) + e^{-\lambda x}(C_3\cos\lambda x + C_4\sin\lambda x) \tag{3-22}$$

式(3-22)中含有四个积分常数 C_1、C_2、C_3、C_4，可由荷载情况和边界条件确定。

由材料力学可知，对梁的挠度 ω 求一次导数可求出梁的转角 φ，求两次导数可求出梁的弯矩 M，求三次导数可得梁的剪力 Q，即

$$\left.\begin{aligned} \frac{d\omega}{dx} &= \varphi \\ -E_c I\frac{d^2\omega}{dx^2} &= M \\ -E_c I\frac{d^3\omega}{dx^3} &= Q \end{aligned}\right\} \tag{3-23}$$

1)无限长梁受集中荷载 P 作用下的解答

无限长梁见图 3-8b)，对于这样的无限长梁可以得到三个边界条件，并由此求出积分常数 C。

(1)当 $x \to \infty$ 时，$\omega = 0$。把这个边界条件代入式(3-22)，即

$$\omega_{x\to\infty}=e^{\lambda x}(C_1\cos\lambda x+C_2\sin\lambda x)+e^{-\lambda x}(C_3\cos\lambda x+C_4\sin\lambda x)=0$$

在上式中，当 $x\to\infty$ 时 $e^{\lambda x}\neq 0$，$e^{-\lambda x}=0$，由此得待定常数 $C_1=C_2=0$，式(3-22)成为：

$$\omega=e^{-\lambda x}(C_3\cos\lambda x+C_4\sin\lambda x) \tag{3-24}$$

(2)当 $x=0$ 时，$\varphi=\dfrac{d\omega}{dx}=0$。把这个边界条件代入式(3-24)，即

$$\varphi_{x=0}=\frac{\partial\omega}{\partial x}=\lambda e^{-\lambda x}[(-C_3+C_4)\cos\lambda x-(C_3+C_4)\sin\lambda x]=0$$

在上式中，当 $x\to 0$ 时 $\sin(\lambda x)=0$，$\cos(\lambda x)\neq 0$，由此得待定常数 $C_3=C_4=C$，式(3-22)成为：

$$\omega=Ce^{-\lambda x}(\cos\lambda x+\sin\lambda x) \tag{3-25}$$

由式(3-25)得：

$$\left.\begin{aligned}\varphi&=\frac{\partial\omega}{\partial x}=-2C\lambda e^{-\lambda x}\sin\lambda x\\ M&=-E_cI\frac{d^2\omega}{dx^2}=-2CE_cI\lambda^2e^{-\lambda x}(\sin\lambda x-\cos\lambda x)\\ Q&=-E_cI\frac{d^3\omega}{dx^3}=-4CE_cI\lambda^3e^{-\lambda x}\cos\lambda x\end{aligned}\right\} \tag{3-26}$$

(3)当 $x=0$ 时，$Q=-P_0/2$。把这个边界条件代入式(3-26)，得：

$$Q_{x=0}=-4CE_cI\lambda^3e^{-\lambda x}\cos\lambda x=-\frac{P_0}{2}$$

整理上式得：

$$C=\frac{P_0\lambda}{2k_s} \tag{3-27}$$

把积分常数值 C 代入式(3-26)和式(3-25)，并整理得：

$$\left.\begin{aligned}\omega&=\frac{P_0\lambda}{2k_s}e^{-\lambda x}(\cos\lambda x+\sin\lambda x)\\ \varphi&=-\frac{P_0\lambda^2}{k_s}e^{-\lambda x}\sin\lambda x\\ M&=\frac{P_0}{4\lambda}e^{-\lambda x}(\cos\lambda x-\sin\lambda x)\\ Q&=-\frac{P_0}{2}e^{-\lambda x}\cos\lambda x\end{aligned}\right\} \tag{3-28}$$

式(3-28)就是无限长梁在集中荷载作用下的解，荷载作用点是 x 轴的原点，沿着 x 轴的正方向直接由式(3-28)计算，沿着 x 轴的负方向可根据对称性得到解答。图 3-9 是根据式(3-28)直接用计算机算出结果，并用 Excel 绘图。

有时为了书写方便，设

$$\left.\begin{aligned}A(\lambda x)&=e^{-\lambda x}(\cos\lambda x+\sin\lambda x)\\ B(\lambda x)&=e^{-\lambda x}\sin\lambda x\\ C(\lambda x)&=e^{-\lambda x}(\cos\lambda x-\sin\lambda x)\\ D(\lambda x)&=e^{-\lambda x}\cos\lambda x\end{aligned}\right\} \tag{3-29}$$

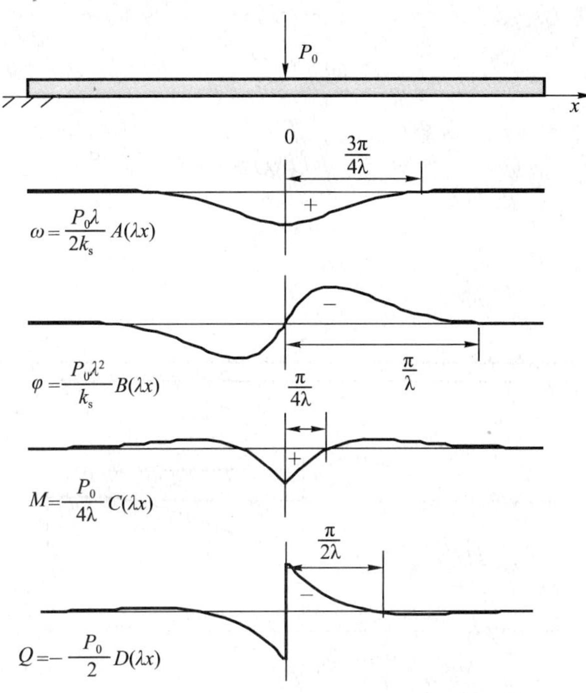

图 3-9　集中荷载 P_0 作用下文克尔地基上无限长梁的挠度和内力

则式(3-28)可简记为：

$$\left.\begin{aligned}\omega &= \frac{P_0\lambda}{2k_s}A(\lambda x)\\ \varphi &= -\frac{P_0\lambda^2}{k_s}B(\lambda x)\\ M &= \frac{P_0}{4\lambda}C(\lambda x)\\ Q &= -\frac{P_0}{2}D(\lambda x)\end{aligned}\right\} \tag{3-30}$$

2)无限长梁受集中力偶 M 作用下的解答

无限长梁作用一集中力偶，见图 3-10，梁的挠曲线微分方程还是式(3-22)，此时的边界条件为：

(1)当 $x\to\infty$ 时，$\omega=0$。与集中力作用相同解得 $C_1=C_2=0$。

(2)当 $x=0$ 时，$\omega=0$。把这个边界条件代入式(3-24)，求得 $C_3=0$，式(3-24)成为：

$$\omega = e^{-\lambda x}C_4\sin\lambda x \tag{3-31}$$

(3)当 $x=0$ 时，$M-M_0/2$。根据式(3 31)可求得：

$$C_4 = \frac{M_0}{4\lambda^2 E_c I} = \frac{M_0\lambda^2}{k_s} \tag{3-32}$$

由此可得弹性地基梁在集中力偶 M 作用下的解为：

$$\left.\begin{aligned} \omega &= \frac{M_0\lambda^2}{k_s}B(\lambda x) \\ \varphi &= \frac{M_0\lambda^3}{k_s}C(\lambda x) \\ M &= \frac{M_0}{2}D(\lambda x) \\ Q &= \frac{-M_0\lambda}{2}A(\lambda x) \end{aligned}\right\} \tag{3-33}$$

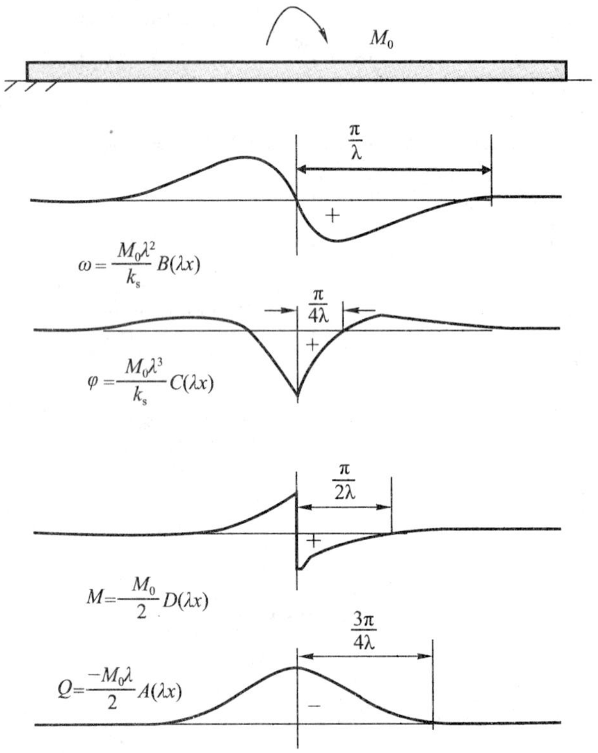

图 3-10 集中力偶 M_0 作用下文克尔地基上无限长梁的挠度和内力

根据式(3-33)绘图，见图 3-10。

3.3.4 半无限长梁受集中荷载作用下的解答

半无限长梁见图 3-11，集中荷载 P_0、集中力偶 M_0 作用点在梁的一端，另一端的距离大于 πL。

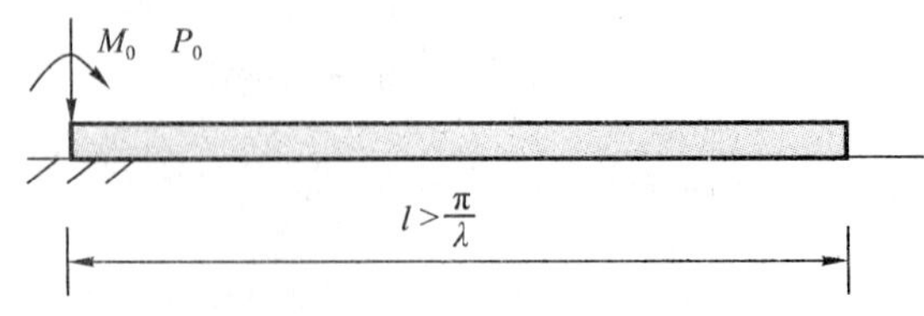

图 3-11 文克尔地基上半无限长梁

边界条件为：

(1)当 $x\to\infty$ 时，$\omega=0$，解得式(3-22)中 $C_1=C_2=0$。

(2)当 $x=0$ 时，$M=M_0$。

(3)当 $x=0$ 时，$Q=-P_0$。

由边界条件(2)和边界条件(3)解得式(3-24)中：

$$\left.\begin{aligned} C_3 &= \frac{2\lambda}{k_s}P_0 - \frac{2\lambda^2}{k_s}M_0 \\ C_4 &= \frac{2\lambda^2}{k_s}M_0 \end{aligned}\right\} \tag{3-34}$$

由此可得半无限长梁在集中荷载 P_0、集中力偶 M_0 作用的挠度和内力为：

$$\left.\begin{aligned} \omega &= \frac{2P_0\lambda}{k_s}D(\lambda x) - \frac{2M_0\lambda^2}{k_s}C(\lambda x) \\ \varphi &= -\frac{2P_0\lambda^2}{k_s}A(\lambda x) + \frac{4M_0\lambda^3}{k_s}D(\lambda x) \\ M &= -\frac{P_0}{\lambda}B(\lambda x) + M_0A(\lambda x) \\ Q &= -P_0C(\lambda x) - 2M_0\lambda B(\lambda x) \end{aligned}\right\} \tag{3-35}$$

3.3.5 有限长梁

荷载作用点距梁两端的距离都小于 πL，梁长 $l>\pi L/4$，有限长梁是工程中常见的梁，此时常采用叠加法求挠度和内力，见图 3-12。

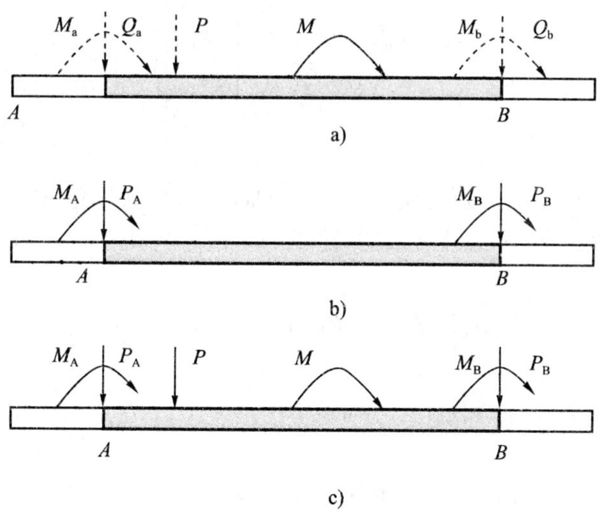

图 3-12 文克尔地基上有限长梁计算简图

图 3-12a)中的梁 AB 承受集中荷载 P 与集中力偶 M，对于这样有限长梁的叠加法步骤如下：

(1)假想有限长梁 AB 延长为无限长梁，求无限长梁在外荷载 P、M 作用下在端点 A、B 处的内力 M_a、M_b、Q_a、Q_b，和梁中各计算点的内力。

(2)求出无限长梁在 A、B 处产生内力 $-M_a$、$-M_b$、$-Q_a$、$-Q_b$ 所需荷载 M_A、M_B、P_A

和 P_B。

例如，图 3-12b）中的 A 点是实际梁的端点，实际上 A 点的内力为零。假设在 A、B 点分别作用有荷载 M_A、M_B、P_A、P_B，在这些假想荷载及原荷载的共同作用下，A 点的内力 M 应为零，列平衡方程如下：

$$\frac{P_A}{4\lambda}C(\lambda 0)+\frac{P_B}{4\lambda}C(\lambda l)+\frac{M_A}{2}D(\lambda 0)-\frac{M_B}{2}D(\lambda l)+M_a=0 \tag{3-36}$$

式(3-36)中的第 1 项是根据式(3-30)得出的在集中荷载 P_A 作用下 A 点的内力 M，由式(3-29)可知 $C(\lambda 0)=1$；第 2 项是在集中荷载 P_B 作用下 A 点的内力 M；第 3 项是在集中力偶 M_A 作用下 A 点的内力 M，由式(3-29)可知 $D(\lambda 0)=1$；第 4 项是集中力偶 M_B 作用下 A 点的内力 M，由图 3-10 可知此时 M 为奇函数，$M(-x)=-M(x)$，所以此处的符号为负；再加上实际荷载作用下 A 点的内力 M_a，合力为零，简记为下式：

$$\frac{P_A}{4\lambda}+\frac{P_B}{4\lambda}C_l+\frac{M_A}{2}-\frac{M_B}{2}D_l+M_a=0 \tag{3-37}$$

式(3-37)是对 A 点建立的弯矩为零的平衡方程，还可以建立 A 点的剪力为零的方程，对 B 点建立的弯矩为零的方程和剪力为零的方程，得线性方程组如下：

$$\begin{bmatrix} \frac{1}{4\lambda} & \frac{C_l}{4\lambda} & \frac{1}{2} & -\frac{D_l}{2} \\ -\frac{1}{2} & \frac{D_l}{2} & -\frac{\lambda}{2} & -\frac{\lambda A_l}{2} \\ \frac{C_l}{4\lambda} & \frac{1}{4\lambda} & \frac{D_l}{2} & -\frac{1}{2} \\ -\frac{D_l}{2} & \frac{1}{2} & -\frac{\lambda A_l}{2} & -\frac{\lambda}{2} \end{bmatrix}\begin{Bmatrix} P_A \\ P_B \\ M_A \\ M_B \end{Bmatrix}=\begin{Bmatrix} -M_a \\ -Q_a \\ -M_b \\ -Q_b \end{Bmatrix} \tag{3-38}$$

这是四元一次方程，未知数是 M_A、M_B、P_A、P_B，系数矩阵是已知的，式(3-38)中的荷载 M_a、M_b、Q_a、Q_b 是叠加法第一步求出来的，用 Excel 很容易得到这个四元一次方程的解，见附录。

(3)求出无限长梁在梁端荷载 M_A、M_B、P_A、P_B 作用下在梁的各计算点处产生内力 M、Q。

(4)叠加：无限长梁在外荷载和梁端荷载 M_A、M_B、P_A、P_B 共同作用下，在梁的各计算点处产生的内力 M、Q。

在用该方法求有限长梁的内力时对于 x 轴的正方向可以直接用公式计算，对于 x 轴的负方向应注意对称性的利用。

最后还可以用所有荷载作用下 A、B 两点的内力为零的条件进行校核，以验算计算的正确性。

适用条件：文克尔地基上梁的计算方法考虑了地基和基础的相互作用，以静力平衡条件和变形协调条件为基础，计算中所需要的参数除了荷载和基础尺寸外，还需要梁的刚度 E_cI 和地基的刚度 k，适用于不同基础与地基刚度比，荷载分布及地基条件，在工程实践中应用较为广泛。但由于没有考虑上部结构刚度的影响，内力计算偏离实际，尤其是上部结构刚度很大的情况下，上部结构对基础的变形和内力有很大的调节作用（减小变形，从而内力减小），所以上述计算结果一般偏于安全。

3.3.6 短梁

当基础梁的长度 $l<\pi L/4$ 时称为短梁，见图 3-8a)。此时基础梁可看成刚性基础，假定地基反力线性分布，即按静力平衡法计算内力。

【例题 3-3】 按弹性地基梁法求图 3-2 中梁的弯矩、剪力和地基反力，并绘制图示梁的弯矩和剪力图，已知：基床系数 $k=21.1\mathrm{N/cm^3}$，混凝土 C30。

解：按本章节 3.3.5 的计算步骤按有限长梁求解，其中的第(4)步是叠加无限长梁在外荷载和梁端荷载 M_A、M_B、P_A、P_B共同作用下，在梁的各计算点处产生的内力 M、Q，在梁的端部处 M、Q 为零可以作为验算计算是否准确的验算条件。其中要解 4 元一次线性方程组(3-38)，方法见附录，本例题用 Excel 的计算结果略。

也可用 MATLAB 求解，详见 8.5 节。

3.4 链杆法

链杆法也是弹性地基上梁的计算方法，地基模型可采用弹性半空间地基模型。基本思路是把连续支承于地基上的梁简化为有限个刚性链杆支承于弹性半空间地基上的梁，见图 3-13，连续分布的地基反力被简化为阶梯分布的反力，链杆处梁的挠曲与地基的变形相协调，计算精度与链杆的个数相关。因为采用的是弹性半空间地基模型，某链杆下地基的变形不仅与其上链杆的荷载有关，还与相邻链杆的荷载有关，这是比文克尔弹性地基梁更合理的地方。

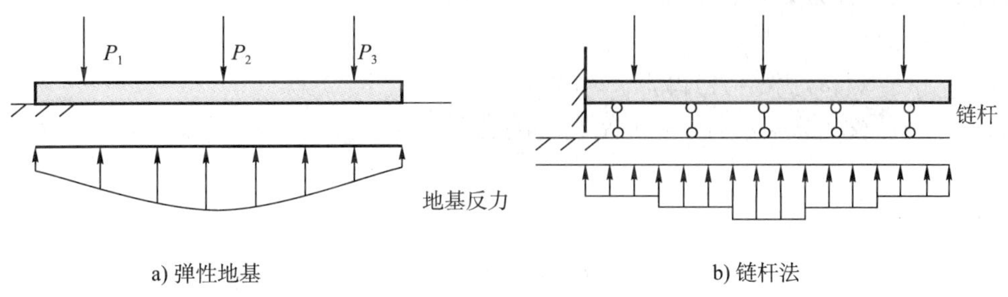

a) 弹性地基　　b) 链杆法

图 3-13　链杆法计算简图

3.4.1 建立协调方程

链杆法是把弹性地基上的梁简化为图 3-14 中所示的悬臂梁，把悬臂梁划分为 n 个长度相等的区段，设每段的长度是 l，悬臂梁上承受柱荷载 P 和每段中点设置的链杆的力 x，这是一个超静定结构，可用结构力学的方法求解。

链杆法中未知数的个数是 $n+2$ 个，其中每根链杆的力是链杆法中的未知数，X_1，X_2，…，X_n，共 n 个未知数。还有两个未知数是梁端部的转角 φ_0 和竖向变位 s_0，见图 3-14b)。

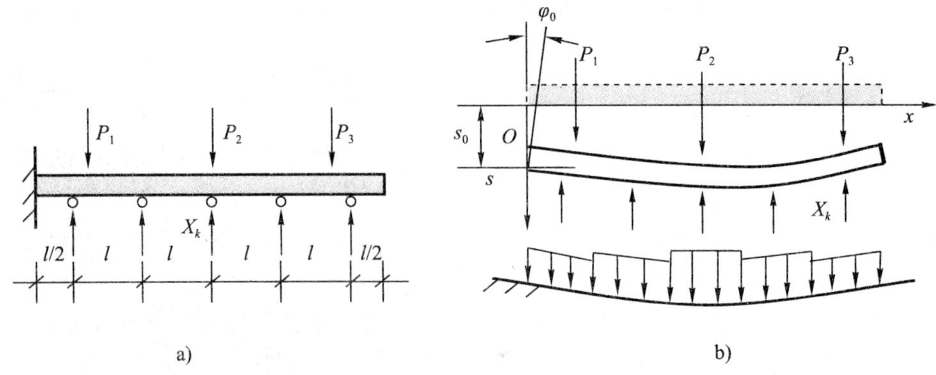

图 3-14　链杆法的悬臂梁基本体系

要求 $n+2$ 个未知数需要建立 $n+2$ 个方程，其中有 n 个变形协调方程和两个静力平衡方程。

首先建立变形协调方程，第 k 根链杆处梁的挠度 Δ_{bk} 为：

$$\Delta_{bk} = -X_1\omega_{k1} - X_2\omega_{k2} - \cdots - X_i\omega_{ki}\cdots - X_n\omega_{kn} + s_0 + a_k\varphi_0 + \Delta_{kp} \tag{3-39}$$

式中：ω_{ki} ——在链杆 i 处作用单位力，在链杆 k 处引起梁的挠度；

a_k ——链杆 k 距梁的固端的距离；

Δ_{kp} ——外荷载作用下链杆 k 处的挠度。

第 k 根链杆处地基的变形 Δ_{sk} 为：

$$\Delta_{sk} = X_1 s_{ki} + X_2 s_{k2} + \cdots + X_i s_{ki} + \cdots + X_n s_{kn} \tag{3-40}$$

式中：s_{ki} ——在链杆 i 处作用单位力，在链杆 k 处引起地基表面的竖向变形。

设第 k 根链杆处梁的挠度与第 k 根链杆处地基的变形相等，即变形协调条件：

$$\Delta_{bk} = \Delta_{sk} \tag{3-41}$$

联立式(3-39)～式(3-41)得：

$$X_1(\omega_{k1}+s_{k1}) + X_2(\omega_{k2}+s_{k2}) + \cdots + X_k(\omega_{ki}+s_{ki}) + \cdots + X_n(\omega_{kn}+s_{kn}) - s_0 - a_k\varphi_0 - \Delta_{kp} = 0 \tag{3-42}$$

若设

$$\delta_{ki} = \omega_{ki} + s_{ki} \tag{3-43}$$

式(3-42)可表示为：

$$X_1\delta_{k1} + X_2\delta_{k2} + \cdots + X_i\delta_{ki} + \cdots + X_n\delta_{kn} - s_0 - a_k\varphi_0 - \Delta_{kp} = 0 \tag{3-44}$$

对于 n 根链杆，方程(3-44)共 n 个。

由垂直方向静力平衡条件 $\sum F=0$ 和 $\sum M=0$ 可以列出两个静力平衡方程。

$$-\sum_{i=1}^{n} X_i + \sum P = 0 \tag{3-45}$$

$$-\sum_{i=1}^{n} X_i a_i + \sum M_p = 0 \tag{3-46}$$

根据式(3-44)、式(3-45)、式(3-46)得线性方程组：

$$\left.\begin{aligned}X_1\delta_{11}+X_2\delta_{12}+\cdots+X_i\delta_{1i}+\cdots+X_n\delta_{1n}-s_0-a_1\varphi_0-\Delta_{1\mathrm{p}}=0\\X_1\delta_{21}+X_2\delta_{22}+\cdots+X_i\delta_{2i}+\cdots+X_n\delta_{2n}-s_0-a_2\varphi_0-\Delta_{2\mathrm{p}}=0\\X_1\delta_{n1}+X_2\delta_{n2}+\cdots+X_i\delta_{ni}+\cdots+X_n\delta_{nn}-s_0-a_n\varphi_0-\Delta_{n\mathrm{p}}=0\\-X_1-X_2-X_i-\cdots-X_n+\sum P=0\\-X_1a_1-X_2a_2-\cdots-X_ia_i-\cdots-X_na_n+\sum M_p=0\end{aligned}\right\}\tag{3-47}$$

把线性方程组改写成矩阵的形式为：

$$\begin{bmatrix}\delta_{11}&\delta_{12}&\cdots&\delta_{1n}&-1&-a_1\\\delta_{21}&\delta_{22}&\cdots&\delta_{2i}&-1&-a_2\\\vdots&\vdots&&\vdots&\vdots&\vdots\\\delta_{n1}&\delta_{n2}&\cdots&\delta_{nn}&-1&-a_n\\1&1&\cdots&1&0&0\\a_1&a_2&\cdots&a_n&0&0\end{bmatrix}\begin{Bmatrix}X_1\\X_2\\\vdots\\X_n\\s_0\\\tan\varphi_0\end{Bmatrix}=\begin{Bmatrix}\Delta_{1\mathrm{p}}\\\Delta_{2\mathrm{p}}\\\vdots\\\Delta_{n\mathrm{p}}\\\sum P\\\sum M_p\end{Bmatrix}\tag{3-48}$$

下面求线性方程组的系数矩阵和荷载矩阵。

3.4.2 计算 δ_{ki}、$\Delta_{k\mathrm{p}}$

由式(3-43)可知，系数 $\delta_{ki}=\omega_{ki}+s_{ki}$，其含义为：

s_{ki}——链杆 i 处作用单位力 $X_i=1$，在链杆 k 处产生的地基变形；

ω_{ki}——链杆 i 处作用单位力 $X_i=1$，在链杆 k 处梁的变形。

1)计算地基变形 s_{ki}

链杆法假设地基是半无限弹性体，地基的变形计算可直接用弹性力学公式，为方便计算可根据荷载分为两种情况，当变形计算点与荷载作用点不相等，即 $k\neq i$ 时可按集中荷载作用下地表沉降量的弹性力学公式计算。这是在计算单位力作用下的变形，单位力是 $X_i=1$。

$$s_{ki}=\frac{1-\upsilon^2}{\pi E_0 r_{ki}}\tag{3-49}$$

式中：E_0——变形模量，可由载荷试验求出；

υ——泊松比；

r_{ki}——荷载作用点 i 与沉降计算点 k 的距离，见图 3-15a)。

当 $k=i$ 时按式(3-49)计算出的沉降量为无穷大，此时可按均布荷载下角点沉降计算的弹性力学公式计算，即角点沉降为：

$$s=\delta_{\mathrm{c}}p\tag{3-50}$$

$$p=\frac{1}{4lb}(\because X_i=1)\tag{3-51}$$

按布辛奈斯克公式，式(3-50)中的系数为：

$$\delta_{\mathrm{c}}=\frac{1-\upsilon^2}{\pi E_0}\left[l\ln\frac{b+\sqrt{l^2+b^2}}{l}+b\ln\frac{l+\sqrt{l^2+b^2}}{b}\right]\tag{3-52}$$

图 3-15b)中 i 点的沉降 s_{ii} 为：

$$s_{ii}=4p\delta_{c}=4\frac{1}{4lb}\frac{1-\upsilon^{2}}{\pi E_{0}}\left[l\ln\frac{b+\sqrt{l^{2}+b^{2}}}{l}+b\ln\frac{l+\sqrt{l^{2}+b^{2}}}{b}\right] \tag{3-53}$$

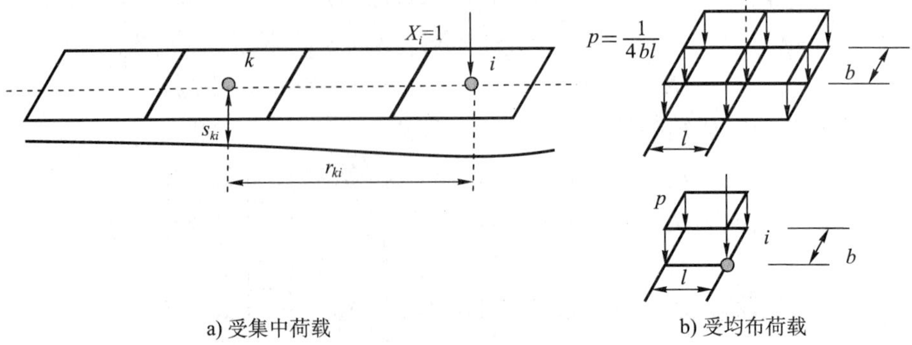

图 3-15　求 s_{ki}、s_{ii} 计算简图

2)计算梁的竖向位移 ω_{ki}

由材料力学可知,悬臂梁在集中荷载 P 作用下任意点的 k 挠度 δ_k 可用式(3-54)表示。因此梁在链杆单位力 $X_i=1$ 作用下任意点 k 处的竖向位移 ω_{ki} 可由式(3-55)计算,梁在链杆作用下的竖向位移 ω_{ki} 见图 3-16。

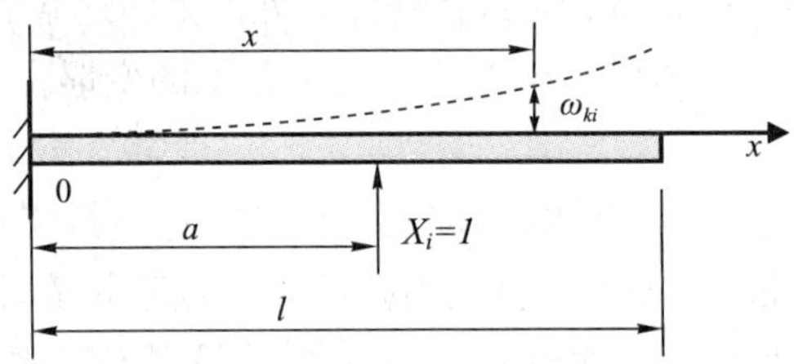

图 3-16　求 ω_{ki} 计算简图

$$\left.\begin{aligned}\delta_k&=\frac{Px^2}{6E_cI}(3a-x)\qquad(0\leqslant x\leqslant a)\\\delta_k&=\frac{Pa^2}{6E_cI}(3x-a)\qquad(a\leqslant x\leqslant l)\end{aligned}\right\} \tag{3-54}$$

$$\left.\begin{aligned}\omega_{ki}&=\frac{x^2}{6E_cI}(3a-x)\qquad(0\leqslant x\leqslant a)\\\omega_{ki}&=\frac{a^2}{6E_cI}(3x-a)\qquad(a\leqslant x\leqslant l)\end{aligned}\right\} \tag{3-55}$$

3)计算 Δ_{kp}

式(3-48)中的 Δ_{kp} 是外荷载作用下链杆 k 处的挠度,见图 3-17,在荷载 P_i 作用下计算点 k 处的竖向位移 Δ_{kP_i},可由式(3-56)计算。

$$\left.\begin{aligned}\Delta_{kP_i}&=\frac{P_ix^2}{6E_cI}(3a-x)\qquad(0\leqslant x\leqslant a)\\\Delta_{kP_i}&=\frac{P_ia^2}{6E_cI}(3x-a)\qquad(a\leqslant x\leqslant l)\end{aligned}\right\} \tag{3-56}$$

当外荷载不只一个时,计算公式为:

$$\Delta_{kp}=\sum\Delta_{kP_i} \tag{3-57}$$

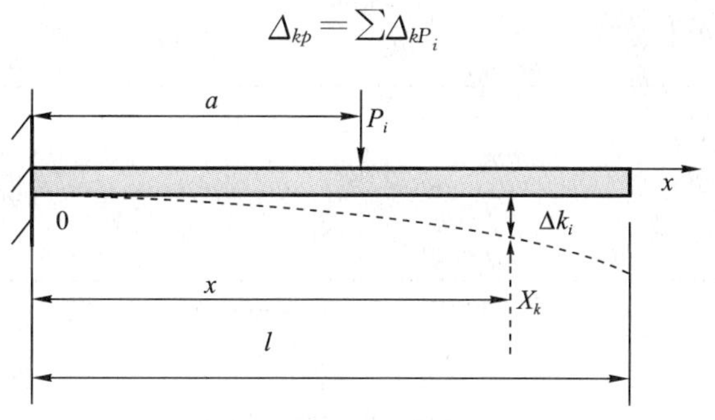

图 3-17　求 Δ_{kp} 计算简图

线性方程组(3-48)的系数矩阵和荷载矩阵求出后，解方程即可求出未知数 s_0、ϕ_0 和 X_i。求出链杆的力 X_i，该区段上的基底反力为

$$p_i=\frac{X_i}{bl_i} \tag{3-58}$$

已知荷载与地基反力，由静力平衡条件可求出梁的弯矩 M 和剪力 Q。

【例题 3-4】 (1)按链杆法求图 3-2 中梁的弯矩、剪力和地基反力，并绘制弯矩图、剪力图和地基反力图。已知：混凝土弹性模量 $E_c=3\times10^7$ kPa，地基变形模量 $E_0=1.2\times10^4$ kPa，泊松比 $\upsilon=0.3$。

(2)其他条件相同，当梁的厚度分别为 $h=0.3$m、$h=1$m、$h=4$m 时，求地基反力和沉降量。

解：(1)把梁划分为 50 段，未知数为 52 个，采用半无限弹性体地基模型，根据本节的式(3-39)～式(3-58)建立线性方程组，用 Excel 计算系数矩阵并解方程，由计算结果绘制不同厚度梁的地基反力和地基沉降量见图 3-18。可知，当基础刚度较小($h=0.3$m)时，由基底反力可反映出荷载的分布规律，并且荷载作用点处沉降量相对较大；当基础刚度较大($h=4$m)时基底反力中间小、两边大，沉降量均匀，表现了刚性基础对于荷载的架越作用。

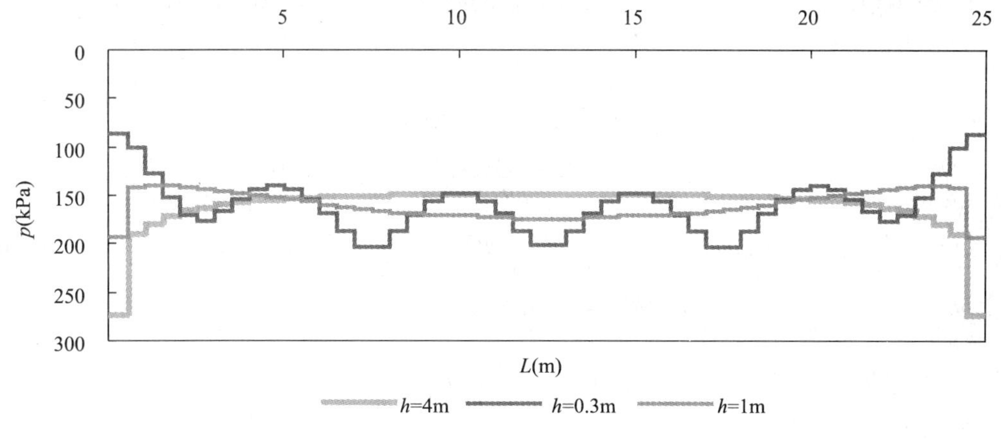

a) 梁不同厚度时的地基反力

图 3-18

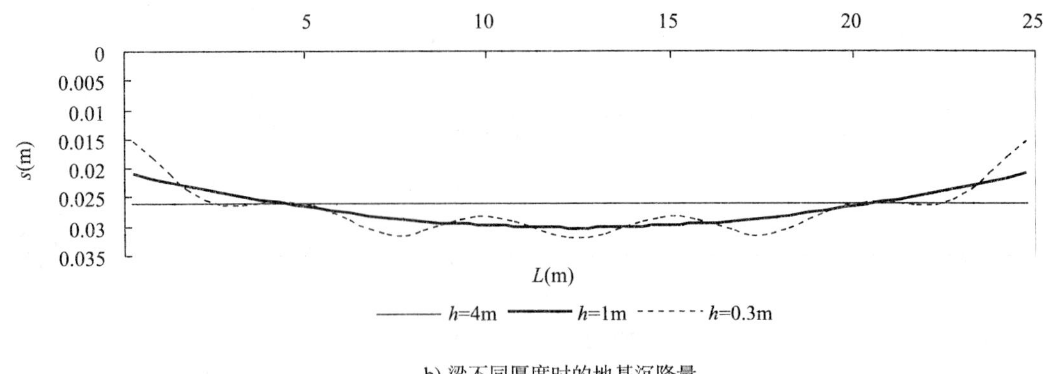

b) 梁不同厚度时的地基沉降量

图 3-18 【例题 3-4】计算结果

(2)用 MATLAB 求解，详见 8.6 节。

3.5 有限差分法

由材料力学可知梁挠度的微分方程是：

$$E_c I \frac{d^2\omega}{dx^2} = -M \tag{3-59}$$

有限差分法是用差分方程近似代替微分方程，把求解连续分布的微分方程转变为求解有限个线性代数方程组。有限差分法的计算简图见图 3-19，把地基上的梁划分为有限个梁单元，设梁的个数为 n，每段长度为 l，梁上承受的荷载有集中荷载 P 和力矩 M，地基反力简化为每段的中点的支撑力，见图 3-19a)，设第 i 段中点处的挠度为 ω_i，有限差分法的未知数是 ω_i，计算精度与梁的分段数相关，当每段梁长 l 足够小时，求出 ω_i 就是求出梁沿全长的挠曲变形。

设梁的挠度为 $\omega=\omega(x)$，由图 3-19b)可知函数在 i 点处的一阶和二阶导数可表示为如下差分形式：

$$\frac{d\omega}{dx} \approx \frac{\Delta\omega}{\Delta x} = \frac{\omega_{i+1}-\omega_{i-1}}{2\Delta x} \tag{3-60}$$

$$\frac{d^2\omega}{dx^2} \approx \frac{\Delta^2\omega}{\Delta x^2} = \frac{\Delta(\omega_{i+1}-\omega_i)}{\Delta x^2} = \frac{\Delta\omega_{i+1}-\Delta\omega_i}{\Delta x^2}$$

$$\frac{\partial^2\omega}{\partial x^2} \approx \frac{(\omega_{i+1}-\omega_i)-(\omega_i-\omega_{i-1})}{\Delta x^2} = \frac{\omega_{i+1}-2\omega_i+\omega_{i-1}}{\Delta x^2} \tag{3-61}$$

把式(3-61)代入式(3-59)得梁的差分方程为：

$$-\frac{M_i}{E_c I_i} = \frac{\omega_{i+1}-2\omega_i+\omega_{i-1}}{l^2} \tag{3-62}$$

式(3-62)还可以写为：

$$M_i = -\frac{E_c I_i}{l^2}(\omega_{i+1}-2\omega_i+\omega_{i-1}) \tag{3-63}$$

把图 3-19a)所示梁在 i 点断开，即取梁Ⅰ-Ⅰ截面的左半部分，见图 3-19c)，根据梁左半部的静力平衡条件得：

$$M_i = R_1(i-1)l + R_2(i-2)l + \cdots + R_{i-1}l - M_{ip} \tag{3-64}$$

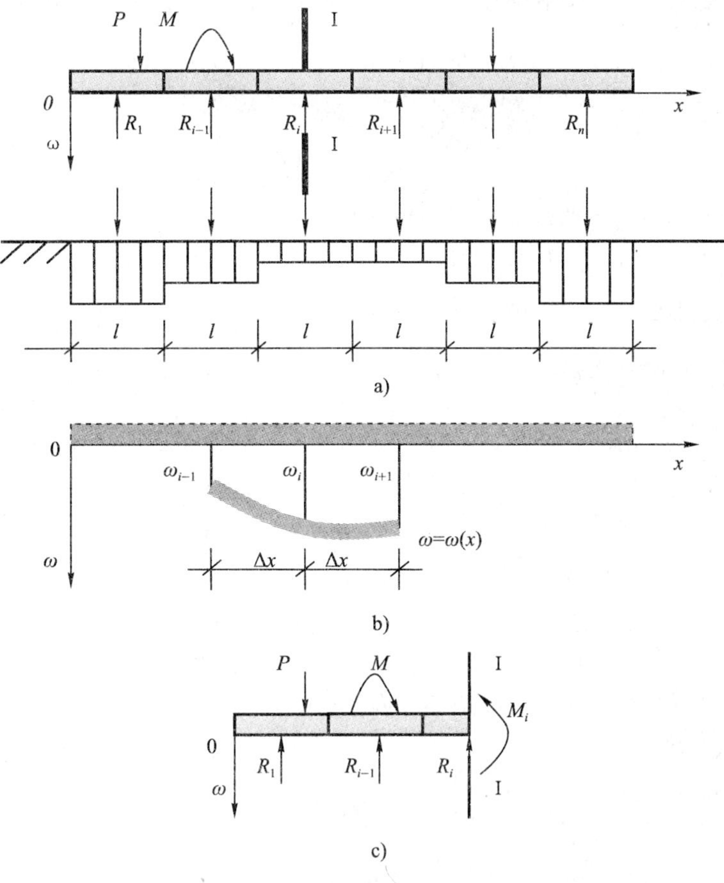

图 3-19 有限差分法计算简图

式中 M_{ip} 为 i 点左边梁上所有外荷载对 i 点力矩之和。式(3-64)可以简记为：

$$M_i = l\sum_{j=1}^{i-1}(i-j)R_j - M_{ip} \tag{3-65}$$

把式(3-63)代入式(3-65)得：

$$\frac{E_c I_i}{l^2}(\omega_{i-1} - 2\omega_i + \omega_{i+1}) + l\sum_{j=1}^{i-1}(i-j)R_j = M_{ip} \tag{3-66}$$

在式(3-66)中，除了未知数 ω 外，基底反力 R 也是未知数，若设地基模型是文克尔地基，则集中基底反力 R_i 作用点处地基表面沉降 s_i 与 R_i 的关系为：

$$R_i = (b_i l_i)p_i = b_i l_i k_i s_i = K_i s_i \tag{3-67}$$

式中：K_i——集中基床系数，$K_i = b_i l_i k_i$（m · m · kN/m^3=kN/m）。

设每段梁中点处的挠度 ω_i 与地基的沉降量 s_i 相等，即变形协调条件是：

$$\omega_i = s_i \tag{3-68}$$

把式(3-67)、式(3-68)代入式(3-66)得：

$$\frac{E_c I_i}{l^2}(\omega_{i-1} - 2\omega_i + \omega_{i+1}) + l\sum_{j=1}^{i-1}(i-j)K_j\omega_j = M_{ip} \tag{3-69}$$

未知数 ω_i 共 n 个，对于每一点 i 列出的差分方程中不仅有 ω_i，还有 ω_{i-1} 和 ω_{i+1}，这样，取

$i=2,3,\cdots,n-1$，根据式(3-69)可列出 $n-2$ 个方程，还需要补充两个方程才能求解 n 个未知数。这两个平衡方程是梁的整体静力平衡方程 $\sum M_n=0$ 和垂直方向静力平衡方程 $\sum F=0$，即

$$l\sum_{i=1}^{n}(n-i)K_i\omega_i=M_{np} \tag{3-70}$$

$$\sum_{i=1}^{n}K_i\omega_i=\sum P \tag{3-71}$$

式中：M_{np}——梁上所有外荷载对 n 点力矩之和；

$\sum P$——梁上所有竖向荷载之和。

有限差分法建立的 n 元线性方程组汇总如下：

$$\left.\begin{aligned}&\frac{E_cI_i}{l^2}(\omega_{i-1}-2\omega_i+\omega_{i+1})+l\sum_{j=1}^{i-1}(i-j)K_j\omega_j=M_{ip}\quad i=2,3,\cdots,n-1\\&l\sum_{i=1}^{n}(n-i)K_i\omega_i=M_{np}\\&\sum_{i=1}^{n}K_i\omega_i=\sum P\end{aligned}\right\} \tag{3-72}$$

若梁的截面不同，设

$$C_i=\frac{E_cI_i}{l^2} \tag{3-73}$$

则 n 元线性方程组(3-72)可以用矩阵表示如下：

$$\left\{\begin{bmatrix}C_2 & -2C_2 & C_2 & & & \\ & C_3 & -2C_3 & C_3 & & 0\\ & & & \vdots & & \\ & & & C_{n-1} & -2C_{n-1} & C_{n-1}\\ 0 & & & & 0 & 0\\ & & & & & 0\end{bmatrix}+l\begin{bmatrix}K_1 & & & \\ 2K_1 & K_2 & & \\ & \vdots & & \\ (n-2)K_1 & (n-3)K_2\cdots K_{n-2} & & \\ (n-1)K_1 & (n-2)K_2 & \cdots K_{n-1} & \\ K_1/l & K_2/l & \cdots & K_n/l\end{bmatrix}\right\}\begin{Bmatrix}\omega_1\\ \omega_2\\ \vdots\\ \omega_{n-2}\\ \omega_{n-1}\\ \omega_n\end{Bmatrix}$$

$$=\begin{Bmatrix}M_{2p}\\ M_{3p}\\ \vdots\\ M_{(n-1)p}\\ M_{np}\\ \sum P\end{Bmatrix} \tag{3-74}$$

由式(3-74)可知，方程组的系数矩阵和荷载矩阵均为已知，解方程即可求出梁的挠度。

梁的挠度求出后，由变形协调条件得地基变形 $s_i=\omega_i$。因为这里采用的是文克尔地基模型，则梁段中点的集中地基反力为 $R_i=K_is_i$，地基均布反力为 $p_i=R_i/(b_il_i)$，再按静力学方法即可求出梁任意截面的弯矩和剪力。

以上采用的是文克尔地基模型，且在划分梁单元时取分段相等，计算方法简单。若地基模型取弹性半空间计算模型，图 3-19 中 i 点的沉降量 s_i 不仅与其上作用的荷载 R_i 相关，所有的荷载 R 均对 i 点的沉降量 s_i 有影响，计算较为复杂。

【例题 3-5】 试按有限差分法求图 3-2 中梁的弯矩、剪力和地基反力，并绘制弯矩图、剪力图和地基反力图。已知：基床系数 $k=21.1\text{N/cm}^3$，混凝土 C30。

解：用 Excel 的计算结果略，用 MATLAB 求解，详见 8.7 节。

3.6 有限单元法

有限单元法将地基上的梁划分成有限个梁单元，取梁单元的个数为 n，见图 3-20，单元编号为①，②，…，ⓘ…，ⓝ，每段梁长为 l_i，i 段梁基底反力的合力 R_i 作用于梁单元的两端，基底反力编号为 $R_1, R_2, \cdots, R_i, R_{i+1}\cdots, R_m$，$m=n+1$。根据有限单元法求出集中基底反力 R，再使 R 反作用于地基，每个单元长度的范围内基底反力均匀分布，基底反力为阶梯型分布，见图 3-20a)。该方法的计算精度与单元的个数相关，当 n 足够大时，阶梯形分布的地基反力就可以转化为连续分布的基底反力。

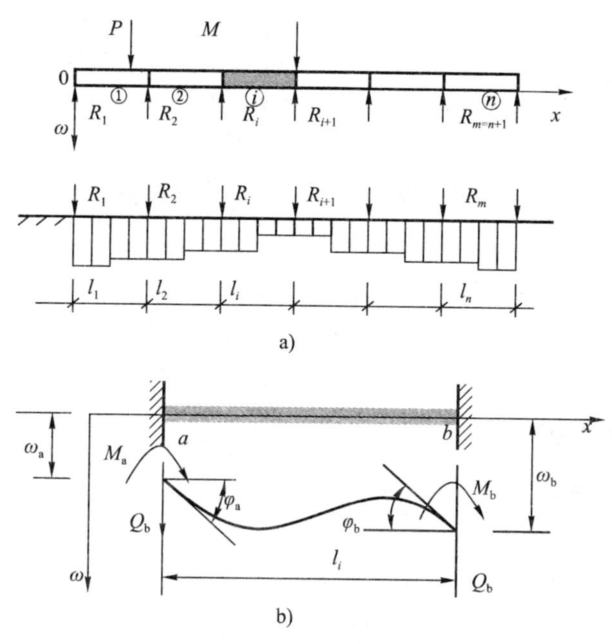

图 3-20　有限单元法计算简图

3.6.1 单元刚度矩阵

有限单元法中的梁单元见图 3-20b)，单元长度为 l，抗弯刚度为 E_cI，单元的结点力为：

$$\{F\}^e=\begin{Bmatrix}F_a\\F_b\end{Bmatrix}=\begin{Bmatrix}Q_a\\M_a\\Q_b\\M_b\end{Bmatrix} \tag{3-75}$$

单元的结点位移为：

$$\{\omega\}^e=\begin{Bmatrix}\omega_a\\ \varphi_a\\ \omega_b\\ \varphi_b\end{Bmatrix} \tag{3-76}$$

由结构力学可知，在图 3-20b）中，当单元杆在 a 端和 b 端分别产生杆端位移 ω_a、φ_a、ω_b、φ_b 时，单元杆在 a 端产生的剪力 Q_a（剪力向下为正）为：

$$Q_a=\frac{12E_cI}{l_i^3}\omega_a+\frac{6E_cI}{l_i^2}\varphi_a-\frac{12E_cI}{l_i^3}\omega_b+\frac{6E_cI}{l_i^2}\varphi_b \tag{3-77}$$

同理，可求出当单元杆在 a 端和 b 端分别产生杆端位移 ω_a、φ_a、ω_b、φ_b 时，a、b 两端的杆端力 Q_a、M_a、Q_b、M_b（图 3-20 中弯矩所示方向为正），用矩阵表示为：

$$\begin{Bmatrix}Q_a\\ M_a\\ Q_b\\ M_b\end{Bmatrix}_i=\left(\frac{E_cI}{l^3}\right)_i\begin{bmatrix}12 & 6l & -12 & 6l\\ 6l & 4l^2 & -6l & 2l^2\\ -12 & -6l & 12 & -6l\\ 6l & 2l^2 & -6l & 4l^2\end{bmatrix}_i\begin{Bmatrix}\omega_a\\ \varphi_a\\ \omega_b\\ \varphi_b\end{Bmatrix}_i \tag{3-78}$$

式(3-78)可简记为：

$$\{F\}_i=[k_b]_i\{\omega\}_i \tag{3-79}$$

其中 $\{F\}_i$ 是杆端力向量，$\{\omega\}_i$ 是杆端位移向量，设 $C_i=\left(\frac{E_cI}{l^3}\right)_i$，单元刚度矩阵 $[k_b]_i$ 为：

$$[k_b]_i=C_i\begin{bmatrix}12 & 6l & -12 & 6l\\ 6l & 4l^2 & -6l & 2l^2\\ -12 & -6l & 12 & -6l\\ 6l & 2l^2 & -6l & 4l^2\end{bmatrix}_i \tag{3-80}$$

3.6.2 整体刚度矩阵

有限单元法建立的结点平衡方程为：

$$[K_b]\{\omega\}=\{P\} \tag{3-81}$$

式中，$\{P\}$ 是结点荷载向量，结点荷载 $\{P\}=[P_1\ \ M_1\ \ P_2\ \ M_2\ \ \cdots\ \ P_m\ \ M_m]^T$，$\{\omega\}$ 是结点位移向量，结点位移 $\{\omega\}=[\omega_1\ \ \varphi_1\ \ \omega_2\ \ \varphi_2\ \ \cdots\ \ \omega_m\ \ \varphi_m]^T$，$[K_b]$ 是整体刚度矩阵。

按照对号入座、同号相加的原则形成梁的整体刚度矩阵 $[K_b]$。

下面以两个单元为例建立整体刚度矩阵。由两个梁单元组成的结构，结点的个数 $m=3$，结点位移数是 $3\times2=6$。图 3-21 中两个单元的公共结点是结点 2，单元刚度矩阵的系数在结点 2 相加，形成总刚，示意如下：

$$[K_b]=C\begin{bmatrix}12 & 6l & -12 & 6l & & \\ 6l & 4l^2 & -6l & 2l^2 & & \\ -12 & -6l & \begin{matrix}12\\ \end{matrix}\quad -6l \ +\ 12 & 6l & -12 & 6l\\ 6l & 2l^2 & -6l \quad 4l^2 \ \ \ \ \ 6l & 4l^2 & -6l & 2l^2\\ & & -12 & -6l & 12 & -6l\\ & & 6l & 2l^2 & -6l & 4l^2\end{bmatrix}$$

把求得的整体刚度矩阵代入式(3-81)并展开得：

$$\left(\frac{E_c I}{l^3}\right)\begin{bmatrix} 12 & 6l & -12 & 6l & 0 & 0 \\ 6l & 4l^2 & -6l & 2l^2 & 0 & 0 \\ -12 & -6l & 24 & 0 & -12 & 6l \\ 6l & 2l^2 & 0 & 8l^2 & -6l & 2l^2 \\ 0 & 0 & -12 & -6l & 12 & -6l \\ 0 & 0 & 6l & 2l^2 & -6l & 4l^2 \end{bmatrix}_i \begin{Bmatrix} \omega_1 \\ \varphi_1 \\ \omega_2 \\ \varphi_2 \\ \omega_3 \\ \varphi_3 \end{Bmatrix} = \begin{Bmatrix} P_1 \\ M_1 \\ P_2 \\ M_2 \\ P_3 \\ M_3 \end{Bmatrix} \tag{3-82}$$

若各单元截面尺寸不同，C_i在计算中放入整体刚度矩阵的括号内。

例如，在图 3-21 中两个相同的等截面梁单元在结点 1 产生单位位移 $\omega_1=1$ 时，受到影响的有结点 1 和结点 2，结点力的大小标注在图 3-21a)中，即整体刚度矩阵公式(3-82)中第 1 列的数值。在结点 2 产生单位位移 $\omega_1=1$ 时，受到影响的有结点 1、结点 2 和结点 3，结点力的大小标注在图 3-21b)中，即整体刚度矩阵公式(3-82)中第 3 列的数值。

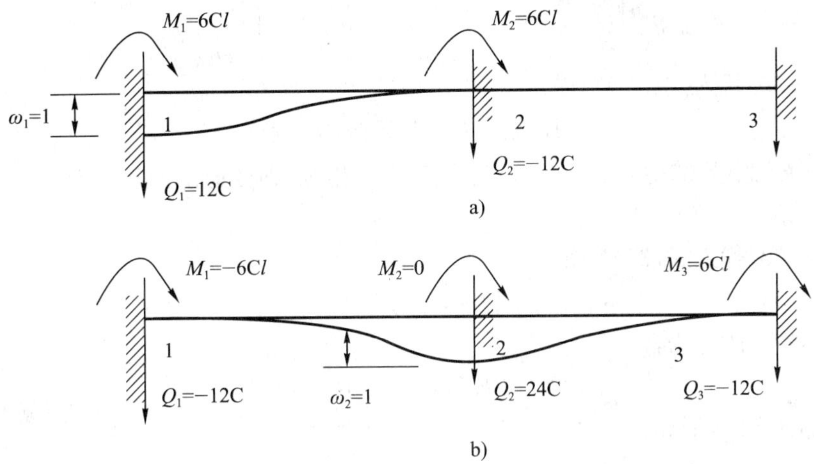

图 3-21 两个单元的计算简图

弹性地基上的梁如图 3-22 所示，基底反力向量为 $\{R\}$，梁上的结点荷载向量为 $\{P\}$，建立平衡方程为：

$$\{F\}=\{P\}-\{R\} \tag{3-83}$$

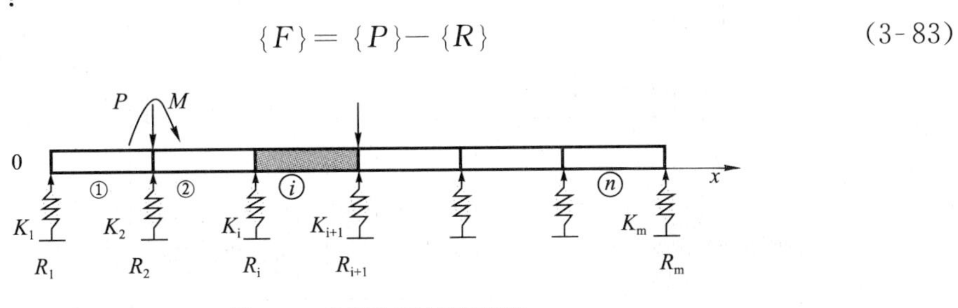

图 3-22 有限单元法计算简图

3.6.3 地基的力学模型

1)文克尔地基模型

文克尔地基模型假设地基变形与其上作用的荷载成正比，用公式表示为 $p=ks$ [公式

(3-6)],则图 3-22 中的集中基床系数为 $K_i = l_i b_i k$,其中 l_i 是地基反力R_i分担的梁长,由图 3-22 可知端点处 $K_1 = K_m = l_i b_i k/2$,地基反力为:

$$R_i = K_i s_i \tag{3-84}$$

用矩阵表示为:

$$\{R\} = [K_s]\{s\} \tag{3-85}$$

文克尔地基模型只能承受集中力,不能抵抗弯矩,基底反力偶 $R_{Mi} = 0$ 。为了与梁的未知数相一致,拓展公式(3-85),得基底反力、反力偶与地基沉降、倾斜的关系为:

$$\begin{Bmatrix} R_1 \\ R_{M1} \\ R_2 \\ R_{M2} \\ \vdots \\ R_m \\ R_{Mm} \end{Bmatrix} = \begin{bmatrix} K_1 & & & & & & \\ & 0 & & & & & \\ & & K_2 & & & & \\ & & & 0 & & & \\ & & & & \ddots & & \\ & & & & & K_m & \\ & & & & & & 0 \end{bmatrix} \begin{Bmatrix} s_1 \\ \varphi_1 \\ s_2 \\ \varphi_2 \\ \vdots \\ s_m \\ \varphi_m \end{Bmatrix} \tag{3-86}$$

把式(3-86)代入式(3-83)得:

$$[K_b]\{\omega\} + [K_s]\{s\} = \{P\} \tag{3-87}$$

设每段梁端点处的挠度 ω_i 与地基的沉降量 s_i 相等,即变形协调条件为:

$$\{s\} = \{\omega\} \tag{3-88}$$

把式(3-88)代入式(3-87)得:

$$([K_b] + [K_s])\{\omega\} = \{P\} \tag{3-89}$$

式(3-89)可改写为:

$$[K]\{\omega\} = \{P\} \tag{3-90}$$

展开式(3-90),形如:

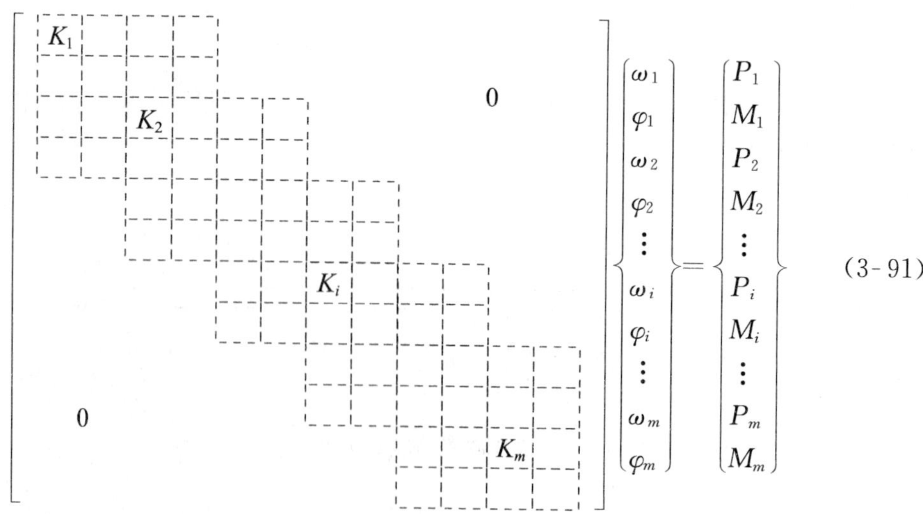

(3-91)

式(3-91)是 $2m$ 阶的线性方程组,未知数是 $\{\omega\}$,刚度矩阵 $[K]$ 是已知的,荷载矩阵 $\{P\}$ 也是已知的,用解方程的方法可求出位移 $\{\omega\}$ 。

梁的挠度求出后,由变形协调条件得地基变形 $s_i = \omega_i$,这里采用的是文克尔地基模型,则梁段端点处集中地基反力为 $R_i = K_i s_i$，地基均布反力为 $p_i = R_i/(b_i l_i)$，再按静力学方法即可求出梁任意截面的弯矩和剪力。

2)半无限弹性体地基模型

不同的地基模型建立的地基刚度矩阵 $[K_s]$ 不同，文克尔地基模型的 $[K_s]$ 是对角矩阵，方法简单，它的不足之处是地基变形只与其上的荷载有关，与相邻荷载无关，这与实际不符。半无限弹性体地基模型解决了这一问题，根据半无限弹性体地基模型(图 3-23)，可得集中基底反力与其作用点沉降量的关系为：

$$\begin{Bmatrix} s_1 \\ s_2 \\ \vdots \\ s_i \\ \vdots \\ s_m \end{Bmatrix} = \begin{bmatrix} \delta_{11}\delta_{12}\cdots\delta_{1i}\cdots\delta_{1m} \\ \delta_{21}\delta_{22}\cdots\delta_{2i}\cdots\delta_{2m} \\ \vdots \\ \delta_{i1}\delta_{i2}\cdots\delta_{ii}\cdots\delta_{im} \\ \vdots \\ \delta_{m1}\delta_{m2}\cdots\delta_{mi}\cdots\delta_{mm} \end{bmatrix} \begin{Bmatrix} R_1 \\ R_2 \\ \vdots \\ R_i \\ \vdots \\ R_m \end{Bmatrix} \tag{3-92}$$

式(3-92)中的 δ_{ij} 称为柔度系数，表示在 j 点作用单位力 $R_j = 1$ 时使 i 点产生的沉降量。由式(3-49)可知计算公式为：

$$\delta_{ij} = \frac{1-\upsilon^2}{\pi E_0 r_{ij}} \tag{3-93}$$

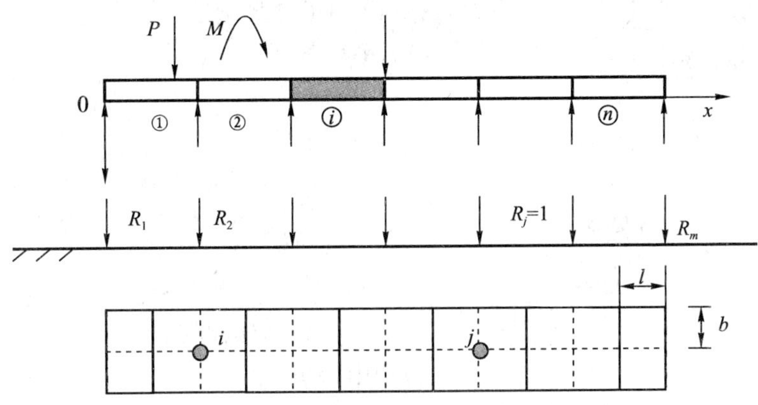

图 3-23 半无限弹性体地基模型

当 $i = j$ 时，i 点的沉降可由式(3-53)计算，即

$$\delta_{ii} = \frac{1}{lb}\frac{1-\upsilon^2}{\pi E_0}\left[l\ln\frac{b+\sqrt{l^2+b^2}}{l} + b\ln\frac{l+\sqrt{l^2+b^2}}{b} \right] \tag{3-94}$$

式中的 b、l 见图 3-23。式(3-92)可简记为：

$$\{s\} = [\Delta]\{R\} \tag{3-95}$$

对式(3-95)中的柔度矩阵求逆可得地基刚度矩阵，即

$$[K_s] = [\Delta]^{-1} \tag{3-96}$$

对地基刚度矩阵(3-96)进行拓展，再代入式(3-87)，即得半无限弹性体地基模型的整体刚度矩阵。其余解法与文克尔地基模型相同。

3)有限压缩层地基模型

对于有限压缩层地基模型，亦可建立地基的柔度矩阵，对它求逆即得地基刚度矩阵

$[K_s]$，把它代入式(3-87)即得相应的的整体刚度矩阵，其余解法同上。

【例题3-6】 试按有限单元法求图3-2中梁的弯矩、剪力和地基反力，并绘制弯矩图、剪力图和地基反力图。已知：基床系数 $k=21.1\text{N/cm}^3$，混凝土C30。

解：用Excel的计算结果略。用MATLAB求解，详见8.8节。

3.7 柱下十字交叉基础

当采用柱下条形基础不能满足强度或变形要求时，可设计为纵横交叉的十字交叉基础，对于十字交叉基础，可以把交叉点受到的荷载按一定的分配原则分配到纵横两个方向上的梁上，即把十字交叉基础简化为条形基础。

图3-24中十字交叉基础在结点处受到力和力矩的作用，力矩对一个方向的梁是弯矩，对另一个方向的梁是扭矩，结点荷载的分配原则是结点力矩不分配，按弯矩计算，结点集中力由纵横向的地基梁分别承担。

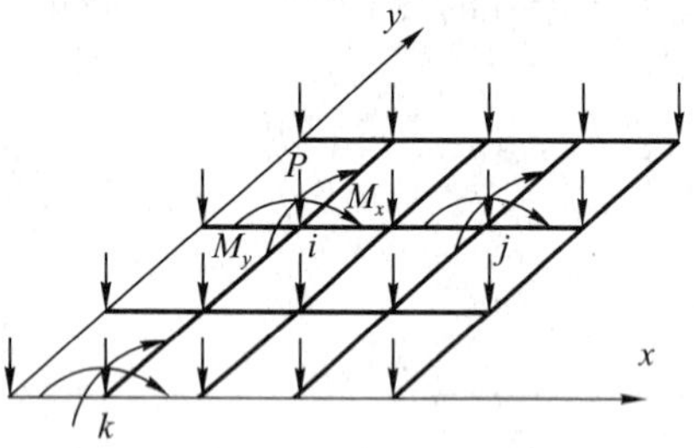

图3-24 十字交叉基础计算简图

1)结点荷载的分配原则

结点集中力的分配原则是把集中荷载分 P_i 为x、y两个方向的荷载 P_{ix}、P_{iy}，满足静力平衡条件，按纵横方向分别计算的变形满足变形协调条件。

静力平衡条件

$$P_i = P_{ix} + P_{iy} \tag{3-97}$$

变形协调条件

$$\omega_{ix} = \omega_{iy} \tag{3-98}$$

图3-24中 i 结点的变形由 P_{xj}、M_{xj}、P_{yk}、M_{yk} 共同引起，式(3-98)可展开为：

$$\sum\delta_{ij}P_{xj} + \sum\delta'_{ij}M_{xj} = \sum\delta_{ik}P_{yk} + \sum\delta'_{ik}M_{yk} \tag{3-99}$$

式中：δ_{ij} ——x 方向的梁，在 j 结点作用单位集中荷载，使结点 i 产生的位移；

δ'_{ij} ——x 方向的梁，在 j 结点作用单位集中力矩，使结点 i 产生的位移；

δ_{ik} ——y 方向的梁，在 k 结点作用单位集中荷载，使结点 i 产生的位移；

δ'_{ik} ——y 方向的梁，在 k 结点作用单位集中力矩，使结点 i 产生的位移。

δ_{ij} 可以按照文克尔地基上梁的方法求出。若图3-24中有 n 个结点，就有 $2n$ 个未知数 P_{ix}，P_{iy}，每个结点2个方程，共 $2n$ 个方程，方程的个数与未知数的个数相等，可以求解，但计算很复杂。一般可采用简化计算方法，就是不考虑相邻荷载对挠度的影响，并且弯矩对自身结点作用不产生挠度(见图3-10)，这样式(3-99)大为简化，可得图3-24中 i 结点的静力平衡和变形协调两个方程为：

$$\left.\begin{aligned} P_i &= P_{ix} + P_{iy} \\ \delta_{xi}P_{xi} &= \delta_{yi}P_{yi} \end{aligned}\right\} \tag{3-100}$$

2)结点荷载分配

采用文克尔地基模型求 δ_{ij} 可得：

(1)边柱结点

$$\left.\begin{aligned}P_x&=\frac{4b_xL_x}{4b_xL_x+b_yL_y}P\\P_y&=\frac{b_yL_y}{4b_xL_x+b_yL_y}P\end{aligned}\right\}\tag{3-101}$$

式中:b_x、b_y —— x、y 方向上基础梁底面的宽度(m);

L_x、L_y ——x、y 方向上基础梁特征长度(m),$L_x=\frac{1}{\lambda_x}=\sqrt[4]{\frac{4E_cI_x}{kb_x}}$ $L_y=\frac{1}{\lambda_y}=\sqrt[4]{\frac{4E_cI_y}{kb_y}}$;

I_x、I_y ——x、y 方向上基础梁截面惯性矩(m^4)。

证明:

例如,对于图 3-24 中的边柱结点 k,x 方向视为集中荷载作用下的无限长梁,可由式(3-28)得无限长梁在集中荷载作用下挠度的计算公式,y 方向视为集中荷载作用下的半无限长梁,可由式(3-35)得半无限长梁在集中荷载作用下挠度计算公式,这两个计算挠度的公式分别为:

$$\omega=\frac{P_0\lambda}{2k_s}e^{-\lambda x}(\cos\lambda x+\sin\lambda x),\quad \omega=\frac{2P_0\lambda}{k_s}e^{-\lambda x}\cos\lambda x$$

在上两式中分别代入 $P_0=P_x,x=0$, $P_0=P_y,x=0$,并且 $k_s=kb$, $L=1/\lambda$ 得:

$$\omega_x=\frac{P_x}{2kb_xL_x},\quad \omega_y=\frac{2P_y}{kb_yL_y}$$

把上式代入式(3-100),即可求得式(3-101)。同理,中间柱结点是把两个方向都视为无限长梁,角柱结点是把两个方向都视为半无限长梁,求得 x 方向和 y 方向的分配荷载为:

(2)中间柱结点和角柱结点

$$\left.\begin{aligned}P_x&=\frac{b_xL_x}{b_xL_x+b_yL_y}P\\P_y&=\frac{b_yL_y}{b_xL_x+b_yL_y}P\end{aligned}\right\}\tag{3-102}$$

3)结点荷载的调整

直接按式(3-101)、式(3-102)计算的分配荷载分别作用在纵横方向的两根梁上,在交点 i 处梁底面积重复计算,这样基底面积计算值偏大,基底压力计算值偏小,所以需要对分配荷载进行调整。

(1)调整前的地基平均反力(计算值偏小)

$$p=\frac{\sum P}{\sum A+\sum\Delta A}\tag{3-103}$$

式中:$\sum A$ ——基底实际面积;

$\sum\Delta A$ ——重叠的基底面积之和。

(2)地基反力增量

$$\Delta p=\frac{p\cdot\sum\Delta A}{\sum A}\tag{3-104}$$

(3)x、y方向上分配荷载增量

$$\left.\begin{aligned}\Delta P_x &= \frac{P_x}{P}\Delta A\Delta p \\ \Delta P_y &= \frac{P_y}{P}\Delta A\Delta p\end{aligned}\right\} \tag{3-105}$$

(4)调整后的分配荷载

考虑基础底面尺寸调整后的分配荷载为：

$$\left.\begin{aligned}P'_x &= P_x + \Delta P_x \\ P'_y &= P_y + \Delta P_y\end{aligned}\right\} \tag{3-106}$$

4)基础结构设计

取调整后的分配荷载，按条形基础的计算方法进行各方向上基础梁的内力计算和配筋。

本章小结

倒梁法：假定柱脚处没有相对位移，这也可以看成是一种结构与基础之间的相互作用。基础与地基间的相互作用没有考虑，计算梁的内力与地基土性参数无关。倒梁法只考虑了柱间的局部弯曲，忽略了基础的整体弯曲(对基础偏于不安全)，适用于上部结构刚度很大，柱间位移相对较小的情况。

弹性地基梁法：上部结构传给基础的荷载是已知的，没有考虑结构与基础间的相互作用。根据基础与地基的变形协调条件建立基础的挠曲线微分方程，进而求解梁的变形与内力。土性参数是基床系数k。该方法没有考虑上部结构刚度的影响，当上部结构刚度很大时，上部结构对基础的变形和内力有很大的调节作用，所以上述计算结果对基础一般偏于安全。

链杆法：上部结构传给基础的荷载是已知的，没有考虑结构与基础间的相互作用。基础与地基在链杆处变形协调，计算精度与分段数有关。地基是弹性地基，当采用弹性半空间地基模型时，土性参数是变形模量E_0，地基的变形不仅与其上作用的荷载有关，还与相邻荷载有关，这一点比文克尔地基模型合理。

有限差分法：上部结构传给基础的荷载是已知的，没有考虑结构与基础间的相互作用。基础与地基在弹性支点处变形协调，计算精度与分段的个数有关。当采用文克尔地基模型时，土性参数是基床系数k。

有限单元法：上部结构传给基础的荷载是已知的，没有考虑结构与基础间的相互作用。基础与地基在单元结点处变形协调，计算精度与单元的个数有关。若采用文克尔地基模型时，地基参数是基床系数k；若采用弹性半空间地基模型时，土性参数是变形模量E_0；若采用有限压缩层地基模型时，土性参数是压缩模量E_s。

思考题

1. 简述柱下条形基础与墙下条形基础内力分析的异同。

2. 简述弹性地基梁法的分析过程。

3. 简述链杆法的分析过程。

4. 简述有限单元法的分析过程。

5. 简述有限差分法的分析过程。

6. 条形基础的内力分析中如何考虑地基与基础的相互作用?

7. 以上各方法的变形分析中,地基的力学模型分别是什么?

参考文献

[1] 郑刚. 高等基础工程学[M]. 北京:机械工业出版社, 2007.

[2] 华南理工大学,东南大学,浙江大学,湖南大学. 地基及基础[M]. 北京:中国建筑工业出版社,1991.

[3] 朱伯芳. 有限单元法原理与应用[M]. 北京:中国水利水电出版社,1998.

[4] 中华人民共和国国家标准. GB 50007—2011 建筑地基基础设计规范[S]. 北京:中国建筑工业出版社,2012.

[5] 周景星,李广信,虞石民,等. 基础工程(第二版)[M]. 2版. 北京:清华大学出版社,2007.

第 4 章　筏形基础

当上部结构荷载较大，地基承载力较低，条形基础或十字交叉基础不能满足承载力或变形要求时，将基础设计为底面积与建筑物底面积相同的钢筋混凝土板，称为筏形基础。因为筏形基础是一个整体，相对于条形基础或十字交叉基础，增加了基础的刚度，增强了调节不均匀沉降的能力，在高层建筑中得到广泛应用。

筏形基础分为梁板式和平板式两种形式，其选型应根据地基土质、上部结构体系、柱距、荷载大小、使用要求及施工条件等因素确定。

高层建筑筏形基础和箱形基础的地基应进行承载力和变形计算，埋置深度应满足地基承载力、变形和稳定性要求。《高层建筑筏形与箱形基础技术规范》(JGJ 6—2011)中指出，天然地基上的筏形与箱形基础的埋置深度不宜小于建筑物高度的 1/15，桩筏与桩箱基础的埋置深度(不计桩长)不宜小于建筑物高度的 1/18，当不满足这一要求或地基土层不均匀时应进行抗滑移、抗倾覆稳定性验算及地基整体稳定性验算。

对单栋建筑物，在地基均匀的条件下，筏形与箱形基础的基础底面平面形心宜与结构竖向永久荷载重心重合，当不能重合时，在荷载永久组合下，偏心距应符合下式要求

$$e \leqslant 0.1\frac{W}{A} \tag{4-1}$$

式中：W ——与偏心距方向一致的基础底面边缘抵抗矩(m^3)；

A ——基础底面积(m^2)。

可通过设置悬臂调整结构重心，调节基底弯矩，尽量使荷载作用点与基础筏板的形心重合。设置悬臂增大了基底尺寸，可使承载力满足要求，但边缘挑出长度不宜大于边跨柱距的 1/4，且不宜大于 1.5m。

当筏形与箱形基础长度超过 40m 时，应设置永久性的沉降缝和温度收缩缝。当不设置永久性的沉降缝和温度收缩缝时，应采取设置沉降后浇带、温度后浇带等措施。后浇带的宽度不宜小于 80cm，在后浇带处钢筋应贯通。

梁板式筏形基础的设计一般包括基础梁设计和基础板设计两部分，平板式筏形基础设计主要内容是地基计算、内力分析、筏板截面强度验算，确定板厚、配筋量等，本章的主要内容是筏形基础的内力分析。

筏形基础内力分析方法分别有刚性法和弹性地基法。当上部结构刚度和筏形基础的刚度足够大时采用刚性法，刚性法未考虑上部结构—基础—地基三者相互作用，是一种简化计算方法。弹性地基法考虑了基础与地基的相互作用，变形协调条件是筏形基础底面计算点的变形与地基沉降量相等，本章介绍了文克尔弹性地基上板的解析方法和数值分析

方法。

4.1 内力计算的简化方法

当上部结构和基础刚度足够大时，筏形基础的内力分析可用采用简化计算方法。该方法不考虑地基与基础相互作用（求地基反力没有考虑地基与基础的变形协调条件），假设地基反力呈直线分布，根据静力平衡条件求出直线分布的地基净反力为：

$$\left.\begin{aligned} p_{\mathrm{j}} &= \frac{\sum F}{A} \\ \begin{matrix} p_{\mathrm{jmax}} \\ p_{\mathrm{jmin}} \end{matrix} &= \frac{\sum F}{A} \pm \frac{\sum F \cdot e_y}{W_x} \pm \frac{\sum F \cdot e_x}{W_y} \end{aligned}\right\} \tag{4-2}$$

式中：p_{j} ——地基净反力的平均值；

p_{jmax}，p_{jmin} ——地基净反力的最大值和最小值，见图 4-1；

$\sum F$——扣除基础自重的净荷载；

A——筏形基础底面积；

e_x，e_y ——荷载$\sum F$ 在 x 方向和 y 方向上的偏心距；

W_x，W_y ——筏形基础底面对 x 轴和 y 轴的截面抵抗矩。

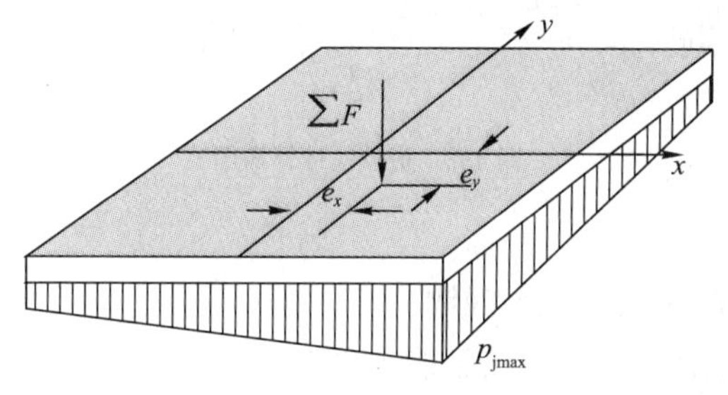

图 4-1 地基净反力

地基反力直线分布的基础内力简化计算方法有板条法和倒楼盖法。

4.1.1 板条法

板条法把上部结构、基础、地基三者分别考虑，筏形基础顶面的荷载是上部结构传下来的荷载，筏形基础底面的荷载是根据静力平衡条件求出的直线分布地基净反力，在上部荷载与直线分布的地基净反力的共同作用下求筏板内力。

板条法将筏形基础的筏板离散为板条，按地基上梁的计算方法求解内力。

当上部结构刚度较大或柱距较小时可采用这种简化计算方法，即当柱距小于 $1.75L$（L 称为特征长度，$L=1/\lambda$）时，其中的 $\lambda=\sqrt[4]{kb/(4E_{\mathrm{c}}I)}$，$b$ 是相邻两行柱间的中心距，I 是宽度为 b 条带的惯性矩，E_{c}是混凝土的弹性模量，k 是基床系数。

1）计算步骤

（1）根据上部结构及地基承载力确定基础底面尺寸。

（2）根据静力平衡条件式（4-2）求出直线分布的地基净反力。

（3）划分板条，计算各条带内力。

以相邻柱列的中线为分界线，把筏板分为纵、横向板带，见图 4-2，每个板条作为独立的梁按本书第 3 章梁的方法计算梁的内力。

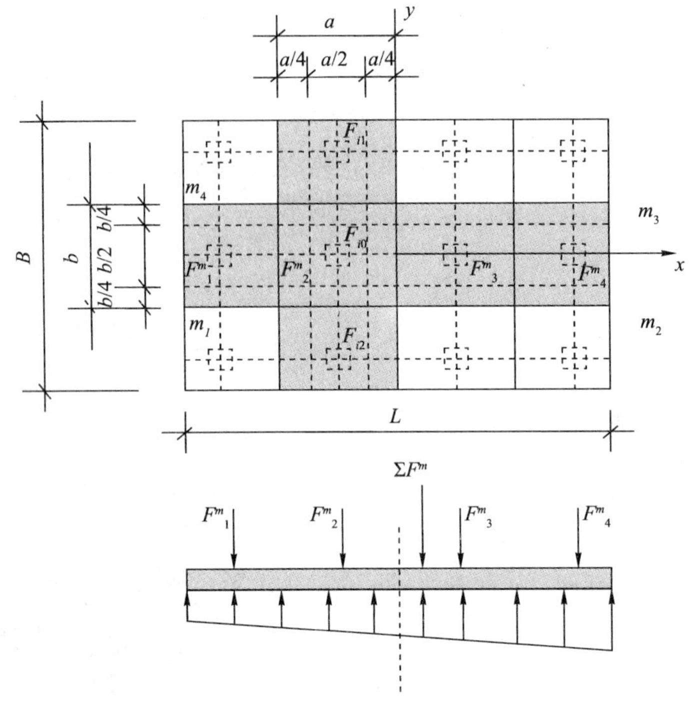

图 4-2　板条法计算简图

2）修正

这种简化计算方法存在如下几个问题。

（1）板条上的荷载与地基反力不满足静力平衡条件。

图 4-2 中离散出了板条 $m_1m_2m_3m_4$，根据式（4-2）可得，板条上任意点 x,y 处的地基净反力为：

$$p_j(x,y)=\frac{\sum F}{A}\pm\frac{\sum F\cdot e_y}{I_x}y\pm\frac{\sum F\cdot e_x}{I_y}x \tag{4-3}$$

式中，I_x，I_y 分别是筏板基础底面对 x 轴和 y 轴的截面惯性矩。设板条 $m_1m_2m_3m_4$ 上扣除基础自重的净荷载是 $\sum F^m=F_1^m+F_2^m+F_3^m+F_4^m$，一般情况下荷载与地基反力不满足静力平衡条件，需要进行修正。计算板条 $m_1m_2m_3m_4$ 上的荷载与地基净反力的平均值：

$$\bar{F}^m=\frac{\sum F^m+\bar{p}_j^m bL}{2} \tag{4-4}$$

式中，$\bar{p}_j^m$ 是按式（4-3）计算出的 m 板条上地基净反力的平均值。

设柱荷载修正系数 α 为：

$$\alpha=\frac{\bar{F}^m}{\sum F^m} \tag{4-5}$$

柱荷载调整值为：

$$F_i^{m'}=\alpha F_i^m \tag{4-6}$$

地基反力调整值为：

$$p^{m'} = \frac{\bar{F}^{m}}{bl} \tag{4-7}$$

调整后板条上的荷载与地基反力满足了静力平衡条件，根据调整后的荷载与地基反力按照梁的方法求内力。

(2)柱下板带和跨中板带受力不同。

显然柱下筏形基础在柱荷载的作用下，内力沿板带短边方向不是均匀分布的。如图 4-2 所示，可将板条在 b 方向上分为柱下板带和跨中板带，柱下板带是板条 b 中间的 $b/2$ 部分，跨中板带是柱下板带之间的 $b/2$ 部分。

《高层建筑筏形与箱形基础技术规范》(JGJ 6—2011)6.2.13 中指出：按基底反力直线分布计算的平板式筏基，可按柱下板带和跨中板带分别进行内力分析，并应符合下列要求：①柱下板带中在柱宽及其两侧各 0.5 倍板厚且不大于 1/4 板跨的有效宽度范围内，其钢筋配置量不应小于柱下板带钢筋的一半，且应能承受部分不平衡弯矩。②考虑到整体弯曲的影响，筏板的柱下板带和跨中板带底部钢筋应有 1/3 贯通全跨，顶部钢筋应按实际配筋全部连通，上下贯通钢筋的配筋率均不应小于 0.15%。③有抗震设防要求时，平板式筏基的顶面作为上部结构的嵌固端、计算柱下板带截面组合弯矩设计值时，柱根内力应考虑乘以与其抗震等级相应的增大系数。

(3)柱荷载分布不均匀。

实际柱荷载不一定相同，当相邻柱荷载相差过大时，例如相邻柱荷载相差超过 20%时，可对离散出的板条上的柱荷载进行调整，可取平均值如下(见图 4-2)：

$$F_i = \frac{1}{2}\left(F_{i0} + \frac{F_{i1} + F_{i2}}{2}\right) \tag{4-8}$$

对于各板条按地基上梁的计算方法求解内力，按直线分布地基反力计算梁内力的计算方法有静力平衡法和倒梁法。

(4)图 4-2 中的荷载 F_{i0} 分别是纵、横两个方向板带上的荷载，亦可按照十字交叉基础的方法分配柱荷载，再分纵、横板带分别计算。

【例题 4-1】 某框架结构下筏形基础柱网及荷载见图 4-3，筏板厚度 0.5m，地基承载力特征值 f_a=150kPa，基床系数 k=2000kN/m^3，混凝土弹性模量 $E_c=3.0\times10^7$kN/m^2，设混凝土重度为γ=25kN/m^3。

(1)进行地基承载力验算。

(2)计算筏基内力。

解：(1)地基承载力验算

$$A = 20 \times 12 = 240\text{m}^2$$

$$G = 20 \times 12 \times 0.5 \times 25 = 3000\text{kN}$$

$$\sum F_i = 2000 + 2200\times2 + 2300\times4 + 2400\times2 + 2500 + 2600\times2 = 28100\text{kN}$$

$$e_x = \frac{\sum F_i x_i}{\sum F_i} = \frac{6500\times(-9) + 7200\times(-3) + 7400\times3 + 7000\times9}{28100} = \frac{5100}{28100}$$

$$= 0.1815\text{m}$$

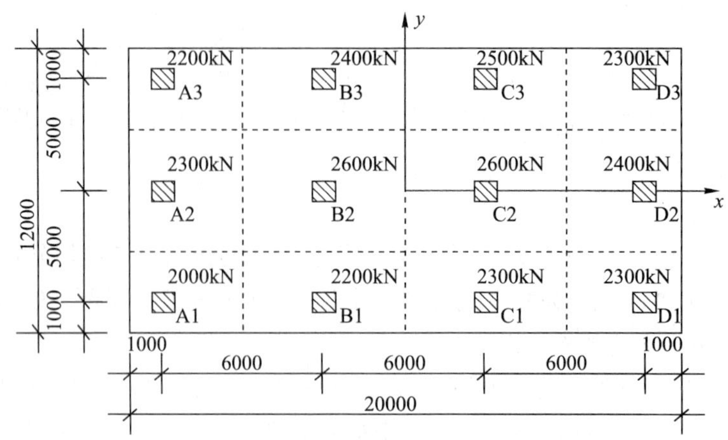

图 4-3 【例题 4-1】图(尺寸单位:mm)

$$e_y=\frac{\sum F_i y_i}{\sum F_i}=\frac{8800\times(-5)+9400\times 5}{28100}=\frac{3000}{28100}=0.1068\text{m}$$

$$e_x'=\frac{\sum F_i e_x+G\times 0}{\sum F_i+G}=\frac{5100}{28100+3000}=0.1640\text{m}$$

$$e_y'=\frac{\sum F_i e_y+G\times 0}{\sum F_i+G}=\frac{3000}{28100+3000}=0.0965\text{m}$$

$$p=\frac{\sum F+G}{A}=\frac{28100+3000}{240}=129.58\text{kPa}<f_a=150\text{kPa}$$

$$p_{\min}^{\max}=p\pm\frac{3000}{12\times 12\times 20/6}\pm\frac{5100}{12\times 20\times 20/6}=\begin{matrix}142.21\text{kPa}<1.2f_a\\116.96\text{kPa}\end{matrix}$$

所以,地基承载力满足要求。

(2)分配荷载

如图 4-3 所示,把筏形基础以柱子为中心,分为横向 3 条、纵向 4 条板带,把纵、横板带交点处的荷载按静力平衡和变形协调两个条件分配到纵、横板带上(详见本书章节 3.7),例如,中间横向板带分配荷载计算如下:

板带特征长度:

$$L_y=L_x=\sqrt[4]{\frac{4E_c I_x}{kb_x}}=\sqrt[4]{\frac{4E_c t^3}{12k}}=\sqrt[4]{\frac{4\times 3\times 10^7\times 0.5^3}{12\times 2.0\times 10^3}}=5\text{m}$$

中间结点:

$$\left.\begin{aligned}P_{B2x}=P_{C2x}&=\frac{b_x L_x}{b_x L_x+b_y L_y}P=\frac{5\times 5}{5\times 5+6\times 5}2600=1181.82\text{kN}\\P_{B2y}=P_{C2y}&=\frac{b_y L_y}{b_x L_x+b_y L_y}P=\frac{6\times 5}{5\times 5+6\times 5}2600=1418.18\text{kN}\end{aligned}\right\}$$

边结点:

$$\left.\begin{aligned}P_{A2x}&=\frac{b_xL_x}{b_xL_x+4b_yL_y}P=\frac{5\times5}{5\times5+4\times4\times5}2300=547.62\text{kN}\\P_{A2y}&=\frac{4b_yL_y}{b_xL_x+4b_yL_y}P=\frac{4\times4\times5}{5\times5+4\times4\times5}2300=1752.38\text{kN}\end{aligned}\right\}$$

$$\left.\begin{aligned}P_{D2x}&=\frac{5\times5}{5\times5+4\times4\times5}2400=571.43\text{kN}\\P_{D2y}&=\frac{4\times4\times5}{5\times5+4\times4\times5}2400=1828.57\text{kN}\end{aligned}\right\}$$

(3)计算板带内力

板带 2 上的分配荷载见图 4-4,根据板带上作用的荷载,按梁的方法计算板带内力(详见本书第 3 章)。其他板带计算略。

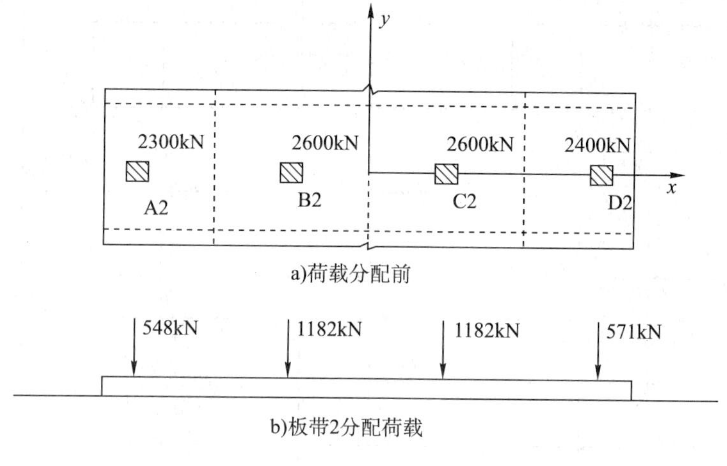

图 4-4 板带上的荷载

4.1.2 倒楼盖法

《高层建筑筏形与箱形基础技术规范》(JGJ 6—99)5.3.9 中指出:当地基比较均匀,上部结构刚度较好,且柱荷载及柱间距的变化不超过 20%时,筏形基础可仅考虑局部弯曲作用,按倒楼盖法进行计算。计算时地基反力可视为均布,其值应扣除底板自重。当地基比较复杂、上部结构刚度较差,或柱荷载及柱间距变化较大时,筏基内力应按弹性地基梁板方法进行分析。

《高层建筑筏形与箱形基础技术规范》(JGJ 6—2011)6.2.10 中指出:当地基土比较均匀、地基压缩层范围内无软弱土层或可液化土层、上部结构刚度较好,柱网和荷载比较均匀、相邻柱荷载及桩间距的变化不超过 20%,且平板式筏基板的厚跨比或梁板式筏基梁的高跨比不小于 1/6 时,筏形基础可仅考虑底板局部弯曲的作用,计算筏形基础内力时,基底反力可按直线分布,并扣除底板及其上的填土的自重。当不符合上述要求时,筏基内力可按弹性地基梁板等理论进行分析,计算分析时应根据土层情况和地区经验选用地基模型和参数。

倒楼盖法假设柱脚固定不动,柱子之间没有相对位移,将筏板简化为倒置的楼盖,基础底板上作用的直线分布的地基反力按式(4-2)计算,按倒楼盖的计算方法求解内力。该方法忽略了柱间的相对位移，在上部结构刚度较大时比较合适。

1)平板式筏形基础

平板式筏形基础可按倒无梁楼盖计算，计算简图见图 4-5，设柱脚为支座，板划分为柱下板带和跨中板带，柱下板带相当于以柱为支撑点的连续梁，跨中板带相当于以弹性支撑在另一方向柱下的板带上的连续梁，见图 4-6，按多跨连续双向板计算内力。

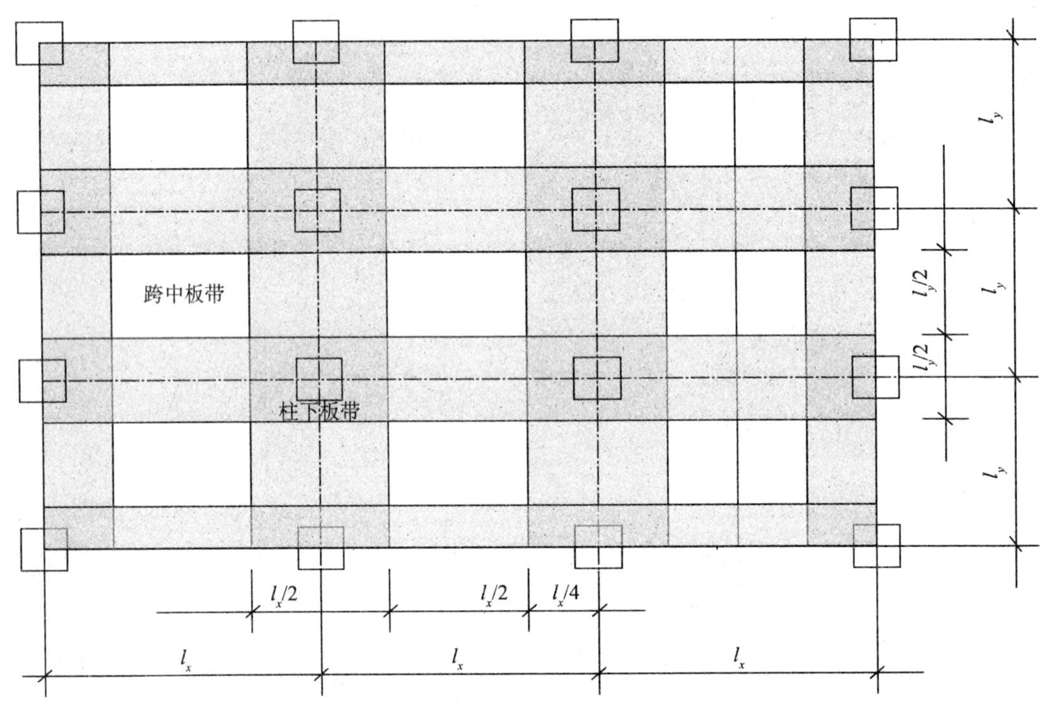

图 4-5　倒楼盖法计算简图

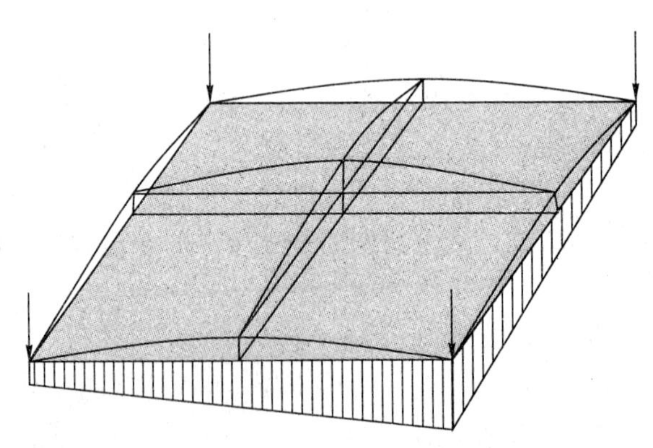

图 4-6　倒楼盖法一个区格变形示意

2)梁板式筏形基础

梁板式筏形基础可按倒置的肋梁楼盖计算，梁板式筏形基础是由板和梁共同组成，需分别计算梁的内力和板的内力。

(1)板的内力计算

梁板式筏形基础的筏板按柱网划分为板块，根据各板块长宽比分为双向板和单向板，见图 4-7,根据支撑条件又分为两边固定,两边简支;一边固定,三边简支;三边固定,一边简支;四边固定等不同的边界条件,通过查阅相关手册,用弯矩系数的查表法确定跨中弯矩和支座弯矩,再根据弯矩配筋。

需要注意的是基础筏板与上部结构梁板的不同之处是受力方向不同,配筋的位置也不同,基础筏板跨中最大弯矩在板的上部,承受弯矩的主筋布置在板的上面,基础筏板支座处承受弯矩的主筋布置在板的下面。

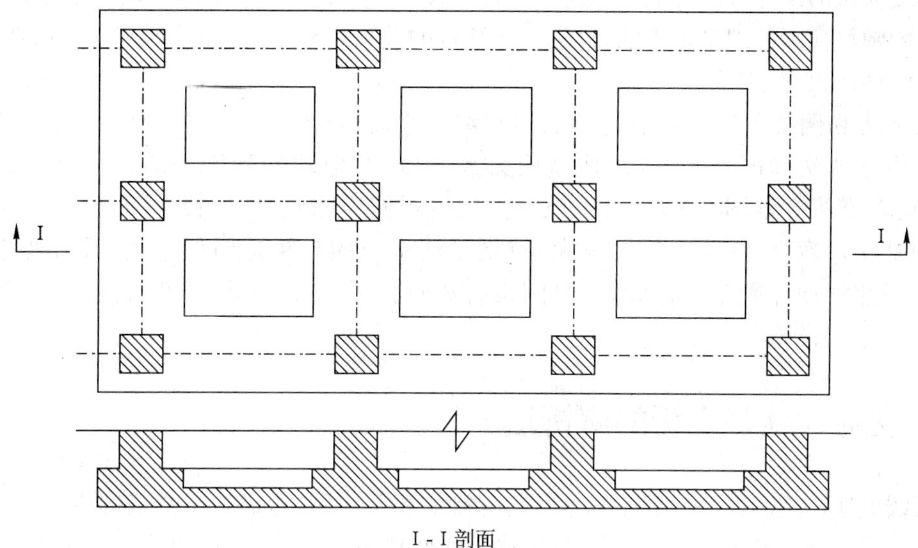

I-I 剖面

图 4-7　肋梁式筏板基础

(2)基础梁的内力计算

计算梁的内力需要考虑荷载分配问题,可将地基筏板上的荷载沿板角 45°分角线划分范围,分别由纵横方向的梁承担。如图 4-8 所示,$l_x > l_y$,所以 x 方向上的梁承担梯形荷载,y 方向上的梁承担三角形荷载,荷载确定后可按条形基础的倒梁法计算梁的内力。

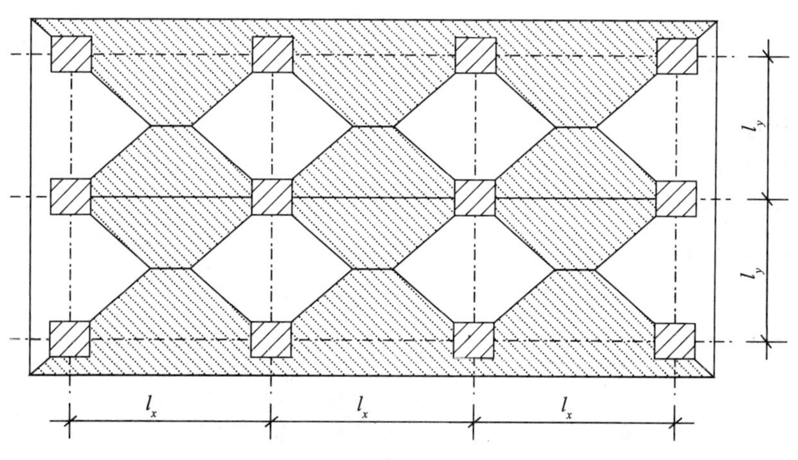

图 4-8　梁上荷载分配

按倒楼盖法的计算结果还应做适当修正。《高层建筑筏形与箱形基础技术规范》(JGJ 6—2011)6.2.12 中指出：当梁板式筏基的基底反力按直线分布计算时，其基础梁内力可按连续梁分析，边跨的跨中弯矩以及第一内支座的弯矩值宜乘以 1.2 的增大系数。考虑到整体弯矩的影响，梁板式筏基的底板和基础梁的配筋除应满足计算要求外，基础梁和底板的顶部跨中钢筋应按实际配筋全部连通，纵横方向的底部支座钢筋尚应有 1/3 贯通全跨。底板上下贯通钢筋的配筋率均不应小于 0.15%。

倒楼盖法的设计方法与上部结构的楼盖设计相同，其中结构力学的单向板或双向板计算表是由弹性薄板的理论求出的，对于上部结构的楼板比较合适，若筏形基础的板厚较厚，应考虑弹性薄板理论的适用性。

板条法和倒楼盖法均假设地基反力直线分布，这两种计算方法分别相当于条形基础的静力平衡法和倒梁法，虽然地基反力是一致的，但这两种方法的弯矩计算值相差甚远(见本书第 8 章图 8-8)。对于地基上的筏板同样如此，划分板条后，按静力平衡法求出的是整体弯矩，最大弯矩值较大，按倒梁法求出的弯矩是局部弯矩，最大弯矩值较小。倒楼盖法同样固定了柱脚，柱脚间没有相对位移，求出的是局部弯矩，跨中最大弯矩值较小。

4.2 文克尔地基上板的解析法

直线分布的地基反力没有考虑地基与基础的相互作用，考虑地基与基础相互作用的方法为文克尔弹性地基上的板。设筏形基础为弹性薄板，这是搁置在弹性地基上的薄板，弹性地基上板的微分方程为：

$$D\left(\frac{\partial^4 \omega}{\partial x^4} + 2\frac{\partial^4 \omega}{\partial x^2 \partial y^2} + \frac{\partial^4 \omega}{\partial y^4}\right) = q(x,y) - p(x,y) \tag{4-9}$$

式中：$q(x,y)$——板上的分布荷载；

$p(x,y)$——地基反力；

D——基础板截面的抗弯刚度。

$$D = \frac{Et^3}{12(1-\upsilon^2)} \tag{4-10}$$

式中：t——板厚；

E——板的弹性模量；

υ——板的泊松比。

式(4-9)可简写为：

$$D\,\nabla^2\nabla^2\omega = q - p \tag{4-11}$$

其中拉氏算子 ∇^2 为：

$$\nabla^2 = \frac{\partial^2}{\partial^2 x} + \frac{\partial^2}{\partial^2 y} \tag{4-12}$$

由弹性力学可知，直角坐标系下用挠度 ω 表示板的内力弯矩、扭矩、剪力分别为：

$$
\left.\begin{aligned}
M_x &= -D\left(\frac{\partial^2\omega}{\partial x^2}+\upsilon\frac{\partial^2\omega}{\partial y^2}\right)\\
M_y &= -D\left(\upsilon\frac{\partial^2\omega}{\partial x^2}+\frac{\partial^2\omega}{\partial y^2}\right)\\
M_{xy} &= M_{yx} = -D(1-\upsilon)\frac{\partial^2\omega}{\partial x\partial y}\\
Q_x &= -D\frac{\partial}{\partial x}\left(\frac{\partial^2\omega}{\partial x^2}+\frac{\partial^2\omega}{\partial y^2}\right)\\
Q_y &= -D\frac{\partial}{\partial y}\left(\frac{\partial^2\omega}{\partial x^2}+\frac{\partial^2\omega}{\partial y^2}\right)
\end{aligned}\right\} \tag{4-13}
$$

在板的边界处，把矩形板边界上的剪力和扭矩简化为等效剪力 V，根据边界条件可得：

$$
\left.\begin{aligned}
V_x &= Q_x+\frac{\partial M_{yx}}{\partial y} = -D\left(\frac{\partial^3\omega}{\partial x^3}+(2-\upsilon)\frac{\partial^3\omega}{\partial y^2\partial x}\right)\\
V_y &= Q_y+\frac{\partial M_{xy}}{\partial x} = -D\left(\frac{\partial^3\omega}{\partial y^3}+(2-\upsilon)\frac{\partial^3\omega}{\partial y\partial x^2}\right)
\end{aligned}\right\} \tag{4-14}
$$

4.2.1 集中荷载

1)无限大板

集中荷载作用下的无限大板属轴对称问题，式(4-12)用极坐标表示为：

$$
\nabla^2=\frac{\partial^2}{\partial r^2}+\frac{1}{r}\frac{\partial}{\partial r}+\frac{1}{r^2}\frac{\partial^2}{\partial \theta^2} \tag{4-15}
$$

用极坐标表示的板的基本方程是：

$$
\left(\frac{\partial^2}{\partial r^2}+\frac{1}{r}\frac{\partial}{\partial r}+\frac{1}{r^2}\frac{\partial^2}{\partial \theta^2}\right)^2\omega(r,\theta)+\frac{p(r,\theta)}{D}=\frac{q(r,\theta)}{D} \tag{4-16}
$$

由弹性力学可知，在极坐标系下用挠度 ω 表示板的内力弯矩、扭矩、剪力分别为：

$$
\left.\begin{aligned}
M_r &= -D\left[\frac{\partial^2\omega}{\partial r^2}+\upsilon\left(\frac{1}{r}\frac{\partial\omega}{\partial r}+\frac{1}{r^2}\frac{\partial^2\omega}{\partial\theta^2}\right)\right]\\
M_\theta &= -D\left[\left(\frac{1}{r}\frac{\partial\omega}{\partial r}+\frac{1}{r^2}\frac{\partial^2\omega}{\partial\theta^2}\right)+\upsilon\frac{\partial^2\omega}{\partial r^2}\right]\\
M_{r\theta} &= M_{\theta r} = -D(1-\upsilon)\left(\frac{1}{r}\frac{\partial^2\omega}{\partial r\partial\theta}-\frac{1}{r^2}\frac{\partial\omega}{\partial\theta}\right)\\
Q_r &= -D\frac{\partial}{\partial r}(\nabla^2\omega)\\
Q_\theta &= -D\frac{1}{r}\frac{\partial}{\partial\theta}(\nabla^2\omega)
\end{aligned}\right\} \tag{4-17}
$$

反力：

$$
\left.\begin{aligned}
V_r &= Q_r+\frac{1}{r}\frac{\partial M_{r\theta}}{\partial\theta}\\
V_\theta &= Q_\theta+\frac{\partial M_{r\theta}}{\partial r}
\end{aligned}\right\} \tag{4-18}
$$

轴对称弯曲问题：

$$\left.\begin{aligned}M_r &= -D\left(\frac{\mathrm{d}^2\omega}{\mathrm{d}r^2}+\frac{\upsilon}{r}\frac{\mathrm{d}\omega}{\mathrm{d}r}\right)\\M_\theta &= -D\left(\frac{1}{r}\frac{\mathrm{d}\omega}{\mathrm{d}r}+\upsilon\frac{\mathrm{d}^2\omega}{\mathrm{d}r^2}\right)\\M_{r\theta} &= 0\\Q_r &= -D\frac{\mathrm{d}}{\mathrm{d}r}\nabla^2\omega\\Q_\theta &= 0\end{aligned}\right\} \tag{4-19}$$

反力：

$$\left.\begin{aligned}V_r &= Q_r\\V_\theta &= 0\end{aligned}\right\} \tag{4-20}$$

集中荷载作用下计算简图见图 4-9，此时分布荷载 $q=0$，式(4-16)可简化为：

$$\left(\frac{\mathrm{d}^2}{\mathrm{d}r^2}+\frac{1}{r}\frac{\mathrm{d}}{\mathrm{d}r}\right)^2\omega(r)+\frac{p(r)}{D}=0 \tag{4-21}$$

文克尔地基上作用的荷载 P 与地基变形 s 成正比，比例系数是基床系数 k，再考虑地基变形 s 与板挠度 ω 相等的变形协调条件，基底反力与挠度的关系为：

$$P=ks=k\omega \tag{4-22}$$

把式(4-22)代入式(4-21)得：

$$\left(\frac{\mathrm{d}^2}{\mathrm{d}r^2}+\frac{1}{r}\frac{\mathrm{d}}{\mathrm{d}r}\right)^2\omega(r)+\frac{k}{D}\omega(r)=0 \tag{4-23}$$

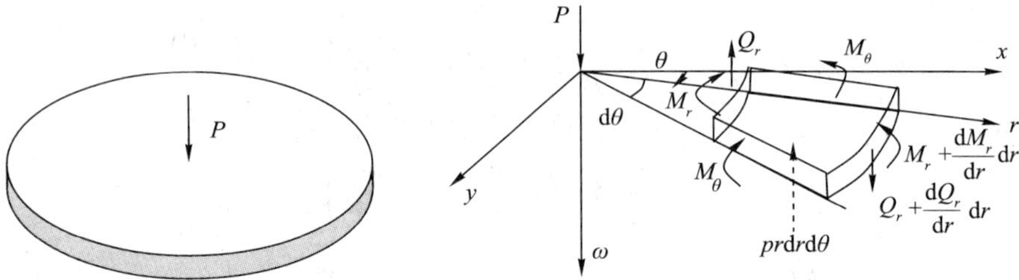

图 4-9　集中力作用下的无限大板

设有效刚度半径为 l：

$$l=\sqrt[4]{\frac{D}{k}} \tag{4-24}$$

把有效刚度半径 l 代入式(4-23)得：

$$\frac{\mathrm{d}^4\omega(r)}{\mathrm{d}r^4}+\frac{2}{r}\frac{\mathrm{d}^3\omega(r)}{\mathrm{d}r^3}+\frac{1}{r^2}\frac{\mathrm{d}^2\omega(r)}{\mathrm{d}r^2}+\frac{1}{l^4}\omega(r)=0 \tag{4-25}$$

设 $r=\xi l$，式(4-25)可改写为：

$$\frac{\mathrm{d}^4\omega(\xi)}{\mathrm{d}\xi^4}+\frac{2}{\xi}\frac{\mathrm{d}^3\omega(\xi)}{\mathrm{d}\xi^3}+\frac{1}{\xi^2}\frac{\mathrm{d}^2\omega(\xi)}{\mathrm{d}\xi^2}+\omega(\xi)=0 \tag{4-26}$$

整理为：

$$\left(\frac{\mathrm{d}^2}{\mathrm{d}\xi^2}+\frac{1}{\xi}\frac{\mathrm{d}}{\mathrm{d}\xi}\right)^2\omega(\xi)+\omega(\xi)=0 \tag{4-27}$$

式(4-27)可以写成两个有复变量的二阶常微分方程：

$$\frac{d^2\omega(\xi)}{d\xi^2}+\frac{1}{\xi}\frac{d\omega(\xi)}{d\xi}\pm i\omega(\xi)=0 \tag{4-28}$$

微分方程(4-28)的通解为[5]：

$$\omega(\xi)=C_1Z_1(\xi)+C_2Z_2(\xi)+C_3Z_3(\xi)+C_4Z_4(\xi) \tag{4-29}$$

式中：C_1,C_2,C_3,C_4 ——积分常数。

$$\begin{aligned} &Z_1(x)=ber_0(x), \qquad Z_2(x)=-bei_0(x) \\ &Z_3(x)=-\frac{2}{\pi}kei_0(x), \quad Z_4(x)=-\frac{2}{\pi}ker_0(x) \end{aligned} \tag{4-30}$$

式中，$ber_0(x)$，$bei_0(x)$，$kei_0(x)$，$ker_0(x)$ 是零阶 Kelvin 函数，计算公式详见参考文献[6]。

由式(4-29)、式(4-30)可得板的转角 $d\omega/(dr)$，弯矩 M_r，M_θ，剪力 Q_r 为：

$$\frac{d\omega}{dr}=\frac{1}{l}[C_1Z_1'(\xi)+C_2Z_2'(\xi)+C_3Z_3'(\xi)+C_4Z_4'(\xi)] \tag{4-31a}$$

$$M_r=-\frac{D}{l^2}\left\{\begin{aligned}&C_1Z_2(\xi)-C_2Z_1(\xi)+C_3Z_4(\xi)-C_4Z_3(\xi)- \\ &\frac{1}{\xi}(1-\upsilon)[C_1Z_1'(\xi)+C_2Z_2'(\xi)+C_3Z_3'(\xi)+C_4Z_4'(\xi)]\end{aligned}\right\} \tag{4-31b}$$

$$M_\theta=-\frac{D}{l^2}\left\{\begin{aligned}&\upsilon[C_1Z_2(\xi)-C_2Z_1(\xi)+C_3Z_4(\xi)-C_4Z_3(\xi)]+ \\ &\frac{1}{\xi}(1-\upsilon)[C_1Z_1'(\xi)+C_2Z_2'(\xi)+C_3Z_3'(\xi)+C_4Z_4'(\xi)]\end{aligned}\right\} \tag{4-31c}$$

$$Q_r=-\frac{D}{l^3}[C_1Z_2'(\xi)-C_2Z_1'(\xi)+C_3Z_4'(\xi)-C_4Z_3'(\xi)] \tag{4-31d}$$

根据边界条件可得 $C_1=C_2=C_4=0$，$C_3=\frac{Pl^2}{4D}$，代入公式(4-29)得：

$$\omega=\frac{Pl^2}{4D}Z_3(\xi) \tag{4-32a}$$

求得弯矩、剪力分别为：

$$M_r=-\frac{P}{4}\left[Z_4(\xi)-\frac{1-\upsilon}{\xi}Z_3'(\xi)\right] \tag{4-32b}$$

$$M_\theta=-\frac{P}{4}\left[\upsilon Z_4(\xi)+\frac{1-\upsilon}{\xi}Z_3'(\xi)\right] \tag{4-32c}$$

$$Q_r=-\frac{P}{4l}Z_4'(\xi) \tag{4-32d}$$

函数 $Z_3(\xi)$，$Z_3'(\xi)$，$Z_4(\xi)$，$Z_4'(\xi)$ 根据式(4-30)计算，亦可根据 ξ 值查图 4-10。

根据式(4-32)绘出的挠度、弯矩、剪力见图 4-11，变化规律与弹性地基梁内力、变形图(本书图 3-9)相似。地基反力分布图与挠度 ω 图相似，因为 $p=k\omega$。

2)有限大板

与梁的计算类似，板的计算也可以用叠加的方法求得近似解。求解步骤为：

(1)假想筏板为无限大，求无限大板在外荷载作用下，在实际板边界处的内力。

(2)对于假想的无限大板，在板的边界处施加与上一步求出的内力大小相等，方向相反的外荷载。

(3)叠加无限大板在外荷载和板端荷载共同作用下,在板的各计算点处产生的内力。

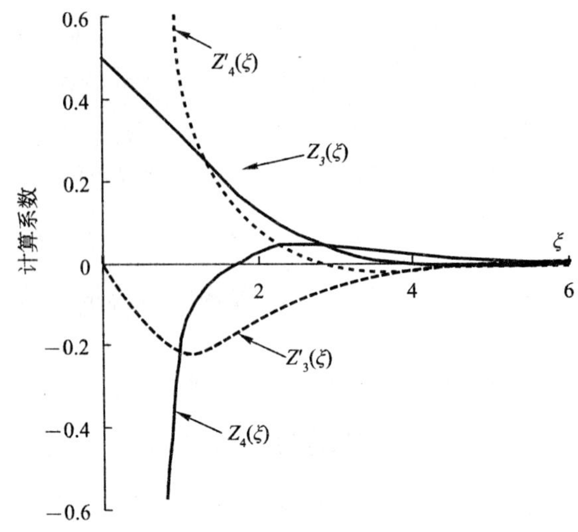

图 4-10　弯矩、剪力计算系数图

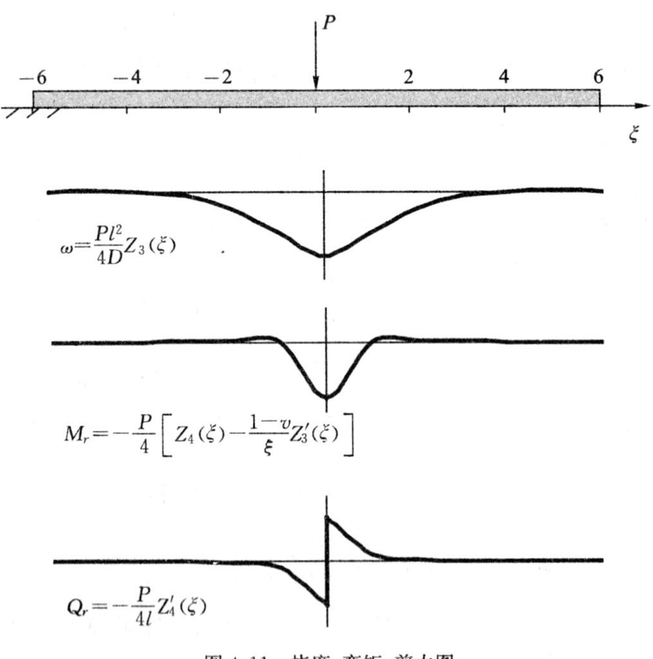

图 4-11　挠度、弯矩、剪力图

4.2.2　分布荷载

1)四边简支

文克尔地基上有限大弹性薄板,由公式(4-9)得弹性地基上板的微分方程为:

$$D\left(\frac{\partial^4 \omega}{\partial x^4}+2\frac{\partial^4 \omega}{\partial x^2 \partial y^2}+\frac{\partial^4 \omega}{\partial y^4}\right)+k\omega=q \tag{4-33}$$

设板的面积为 $a\times b$,见图 4-12,文克尔地基上,分布荷载 $q(x,y)$ 作用下,四边简支条件下板挠度的纳维解为：

$$\omega(x,y)=\sum_{m=1}^{\infty}\sum_{n=1}^{\infty}\frac{\frac{4}{ab}\int_0^a\int_0^b q(x,y)\sin\left(\frac{m\pi}{a}x\right)\sin\left(\frac{n\pi}{b}y\right)\mathrm{d}y\mathrm{d}x}{D\pi^4\left(\frac{m^2}{a^2}+\frac{n^2}{b^2}\right)^2+k}\sin\left(\frac{m\pi}{a}x\right)\sin\left(\frac{n\pi}{b}y\right)\tag{4-34}$$

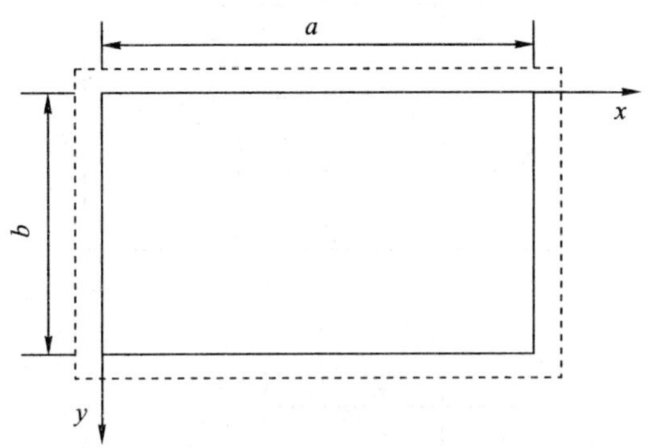

图 4-12　四边简支矩形基础板计算简图

根据上式可求得均布荷载 $q=q_0$ 作用下板的挠度为：

$$\omega(x,y)=\frac{16q_0}{\pi^2}\sum_{m=1,3,5,\cdots}^{\infty}\sum_{n=1,3,5,\cdots}^{\infty}\frac{1}{mn\left[D\pi^4\left(\frac{m^2}{a^2}+\frac{n^2}{b^2}\right)^2+k\right]}\sin\left(\frac{m\pi}{a}x\right)\sin\left(\frac{n\pi}{b}y\right)\tag{4-35}$$

根据式(4-35)绘出四边简支矩形基础板挠度见图 4-13，再根据式(4-17)可求出相应内力。

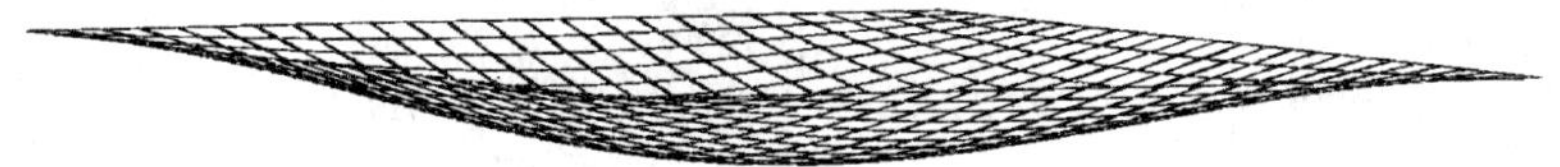

图 4-13　四边简支矩形基础板挠度示意图

2)四边自由矩形板

四边自由的矩形板上作用均布荷载见图 4-14，荷载 q_1 作用面积为 $A_1=ab$，荷载 q_2 作用面积为 $A_2=a'b'$，其中 a，b 分别是板的长、宽，科罗年柯给出了挠度解：

$$\omega(x,y)=\omega_0+\sum_{m=0}^{\infty}\sum_{n=0}^{\infty}C_{mn}K_m(x)K_n(y)\tag{4-36}$$

式中：ω_0——板的平均沉降；

C_{mn}——待定系数。

当 m 或 n 为偶数时，函数图形对称，当 m 或 n 为奇数时，函数图形反对称，当板上荷载对称时，m 或 n 取偶数项，反之取奇数项。

$$\omega_0=\frac{q_1ab+q_2a'b'}{kab}\tag{4-37a}$$

$$K_m(x)=\cos\frac{m\pi}{a}x-\frac{2(m+2)}{m+3}\cos\frac{(m+2)\pi}{a}x+\frac{m+1}{m+3}\cos\frac{(m+4)\pi}{a}x\tag{4-37b}$$

$$K_n(y)=\cos\frac{n\pi}{b}y-\frac{2(n+2)}{n+3}\cos\frac{(n+2)\pi}{b}y+\frac{n+1}{n+3}\cos\frac{(n+4)\pi}{b}y \tag{4-37c}$$

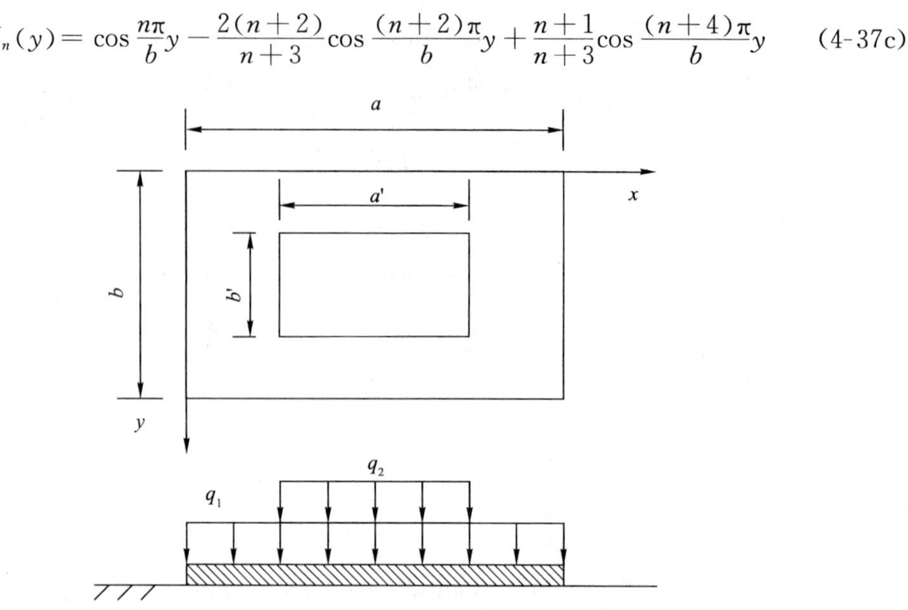

图 4-14 四边自由矩形基础板计算简图

求挠度解公式(4-36)中的待定系数 C_{mn} 时，由变分法得以下方程组：

$$\iint_A (D\nabla^4\omega+k\omega-q)K_i(x)K_j(y)\mathrm{d}x\mathrm{d}y=0 \qquad (i=1,\cdots,n;j=1,\cdots,m) \tag{4-38}$$

式中，积分区域 A 是荷载面积，把式(4-36)代入式(4-38)并整理得：

$$\iint_A \{D\nabla^4[\omega_0+\sum_{m=0}^{\infty}\sum_{n=0}^{\infty}C_{mn}K_m(x)K_n(y)]+k[\omega_0+\sum_{m=0}^{\infty}\sum_{n=0}^{\infty}C_{mn}K_m(x)K_n(y)]\}$$

$$K_i(x)K_j(y)\mathrm{d}x\mathrm{d}y=\iint_A qK_i(x)K_j(y)\mathrm{d}x\mathrm{d}y \tag{4-39}$$

整理式(4-39)得：

$$\iint_A \{D\nabla^4[\sum_{m=0}^{\infty}\sum_{n=0}^{\infty}C_{mn}K_m(x)K_n(y)]+k[\sum_{m=0}^{\infty}\sum_{n=0}^{\infty}C_{mn}K_m(x)K_n(y)]\}K_i(x)K_j(y)\mathrm{d}x\mathrm{d}y$$

$$=\iint_A (q-k\omega_0)K_i(x)K_j(y)\mathrm{d}x\mathrm{d}y \tag{4-40}$$

对于对称荷载，若在公式(4-40)中近似取前两项，即 $m=0,2$，$n=0,2$，则式(4-40)可写成：

$$\begin{bmatrix}\delta_{0000} & \delta_{0002} & \delta_{0020} & \delta_{0022}\\ \delta_{0200} & \delta_{0202} & \delta_{0220} & \delta_{0222}\\ \delta_{2000} & \delta_{2002} & \delta_{2020} & \delta_{2022}\\ \delta_{2200} & \delta_{2202} & \delta_{2220} & \delta_{2222}\end{bmatrix}\begin{Bmatrix}C_{00}\\ C_{02}\\ C_{20}\\ C_{22}\end{Bmatrix}=\begin{Bmatrix}\Delta q_{00}\\ \Delta q_{02}\\ \Delta q_{20}\\ \Delta q_{22}\end{Bmatrix} \tag{4-41}$$

其中系数：

$$\delta_{ijmn}=\iint D\nabla^4[K_m(x)K_n(y)]K_i(x)K_j(y)\mathrm{d}x\mathrm{d}y+k\iint K_m(x)K_n(y)K_i(x)K_j(y)\mathrm{d}x\mathrm{d}y \tag{4-42}$$

$$\Delta q_{ij}=\iint_A (q-k\omega_0)K_i(x)K_j(y)\mathrm{d}x\mathrm{d}y \tag{4-43}$$

根据式(4-41)求出待定系数 C_{mn} ,再代入式(4-36)即可求出文克尔地基上四边自由薄板的挠度,根据公式(4-36)计算的四边自由矩形基础板挠度见图 4-15。

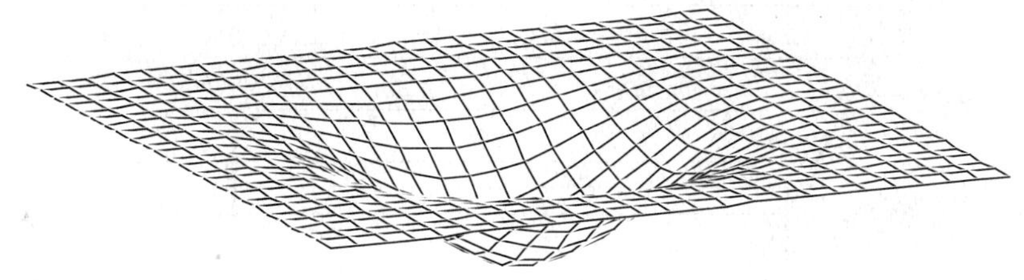

图 4-15　四边自由矩形基础板挠度示意

4.3　有限差分法

4.3.1　板的微分方程

由式(4-9)可知文克尔地基上弹性薄板的偏微分方程为:

$$\frac{\partial^4 \omega}{\partial x^4}+2\frac{\partial^4 \omega}{\partial x^2 \partial y^2}+\frac{\partial^4 \omega}{\partial y^4}=\frac{q-k\omega}{D} \tag{4-44}$$

4.3.2　板的差分方程

有限差分法是微分方程的一种近似数值解法,不是寻求函数式的解答,而是求函数在一些网格结点上的数值。该方法是用差分方程近似代替微分方程,用差商近似代替导数,把求解微分方程转化为求解线性方程组,未知数是函数在网格各结点的数值。

设连续函数 $\omega(x,y)$ 是弹性薄板的挠度,代替式(4-44)的差分方程为:

$$\frac{\Delta_x^4 \omega}{\Delta x^4}+2\frac{\Delta_{xy}^4 \omega}{\Delta x^2 \Delta y^2}+\frac{\Delta_y^4 \omega}{\Delta y^4}=\frac{q-k\omega}{D} \tag{4-45}$$

在式(4-45)中需要用挠度表示偏差分 $\frac{\Delta_x^4 \omega}{\Delta x^4}$, $\frac{\Delta_{xy}^4 \omega}{\Delta x^2 \Delta y^2}$, $\frac{\Delta_y^4 \omega}{\Delta y^4}$,计算简图见图 4-16。有限差分法把矩形板划分成矩形网格,设每个网格的面积是 $\Delta x \cdot \Delta y = mh \cdot h$,当 $m=1$ 时为正方形网格。

弹性薄板的挠度为 $\omega(x,y)$,在临近结点 i 处,函数 $\omega(x,y)$ 可以展开为泰勒级数:

$$\omega_x=\omega_i+\left(\frac{\partial \omega}{\partial x}\right)_i(x-x_i)+\frac{1}{2!}\left(\frac{\partial^2 \omega}{\partial x^2}\right)_i(x-x_i)^2+\frac{1}{3!}\left(\frac{\partial^3 \omega}{\partial x^3}\right)_i(x-x_i)^3+\cdots \tag{4-46}$$

分别把 $x=i-1$, $x=i+1$ 代入式(4-46)得:

$$\omega_{i-1}=\omega_i+\left(\frac{\partial \omega}{\partial x}\right)_i(x_{i-1}-x_i)+\frac{1}{2!}\left(\frac{\partial^2 \omega}{\partial x^2}\right)_i(x_{i-1}-x_i)^2+\frac{1}{3!}\left(\frac{\partial^3 \omega}{\partial x^3}\right)_i(x_{i-1}-x_i)^3+\cdots \tag{4-47a}$$

$$\omega_{i+1}=\omega_i+\left(\frac{\partial \omega}{\partial x}\right)_i(x_{i+1}-x_i)+\frac{1}{2!}\left(\frac{\partial^2 \omega}{\partial x^2}\right)_i(x_{i+1}-x_i)^2+\frac{1}{3!}\left(\frac{\partial^3 \omega}{\partial x^3}\right)_i(x_{i+1}-x_i)^3+\cdots \tag{4-47b}$$

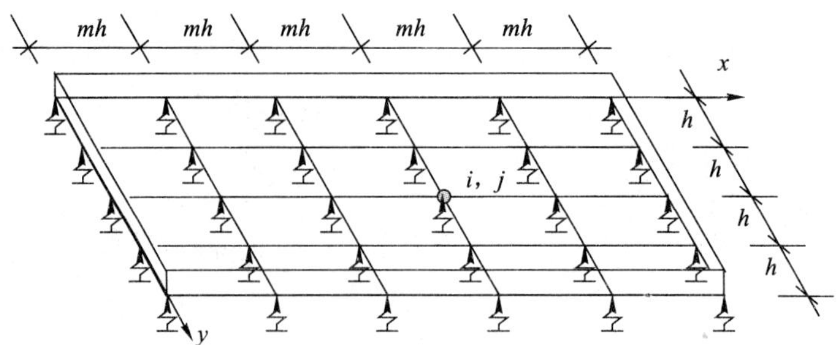

图 4-16　有限差分法计算简图

设 $m=1$，把 $x_{i-1}-x=-h$，$x_{i+1}-x=h$ 分别代入式(4-47a)和式(4-47b)，并取公式的前两项得：

$$\left.\begin{aligned}\omega_{i-1}\approx\omega_i-\left(\frac{\partial\omega}{\partial x}\right)_i h\\ \omega_{i+1}\approx\omega_i+\left(\frac{\partial\omega}{\partial x}\right)_i h\end{aligned}\right\}\tag{4-48}$$

由式(4-48)得：

$$\left.\begin{aligned}\left(\frac{\partial\omega}{\partial x}\right)_i=\frac{\omega_i-\omega_{i-1}}{h}\quad\text{向前差分}\\ \left(\frac{\partial\omega}{\partial x}\right)_i=\frac{\omega_{i+1}-\omega_i}{h}\quad\text{向后差分}\end{aligned}\right\}\tag{4-49}$$

把 $x_{i-1}-x=-h$，$x_{i+1}-x=h$ 分别代入式(4-47a)和式(4-47b)，取公式的前 3 项得：

$$\left.\begin{aligned}\omega_{i-1}\approx\omega_i-\left(\frac{\partial\omega}{\partial x}\right)_i h+\frac{1}{2!}\left(\frac{\partial^2\omega}{\partial x^2}\right)_i h^2\\ \omega_{i+1}\approx\omega_i+\left(\frac{\partial\omega}{\partial x}\right)_i h+\frac{1}{2!}\left(\frac{\partial^2\omega}{\partial x^2}\right)_i h^2\end{aligned}\right\}\tag{4-50}$$

上两式相减，整理得中心差分：

$$\left(\frac{\partial\omega}{\partial x}\right)_i=\frac{\omega_{i+1}-\omega_{i-1}}{2h}\tag{4-51}$$

两式相加，整理得：

$$\left(\frac{\partial^2\omega}{\partial x^2}\right)_i=\frac{\omega_{i+1}+\omega_{i-1}-2\omega_i}{h^2}\tag{4-52}$$

同理可得：

$$\left(\frac{\partial^3\omega}{\partial x^3}\right)_i=\frac{1}{2h^3}(\omega_{i+2}-2\omega_{i+1}+2\omega_{i-1}-\omega_{i-2})\tag{4-53}$$

$$\left(\frac{\partial^4\omega}{\partial x^4}\right)_i=\frac{1}{h^4}(\omega_{i+2}-4\omega_{i+1}+6\omega_i-4\omega_{i-1}+\omega_{i-2})\tag{4-54}$$

y 方向以 j 为中心得：

$$\left(\frac{\partial^2\omega}{\partial y^2}\right)_j=\frac{\omega_{j+1}+\omega_{j-1}-2\omega_j}{h^2}\tag{4-55}$$

$$\left(\frac{\partial^2\omega}{\partial x\partial y}\right)_j=\frac{1}{4h^2}\left[(\omega_{i+1}^{j+1}+\omega_{i-1}^{j-1})-(\omega_{i+1}^{j-1}+\omega_{i-1}^{j+1})\right]\tag{4-56}$$

$$\left(\frac{\partial^3 \omega}{\partial y^3}\right)_j = \frac{1}{2h^3}(\omega_{j+2} - 2\omega_{j+1} + 2\omega_{j-1} - \omega_{j-2}) \tag{4-57}$$

$$\left(\frac{\partial^4 \omega}{\partial y^4}\right)_j = \frac{1}{h^4}(\omega_{j+2} - 4\omega_{j+1} + 6\omega_j - 4\omega_{j-1} + \omega_{j-2}) \tag{4-58}$$

$$\left(\frac{\partial^4 \omega}{\partial x^2 \partial y^2}\right)_i = \frac{1}{h^4}[4\omega_i^j - 2(\omega_{i-1}^j + \omega_{i+1}^j + \omega_i^{j-1} + \omega_i^{j+1}) + (\omega_{i+1}^{j+1} + \omega_{i+1}^{j-1} + \omega_{i-1}^{j+1} + \omega_{i-1}^{j-1})] \tag{4-59}$$

若按图 4-17 进行结点编号，设式(4-51)～式(4-59)中 i,j 编号为零，整理可得：

$$\left(\frac{\partial^4 \omega}{\partial x^4}\right)_0 = \frac{1}{h^4}(\omega_9 - 4\omega_1 + 6\omega_0 - 4\omega_3 + \omega_{11}) \tag{4-60}$$

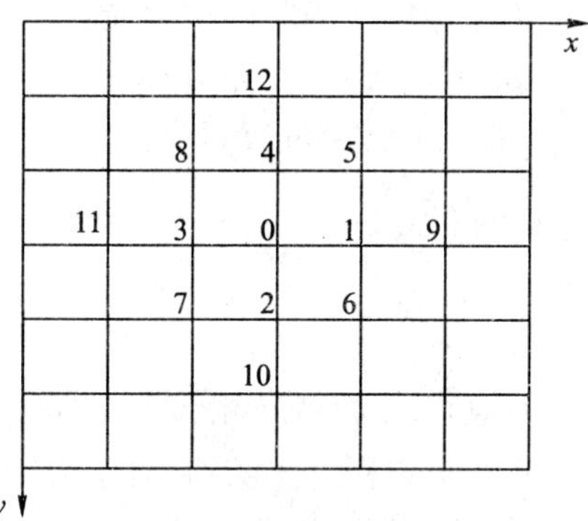

图 4-17 有限差分法结点编号

$$\left(\frac{\partial^4 \omega}{\partial y^4}\right)_0 = \frac{1}{h^4}(\omega_{12} - 4\omega_4 + 6\omega_0 - 4\omega_2 + \omega_{10}) \tag{4-61}$$

$$\left(\frac{\partial^3 \omega}{\partial x^2 \partial y}\right)_0 = \frac{1}{2h^3}[\omega_6 + \omega_7 - \omega_5 - \omega_8 + 2(\omega_4 - \omega_2)] \tag{4-62}$$

$$\left(\frac{\partial^3 \omega}{\partial x \partial y^2}\right)_0 = \frac{1}{2h^3}[\omega_5 + \omega_6 - \omega_7 - \omega_8 + 2(\omega_3 - \omega_1)] \tag{4-63}$$

$$\left(\frac{\partial^4 \omega}{\partial x^2 \partial y^2}\right)_0 = \frac{1}{h^4}[4\omega_0 - 2(\omega_3 + \omega_1 + \omega_2 + \omega_4) + (\omega_5 + \omega_6 + \omega_8 + \omega_7)] \tag{4-64}$$

同理，内力公式(4-13)可表示为：

$$\left.\begin{aligned}
(M_x)_0 &= -\frac{D}{h^2}[\omega_1 + \omega_3 - 2\omega_0 + \upsilon(\omega_2 + \omega_4 - 2\omega_0)] \\
(M_y)_0 &= -\frac{D}{h^2}[\upsilon(\omega_1 + \omega_3 - 2\omega_0) + \omega_2 + \omega_4 - 2\omega_0] \\
(M_{xy})_0 &= (M_{yx})_0 = -\frac{D(1-\upsilon)}{4h^2}(-\omega_5 - \omega_7 + \omega_6 + \omega_8) \\
(Q_x)_0 &= \frac{D}{2h^3}[4(\omega_1 - \omega_3) - \omega_5 - \omega_6 + \omega_7 + \omega_8 - \omega_9 + \omega_{11}] \\
(Q_y)_0 &= \frac{D}{2h^3}[4(\omega_2 - \omega_4) + \omega_5 - \omega_6 - \omega_7 + \omega_8 - \omega_{10} + \omega_{12}]
\end{aligned}\right\} \tag{4-65}$$

式(4-14)可表示为：

$$\left.\begin{aligned}(V_x)_0&=-\frac{D}{2h^3}[\omega_9-2\omega_1+2\omega_3-\omega_{11}+(2-\upsilon)(\omega_5+\omega_6-\omega_7-\omega_8+2\omega_3-2\omega_1)]\\(V_y)_0&=-\frac{D}{2h^3}[\omega_{10}-2\omega_2+2\omega_4-\omega_{12}+(2-\upsilon)(\omega_6+\omega_7-\omega_5-\omega_8+2\omega_4-2\omega_2)]\end{aligned}\right\}\tag{4-66}$$

把式(4-60)、式(4-61)和式(4-64)代入差分方程(4-45)，用结点挠度表示的差分方程(4-45)为：

$$20\omega_0-8(\omega_1+\omega_2+\omega_3+\omega_4)+2(\omega_5+\omega_6+\omega_7+\omega_8)+\omega_9+\omega_{10}+\omega_{11}+\omega_{12}=\frac{h^4}{D}(q-k\omega_0)\tag{4-67a}$$

设结点集中地基反力 $P=K\omega$，内结点集中基床系数 $K=h^2k$，边结点 $K=h^2k/2$，角结点 $K=h^2k/4$。结点集中荷载 $P_0=qA$，A 是分布荷载作用面积，内结点 $A=h^2$，边结点 $A=h^2/2$，角结点 $A=h^2/4$，式(4-67a)可改写为：

$$\left(20+\frac{Kh^2}{D}\right)\omega_0-8(\omega_1+\omega_2+\omega_3+\omega_4)+2(\omega_5+\omega_6+\omega_7+\omega_8)+\omega_9+\omega_{10}+\omega_{11}+\omega_{12}=\frac{h^2}{D}P_0\tag{4-67b}$$

公式(4-67)是以计算点 0 为中心，用自身及相邻 12 个点的挠度表示的差分方程。若划分的地基板有 k 个结点则可建立 k 个方程。注意到，对于边结点建立的差分方程中包含位于板外的虚结点，这时需要用边界条件消去虚结点位移。

网格结点分类见图 4-18，分为中间结点 A，边和角结点 B、C、D、E、F。

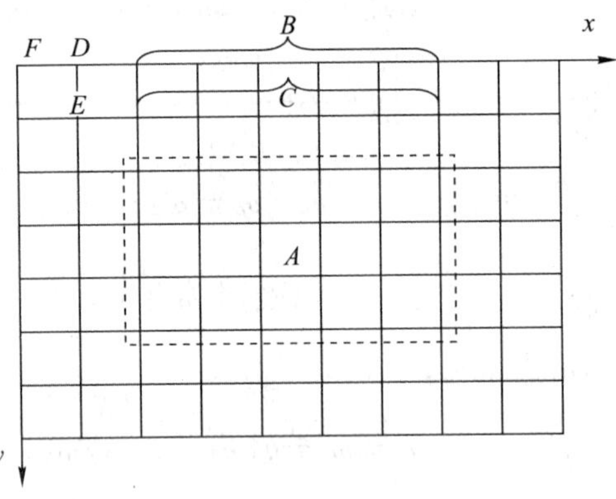

图 4-18 结点分类

边结点 B 见图 4-19a)，对 0 点建立的差分方程中包含虚结点 4、5、8、12，根据式(4-65)、式(4-66)中 $M_y=0$，$V_y=0$ 的边界条件得：

$$\left.\begin{aligned}M_y|_0&=2(1+\upsilon)\omega_0-(\omega_2+\omega_4)-\upsilon(\omega_1+\omega_3)=0\\M_y|_1&=2(1+\upsilon)\omega_1-(\omega_5+\omega_6)-\upsilon(\omega_0+\omega_9)=0\\M_y|_3&=2(1+\upsilon)\omega_3-(\omega_7+\omega_8)-\upsilon(\omega_0+\omega_{11})=0\\V_y|_0&=\omega_{10}-\omega_{12}+6(\omega_4-\omega_2)+2(\omega_6+\omega_7-\omega_5-\omega_8)-\\&\quad(\omega_6+\omega_7-\omega_5-\omega_8+2\omega_4-2\omega_2)\upsilon=0\end{aligned}\right\}\tag{4-68}$$

根据上式求出用实际结点表示的虚结点 ω_8，ω_4，ω_5，ω_{12}，再代入 0 点的差分方程得：

$$(8-4\upsilon-3\upsilon^2)\omega_0+(-4+2\upsilon+2\upsilon^2)(\omega_1+\omega_3)+(2-\upsilon)(\omega_6+\omega_7)+\frac{(1-\upsilon^2)}{2}$$

$$(\omega_9+\omega_{11})+(2\upsilon-6)\omega_2+\omega_{10}=\frac{h^2}{D}(P_0-K\omega_0) \tag{4-69}$$

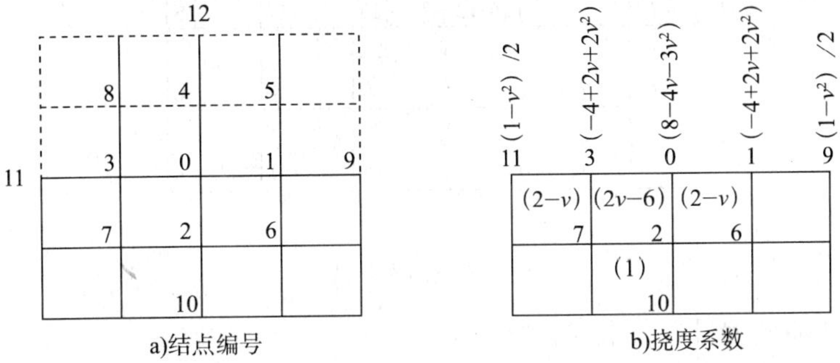

a)结点编号　　b)挠度系数

图 4-19　结点 B

用挠度系数表示式(4-69)见图 4-19b)。同理可求出其他结点的挠度系数见图 4-20。

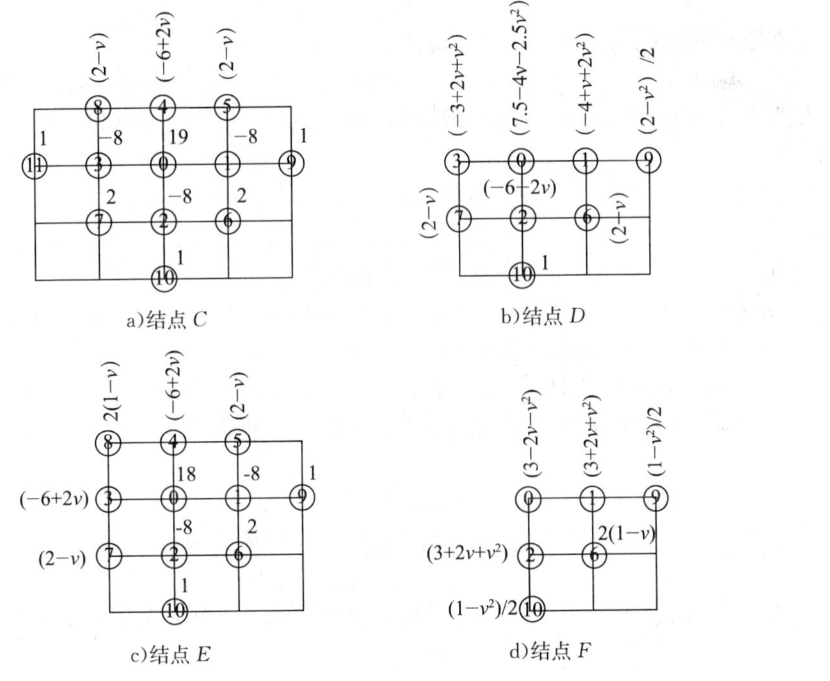

a)结点 C　　b)结点 D

c)结点 E　　d)结点 F

图 4-20　挠度系数

【例题 4-2】 弹性地基上的薄板划分为正方形网格见图 4-21，网格边长为 h，板的抗弯刚度为 D，基床系数为 k。

(1)试用已知结点 1～25 的结点位移表示图中虚结点 27、29 的结点位移。

(2)用有限差分法求弹性薄板在各结点处的挠度、弯矩和剪力。

解：(1)结点 11 是边界结点，有边界条件为 $(M_x)_{11}=0$，把此边界条件代入式(4-65)中的第一式：

$$(M_x)_0=-\frac{D}{h^2}[\omega_1+\omega_3-2\omega_0+\upsilon(\omega_2+\omega_4-2\omega_0)]=0$$

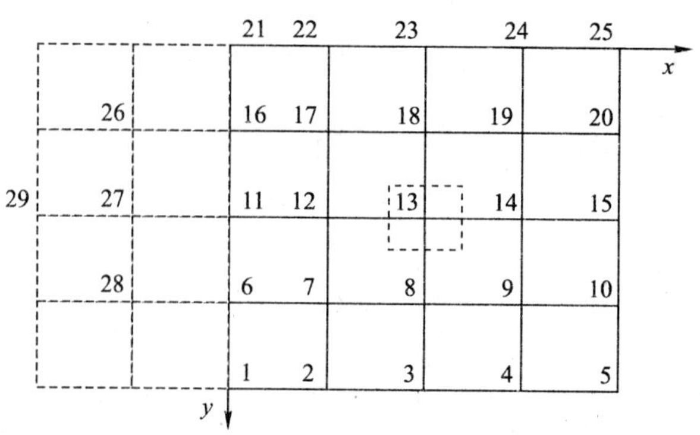

图 4-21 【例题 4-2】图

把本题中相应的编号代入上式，解得：

$$\omega_{27}=2\omega_{11}-\upsilon(\omega_{6}+\omega_{16}-2\omega_{11})-\omega_{12}$$

把结点 11 的边界条件 $(V_x)_{11}=0$ 代入式(4-66)的第一式：

$$(V_x)_0=-\frac{D}{2h^3}[\omega_9-2\omega_1+2\omega_3-\omega_{11}+(2-\upsilon)(\omega_5+\omega_6-\omega_7-\omega_8+2\omega_3-2\omega_1)]=0$$

把本题中相应的编号代入上式，得：

$$\omega_{29}=\omega_{13}-2\omega_{12}+2\omega_{27}+(2-\upsilon)(\omega_{17}+\omega_7-\omega_{28}-\omega_{26}+2\omega_{27}-2\omega_{12})$$

上式中含虚结点位移 ω_{26}、ω_{28}，根据结点 6 与结点 16 的边界条件 $(M_x)_6=0$，$(M_x)_{16}=0$，得：

$$\omega_{26}=2\omega_{16}-\upsilon(\omega_{11}+\omega_{21}-2\omega_{16})-\omega_{17}$$

$$\omega_{28}=2\omega_6-\upsilon(\omega_1+\omega_{11}-2\omega_6)-\omega_7$$

把 ω_{26}、ω_{27}、ω_{28} 代入上面 ω_{29} 的计算公式求得：

$$\omega_{29}=\omega_{13}+4(\upsilon-3)\omega_{12}+6(2+2\upsilon-\upsilon^2)\omega_{11}-4(1+2\upsilon-\upsilon^2)(\omega_6+\omega_{16})+(2-\upsilon)(2\omega_{17}+2\omega_7+\upsilon\omega_1+\upsilon\omega_{21})$$

(2)图 4-21 中的板划分了 25 个结点，建立以结点挠度为未知数的 25 元线性方程组。图中结点 13 是图 4-18 中的 A 类结点，设 $\beta=h^2/D$，根据公式(4-67)建立结点 13 的差分方程为：

$$(20+\beta K_{13})\omega_{13}-8(\omega_{14}+\omega_8+\omega_{12}+\omega_{18})+2(\omega_{19}+\omega_9+\omega_7+\omega_{17})+\omega_{15}+\omega_3+\omega_{11}+\omega_{23}=\beta P_{13}$$

图中的 25 个结点可建立 25 个方程，写成矩阵的形式为：

$$[A]_{25\times25}\{\omega\}_{25\times1}=\beta\{P\}_{25\times1} \tag{4-70}$$

式中：$[A]$——系数矩阵，其中的 K_i 是集中基床系数，对于文克尔地基模型 $K_i=ka_i$，a_i 是 i 结点分担的基础底板面积；

$\{\omega\}$——位移向量；

$\{P\}$——结点荷载矩阵。

解方程组(4-70)求位移，再根据式(4-65)求结点内力。在求内力时直接用公式也有虚结点的问题，同样利用边界条件消去虚结点位移。

例如求图 4-21 中结点 11 的弯矩和剪力，由式(4-65)、式(4-66)得：

$$\left.\begin{aligned}(M_y)_{11}&=-\frac{D}{h^2}[\upsilon(\omega_{12}+\omega_{27}-2\omega_{11})+\omega_6+\omega_{16}-2\omega_{11}]\\(V_y)_{11}&=-\frac{D}{2h^3}[\omega_1-2\omega_6+2\omega_{16}-\omega_{21}+(2-\upsilon)(\omega_7+\omega_{28}-\omega_{17}-\omega_{26}+2\omega_{16}-2\omega_6)]\end{aligned}\right\} \tag{4-71}$$

需要根据边界条件消去虚结点 26、27、28 的结点位移。边界条件是 $(M_x)_{16}=0$，$(M_x)_{11}=0$，$(M_x)_6=0$，即：

$$\left.\begin{aligned}(M_x)_{16}&=\omega_{17}+\omega_{26}-2\omega_{16}+\upsilon(\omega_{11}+\omega_{21}-2\omega_{16})=0\\(M_x)_{11}&=\omega_{12}+\omega_{27}-2\omega_{11}+\upsilon(\omega_{6}+\omega_{16}-2\omega_{11})=0\\(M_x)_{6}&=\omega_{7}+\omega_{28}-2\omega_{6}+\upsilon(\omega_{1}+\omega_{11}-2\omega_{6})=0\end{aligned}\right\}$$

由上式解出 ω_{26}、ω_{27}、ω_{28}，再代入式(4-71)即可求出结点 11 的弯矩和剪力。

有限差分法就是用差分方程近似代替微分方程，用代数方程组的解近似代替微分方程的解，解题过程为：

①建立板的差分方程。

②建立每个结点的差分方程(需要用边界条件消去虚结点位移)。

③解线性方程组得结点位移。

④求内力(需要用边界条件消去虚结点位移)。

差分法避免了直接求解挠曲面微分方程，将问题转化为求解代数方程组，因而方法较简单。但差分法在处理边界条件时较为复杂，求解的精度与单元划分相关，要得到工程上的满意解答，需要求解数量级较大的代数方程组。

4.4 有限单元法

把筏板简化为弹性地基上的弹性薄板，板的弹性参数为弹性模量 E 和泊松比 υ，设地基为文克尔地基，地基土的参数为基床系数 k。

4.4.1 计算简图

筏板简化为弹性薄板，板可离散为 4 结点薄板单元，见图 4-22，荷载为作用在薄板上的荷载，地基抗力用弹簧模拟。

4.4.2 弹性薄板

1)结点位移、结点力、结点荷载

设板的厚度为 t，板的面积为 $4ab$，矩形薄板单元见图 4-23，i 结点的结点位移为：

$$\{\delta_i\}=[\omega_i\quad \theta_{xi}\quad \theta_{yi}]^{\mathrm{T}} \tag{4-72}$$

i 结点的结点力为：

$$\{F_i\}=[W_i\quad M_{xi}\quad M_{yi}]^{\mathrm{T}} \tag{4-73}$$

i 结点的结点荷载为：

$$\{P_i\}=[Z_i\quad T_{xi}\quad T_{yi}]^{\mathrm{T}} \tag{4-74}$$

整个单元 4 个结点的结点位移、结点力、结点荷载分别为：

$$\{\delta\}^{\mathrm{e}}=[\{\delta_i\}^{\mathrm{T}}\quad \{\delta_j\}^{\mathrm{T}}\quad \{\delta_k\}^{\mathrm{T}}\quad \{\delta_l\}^{T}]^{\mathrm{T}} \tag{4-75}$$

$$\{F\}^{\mathrm{e}}=[\{F_i\}^{\mathrm{T}}\quad \{F_j\}^{\mathrm{T}}\quad \{F_k\}^{\mathrm{T}}\quad \{F_l\}^{T}]^{\mathrm{T}} \tag{4-76}$$

$$\{P\}^{\mathrm{e}}=[\{P_i\}^{\mathrm{T}}\quad \{P_j\}^{\mathrm{T}}\quad \{P_k\}^{\mathrm{T}}\quad \{P_l\}^{T}]^{\mathrm{T}} \tag{4-77}$$

2)用结点位移表示挠度

设矩形薄板单元的挠度函数为：

$$\omega=\alpha_1+\alpha_2x+\alpha_3y+\alpha_4x^2+\alpha_5xy+\alpha_6y^2+\alpha_7x^3+\alpha_8x^2y+\alpha_9xy^2+\alpha_{10}y^3+\alpha_{11}x^3y+\alpha_{12}xy^3 \tag{4-78}$$

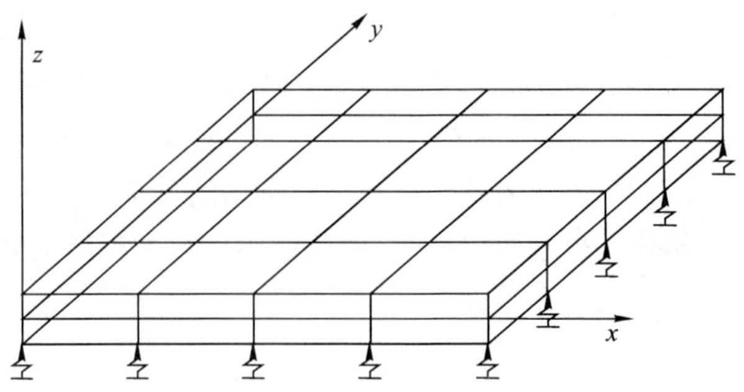

图 4-22 有限单元法计算简图

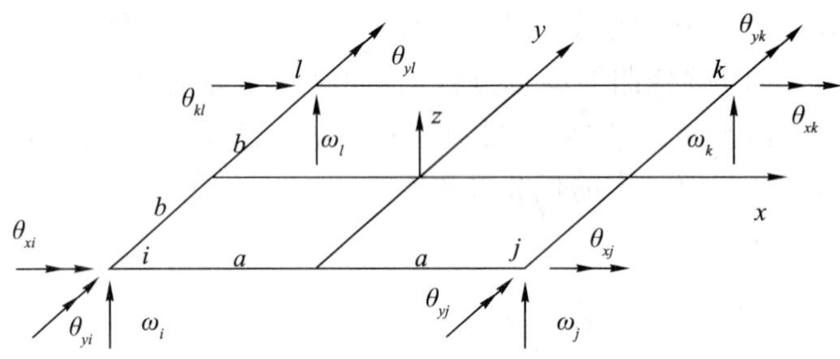

图 4-23 矩形单元的结点位移

用结点位移表示挠度为：

$$\omega=N_i\omega_i+N_{xi}\theta_{xi}+N_{yi}\theta_{yi}+N_j\omega_j+N_{xj}\theta_{xj}+N_{yj}\theta_{yj}+N_k\omega_k+ N_{xk}\theta_{xk}+N_{yk}\theta_{yk}+N_l\omega_l+N_{xl}\theta_{xl}+N_{yl}\theta_{yl} \tag{4-79}$$

$$\omega=[[N_i]\quad[N_j]\quad[N_k]\quad[N_l]]\{\delta\}^e=[N]\{\delta\}^e \tag{4-80}$$

式中形函数矩阵：

$$\begin{aligned}[N_i]&=[N_i\quad N_{xi}\quad N_{yi}]\\&=\frac{x_1y_1}{16}[x_1y_1-x_2y_2+2x_1x_2+2y_1y_2\quad 2by_1y_2\quad -2ax_1x_2]\end{aligned} \tag{4-81}$$

$$\begin{aligned}[N_j]&=[N_j\quad N_{xj}\quad N_{yj}]\\&=\frac{x_2y_1}{16}[x_{21}y_1-x_1y_2+2x_1x_2+2y_1y_2\quad 2by_1y_2\quad 2ax_1x_2]\end{aligned} \tag{4-82}$$

$$\begin{aligned}[N_k]&=[N_k\quad N_{xi}\quad N_{yk}]\\&=\frac{x_2y_2}{16}[x_2y_2-x_1y_1+2x_1x_2+2y_1y_2\quad -2by_1y_2\quad -ax_1x_2]\end{aligned} \tag{4-83}$$

$$\begin{aligned}[N_l]&=[N_l\quad N_{xl}\quad N_{yl}]\\&=\frac{x_1y_2}{16}[x_1y_2-x_2y_1+2x_1x_2+2y_1y_2\quad -2by_1y_2\quad -2ax_1x_2]\end{aligned} \tag{4-84}$$

式中：

$$\left.\begin{array}{ll} x_1 = 1-\dfrac{x}{a}, & x_2 = 1+\dfrac{x}{a} \\ y_1 = 1-\dfrac{y}{b}, & y_2 = 1+\dfrac{y}{b} \end{array}\right\} \tag{4-85}$$

3)用结点位移表示应变、内力、结点力

(1)用结点位移表示应变

$$\{\chi\} = -\begin{bmatrix} \dfrac{\partial^2\omega}{\partial x^2} & \dfrac{\partial^2\omega}{\partial y^2} & \dfrac{\partial^2\omega}{2\partial x\partial y} \end{bmatrix}^{\mathrm{T}} \{\delta\}^{\mathrm{e}} = [B]\{\delta\}^{\mathrm{e}} \tag{4-86}$$

$$[B] = [[B_i] \quad [B_j] \quad [B_k] \quad [B_l]] \tag{4-87}$$

$$[B_i] = -\begin{bmatrix} \dfrac{\partial^2 N_i}{\partial x^2} & \dfrac{\partial^2 N_{xi}}{\partial x^2} & \dfrac{\partial^2 N_{yi}}{\partial x^2} \\ \dfrac{\partial^2 N_i}{\partial y^2} & \dfrac{\partial^2 N_{xi}}{\partial y^2} & \dfrac{\partial^2 N_{yi}}{\partial y^2} \\ 2\dfrac{\partial^2 N_i}{\partial x\partial y} & 2\dfrac{\partial^2 N_{xi}}{\partial x\partial y} & 2\dfrac{\partial^2 N_{yi}}{\partial x\partial y} \end{bmatrix} \quad (i = i, j, k, l) \tag{4-88}$$

(2)用结点位移表示内力

$$\{M\} = [M_x \quad M_y \quad M_{xy}]^{\mathrm{T}} = [S]\{\delta\}^{\mathrm{e}} \tag{4-89}$$

$$[S] = [[S_i] \quad [S_j] \quad [S_k] \quad [S_l]] \tag{4-90}$$

$$[S_i] = D[B_i] \quad (i = i, j, k, l) \tag{4-91}$$

$$[D] = \frac{Et^3}{12(1-\upsilon^2)} \begin{bmatrix} 1 & \upsilon & 0 \\ \upsilon & 1 & 0 \\ 0 & 0 & \dfrac{1-\upsilon}{2} \end{bmatrix} \tag{4-92}$$

(3)结点力

$$\{F\}^{\mathrm{e}} = [K]^{\mathrm{e}}\{\delta\}^{\mathrm{e}} \tag{4-93}$$

4)单元刚度矩阵[3]

$$[K_b]^{\mathrm{e}} = H \left[\begin{array}{ccc|ccc|ccc|ccc}
k_1 & & & & & & & & & & & \\
k_4 & k_2 & & & & & & & & & & \\
-k_5 & -k_6 & k_3 & & & & & & & & & \\
\hline
k_7 & k_{10} & k_{11} & k_1 & & & & & & & & \\
k_{10} & k_8 & 0 & k_4 & k_2 & & & & & & & \\
-k_{11} & 0 & k_9 & k_5 & k_6 & k_3 & & & \text{对} & \text{称} & & \\
\hline
k_{12} & -k_{15} & k_{16} & k_{17} & -k_{20} & k_{21} & k_1 & & & & & \\
k_{15} & k_{13} & 0 & k_{20} & k_{18} & 0 & -k_4 & k_2 & & & & \\
-k_{16} & 0 & k_{14} & k_{21} & 0 & k_{19} & k_5 & -k_6 & k_3 & & & \\
\hline
k_{17} & -k_{20} & -k_{21} & k_{12} & -k_{15} & -k_{16} & k_7 & -k_{10} & -k_{11} & k_1 & & \\
k_{20} & k_{18} & 0 & k_{15} & k_{13} & 0 & -k_{10} & k_8 & 0 & -k_4 & k_2 & \\
k_{21} & 0 & k_{19} & k_{16} & 0 & k_{14} & k_{11} & 0 & k_9 & k_5 & k_6 & k_3
\end{array}\right] \tag{4-94}$$

式中：

$$H = \frac{Et^3}{360(1-\upsilon^2)ab}$$

$$k_1 = 21 - 6\upsilon + 30\frac{b^2}{a^2} + 30\frac{a^2}{b^2},\ k_2 = 8b^2 - 8\upsilon b^2 + 40a^2,\ k_3 = 8a^2 - 8\upsilon a^2 + 40b^2$$

$$k_4 = 3b + 12\upsilon b + 30\frac{a^2}{b},\ k_5 = 3a + 12\upsilon a + 30\frac{b^2}{a},\ k_6 = 30\upsilon ab$$

$$k_7 = -21 + 6\upsilon - 30\frac{b^2}{a^2} + 15\frac{a^2}{b^2},\ k_8 = -8b^2 + 8\upsilon b^2 + 20a^2,\ k_9 = -2a^2 + 2\upsilon a^2 + 20b^2$$

$$k_{10} = -3b - 12\upsilon b + 15\frac{a^2}{b},\ k_{11} = 3a - 3\upsilon a + 30\frac{b^2}{a},\ k_{12} = 21 - 6\upsilon - 15\frac{b^2}{a^2} - 15\frac{a^2}{b^2}$$

$$k_{13} = 2b^2 - 2\upsilon b^2 + 10a^2,\ k_{14} = 2a^2 - 2\upsilon a^2 + 10b^2,\ k_{15} = -3b + 3\upsilon b + 15\frac{a^2}{b}$$

$$k_{16} = -3a + 3\upsilon a + 15\frac{b^2}{a},\ k_{17} = -21 + 6\upsilon + 15\frac{b^2}{a^2} - 30\frac{a^2}{b^2},\ k_{18} = -2b^2 + 2\upsilon b^2 + 20a^2$$

$$k_{19} = -8a^2 + 8\upsilon a^2 + 20b^2,\ k_{20} = 3b - 3\upsilon b + 30\frac{a^2}{b},\ k_{21} = -3a - 12\upsilon a + 15\frac{b^2}{a}$$

5)等效结点荷载

$$\{P\}^e = \iint_e [N]^T q(x,y)\mathrm{d}x,\mathrm{d}y \tag{4-95}$$

通常可略去移植到结点上的力矩荷载[9]，薄板单元上承受均布荷载、集中荷载时的等效结点荷载分别如下：

(1)均布荷载 q_0：

$$\{P\}^e = 4q_0ab\begin{bmatrix}\frac{1}{4} & 0 & 0 & \frac{1}{4} & 0 & 0 & \frac{1}{4} & 0 & 0 & \frac{1}{4} & 0 & 0\end{bmatrix}^T \tag{4-96}$$

(2)集中荷载 F 作用于单元中心

$$\{P\}^e = F\begin{bmatrix}\frac{1}{4} & 0 & 0 & \frac{1}{4} & 0 & 0 & \frac{1}{4} & 0 & 0 & \frac{1}{4} & 0 & 0\end{bmatrix}^T \tag{4-97}$$

4.4.3 弹性地基上的板

根据单元刚度矩阵 $[K_b]^e$ 按照对号入座的方法形成板的总体刚度矩阵 $[K_b]$。筏板基础整体结点力与结点位移的关系为：

$$\{F\} = [K_b]\{\delta\} \tag{4-98}$$

文克尔地基上的板，地基反力用弹簧模拟，考虑板的挠度 ω_i 与地基沉降 s_i 相等的变形协调条件，i 结点处地基反力为：

$$R_i = K_i\omega_i \tag{4-99}$$

式中，集中基床系数 $K_i = kf_i$，f_i 是 i 结点分担的基础板面积，单元地基反力向量为：

$$\{R\}^e = [R_i \quad 0 \quad 0 \quad R_j \quad 0 \quad 0 \quad R_m \quad 0 \quad 0 \quad R_l \quad 0 \quad 0]^T \tag{4-100}$$

根据结点平衡条件建立整体方程：

$$\{F\} = \{P\} - \{R\} \tag{4-101}$$

$$\{R\} = [K_s]\{\delta\} \tag{4-102}$$

式中，$[K_s]$ 是零元扩展的地基刚度矩阵。把式(4-102)代入公式(4-101)并整理得：

$$([K_b] + [K_s])\{\delta\} = \{P\} \tag{4-103}$$

弹性地基上板的整体刚度矩阵为 $[K]=[K_b]+[K_s]$，式(4-103)可写为：

$$[K]\{\delta\}=\{P\} \tag{4-104}$$

解方程(4-104)求位移 $\{\delta\}$，由式(4-89)可求出板的内力，由式(4-99)求集中地基反力，再求均布地基反力。

4.5 结构设计与构造要求

《高层建筑筏形与箱形基础技术规范》(JGJ 6—2011)6.2.1 指出：框架一核心筒结构和筒中筒结构宜采用平板式筏形基础。6.1.7 指出基础混凝土应符合耐久性要求，筏形基础混凝土的强度等级不应低于 C30。

4.5.1 平板式筏基厚度设计

1)柱下筏基抗冲切承载力验算

平板式筏板的最小厚度不宜小于 500mm。平板式筏基的板厚除应符合受弯承载力要求外，还应满足受冲切承载力的要求，计算时还应考虑作用在冲切临界截面中心上的不平衡弯矩产生的附加剪力。柱下筏形基础根据柱子的位置不同分别有内柱、边柱和角柱，应分别进行筏板的抗冲切验算。图 4-24 中为内柱冲切截面示意，通常设冲切破坏面从柱脚处基础顶面开始，沿 45°线发展至基础底面。

距柱边 $h_0/2$ 处冲切截面的最大剪力由冲切荷载和弯矩引起，按下式计算：

$$\tau_{max}=\frac{F_l}{u_m h_0}+\alpha_s\frac{M_{unb}c_{AB}}{I_s} \tag{4-105}$$

式中：F_l ——冲切力(kN)，对于内柱为柱荷载与基底反力之差，例如，图 4-24 中的冲切力为 $F_l=F-p_j(b_c+2h_0)(h_c+2h_0)$；

p_j ——相应于荷载效应基本组合的地基土平均净反力设计值(kPa)，扣除底板及其上填土的自重；

u_m ——距柱边缘不小于 $h_0/2$ 处冲切临界截面的最小周长(m)，例如，图 4-24 中内柱的 $u_m=2(c_1+c_2)$；

h_0 ——筏板的有效高度(m)；

M_{unb} ——作用在冲切临界截面重心上的不平衡弯矩(kN·m)；

c_{AB} ——沿弯矩作用方向，冲切临界截面重心至冲切临界截面最大剪应力点的距离(m)，例如，图 4-24 中内柱的 $c_{AB}=c_1/2$；

I_s ——冲切临界截面对其重心的极惯性矩(m^4)，图 4-24 中内柱的极惯性矩为 $I_s=\frac{c_1h_0^3}{6}+\frac{c_1^3h_0}{6}+\frac{c_2h_0c_1^2}{2}$；

α_s ——不平衡弯矩通过冲切临界截面上的偏心剪力传递的分配系数。

$$\alpha_s=1-\frac{1}{1+\frac{2}{3}\sqrt{\frac{c_1}{c_2}}} \tag{4-106}$$

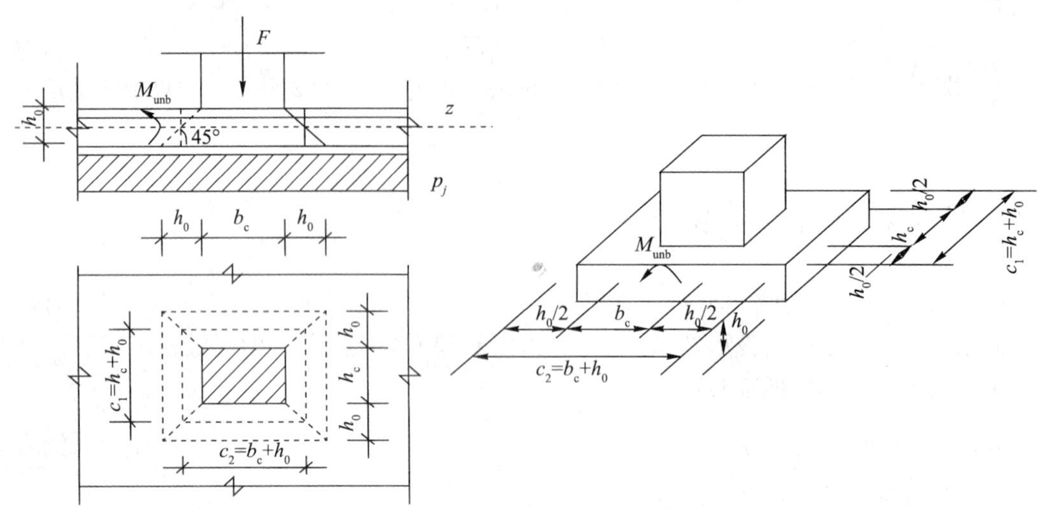

图 4-24　内柱冲切临界截面

冲切荷载由基础筏板承担，最大剪力应符合下式要求：

$$\tau_{max} \leqslant 0.7\left(0.4+\frac{1.2}{\beta_s}\right)\beta_{hp} f_t \tag{4-107}$$

式中：β_s ——柱截面长边与短边的比值：当 $\beta_s < 2$ 时，β_s 取 2；当 $\beta_s > 4$ 时，β_s 取 4；

β_{hp}——受冲切承载力截面高度影响系数：当 $h \leqslant 800$mm 时，取 $\beta_{hp}=1.0$；当 $h \geqslant 2000$mm 时，取 $\beta_{hp}=0.9$，其间按线性内插法取值；

f_t ——混凝土轴心抗拉强度设计值(kPa)。

2)内筒下筏基抗冲切承载力验算

平板式筏基在内筒下的受冲切承载力应符合下式要求：

$$\frac{F_1}{u_m h_0} \leqslant 0.7\frac{\beta_{hp} f_t}{\eta} \tag{4-108}$$

式中：F_1 ——冲切力(kN)，内筒承受的轴力设计值与内筒下筏板冲切破坏锥体内的地基净反力设计值之差；

u_m ——距内筒外表面 $h_0/2$ 处冲切临界截面的周长(m)，见图 4-25；

η ——内筒冲切临界截面周长影响系数，取 1.25。

3)抗剪切承载力验算

平板式筏形基础还应验算距内筒和柱边缘 h_0 处截面的受剪承载力：

$$V_s \leqslant 0.7\beta_{hs} f_t b_w h_0 \tag{4-109}$$

$$\beta_{hs} = \left(\frac{800}{h_0}\right)^{1/4} \tag{4-110}$$

式中：V_s ——基底平均净反力对距内柱或柱边缘 h_0 处的筏板产生的单位宽度剪力设计值(kN)；

β_{hs} ——受剪承载力截面高度影响系数：当 $h_0 < 800$mm 时，取 $h_0=800$mm，当 $h > 2000$mm 时，取 $h=2000$mm，其间按线性内插法取值；

b_w ——筏板计算截面单位宽度(m)。

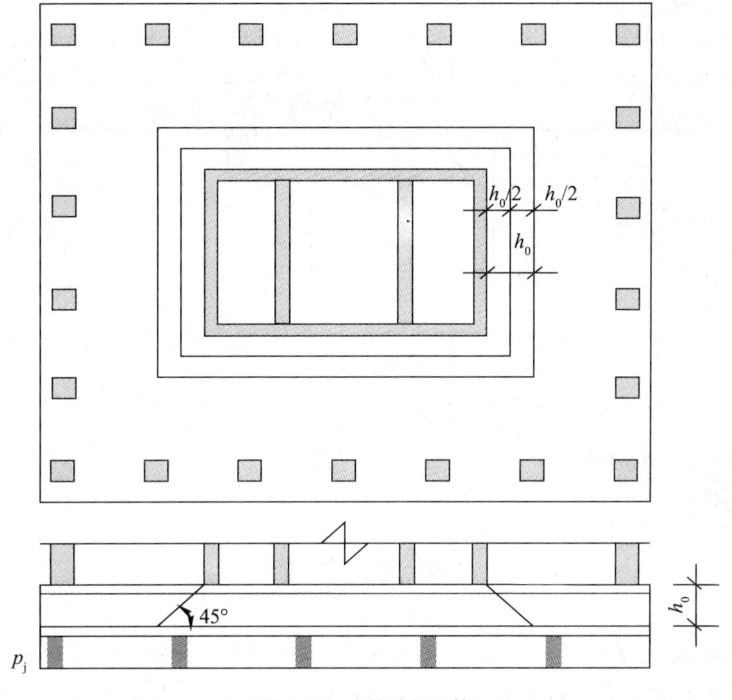

图 4-25　内筒冲切验算

4.5.2　梁板式筏基厚度设计

梁板式筏基底板的厚度应符合受弯、受冲切和受剪承载力的要求，且不宜小于 400mm；板厚与最大双向板格的短边净跨之比不应小于 1/14。梁板式筏基梁的高跨比不宜小于 1/6。

1)抗冲切承载力验算

底板受冲切承载力按下式计算：

$$F_1 \leqslant 0.7\beta_{hp} f_t u_m h_0 \tag{4-111}$$

式中：F_1 ——冲切力(kN)，作用在图 4-26 中阴影部分面积上地基净反力设计值；

u_m ——距基础梁边 $h_0/2$ 处冲切临界截面的周长(m)；

h_0 ——筏板的有效高度(m)，当底板区格为矩形双向板时，底板受冲切所需的厚度 h_0 按下式计算：

$$h_0 = \frac{1}{4}\left[(l_{n1}+l_{n2})-\sqrt{(l_{n1}+l_{n2})^2-\frac{4p_j l_{n1} l_{n2}}{p_j+0.7\beta_{hp} f_t}}\right] \tag{4-112}$$

式中：l_{n1}，l_{n2} ——计算板格的短边和长边净长度(m)。

2)抗剪切承载力验算

底板斜截面受剪承载力按下式计算

$$V_s \leqslant 0.7\beta_{hs} f_t (l_{n2}-2h_0)h_0 \tag{4-113}$$

式中：V_s ——距梁边缘 h_0 处，图 4-27 中阴影部分面积上的扣除底板及其其上填土自重后，相应于荷载效应基本组合的基底平均净反力产生的剪力设计值(kN)。

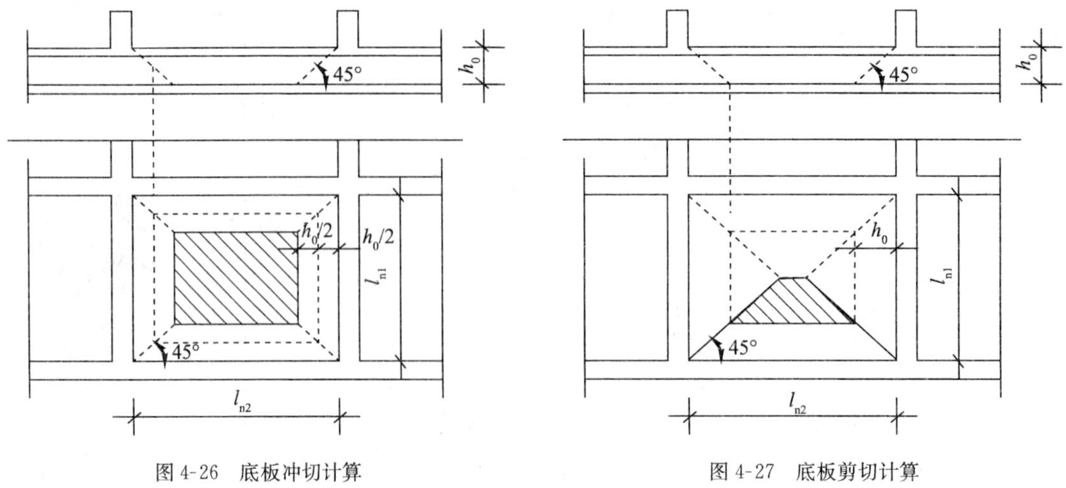

图 4-26　底板冲切计算　　　　图 4-27　底板剪切计算

本章小结

筏形基础基础底板的设计需要确定板厚和配筋,钢筋混凝土结构根据弯矩配置钢筋,根据剪力和弯矩确定板厚,要计算弯矩和剪力首先需要确定基底反力,本章介绍了地基反力假设为直线分布的设计方法和考虑地基基础相互作用的文克尔地基上弹性薄板的解析法和数值计算方法。

1)基底反力直线分布的简化计算方法

(1)刚性板法:这是把上部结构、基础、地基三者分别考虑的简化设计方法,筏形基础上面作用着上部结构传下来的荷载,下面作用着根据静力平衡条件求出的直线分布地基反力,在上部荷载与直线分布的地基反力的共同作用下求筏板内力。

(2)倒楼盖法:倒楼盖法假设柱脚固定不动,柱子之间没有相对位移,将筏板简化为倒置的楼盖,基础底板上作用的直线分布的地基净反力,按倒置的楼盖的计算方法求解内力。

2)文克尔弹性地基上板的解析法

把地基上的板简化为文克尔地基上的板,考虑了筏板与地基土的变形协调条件,建立的基本方程(4-9)是4阶偏微分方程,在极坐标系下简化为式(4-28),这是两个有复变量的二阶常微分方程,方程的解中含与Bessel函数相关的Kelvin函数,关于Kelvin函数的详细内容请参阅相关文献和书籍。

3)有限差分法

弹性地基上的板的解析方法较繁琐,本章介绍了文克尔地基上弹性薄板的内力和位移的有限差分法数值计算方法。

4)有限单元法

根据本章介绍的文克尔地基上弹性薄板四结点有限单元法,可求解弹性薄板的内力、位移和基底反力。

5)确定板厚

平板式筏基:根据公式(4-105)验算柱下筏基抗冲切承载力,可根据该式验算板厚。根据公式(4-108)验算内筒下筏基抗冲切承载力。根据公式(4-109)验算平板式筏形基础距内筒和柱边缘 h_0 处截面的受剪承载力。

梁板式筏基:根据公式(4-111),(4-113)验算底板受冲切承载力、底板斜截面受剪承载力。

思考题

1. 筏形基础需进行哪方面的设计与验算?
2. 如何确定筏形基础基底反力?
3. 简述文克尔弹性地基上板的解析法。
4. 简述用有限差分法求板内力的原理和方法。
5. 简述用有限单元法求板内力的原理和方法。
6. 如何确定筏板的厚度?

参考文献

[1] 中华人民共和国行业标准.JGJ 6—2011 高层建筑筏形与箱形基础技术规范[S]. 北京:中国建筑工业出版社,2011.

[2] 中华人民共和国国家标准. GB 50007—2011 建筑地基与基础设计规范[S]. 北京:中国建筑工业出版社,2012.

[3] 徐秉业. 弹性与塑性力学例题与习题[M]. 北京:机械工业出版社,1981.

[4] 郑刚. 高等基础工程学[M]. 北京:机械工业出版社,2007.

[5] 黄义,向芳社. 弹性地基上的梁、板、壳[M]. 北京:科学出版社,2005.

[6] 张善杰,金建铭. 特殊函数计算手册[M]. 南京:南京大学出版社,2011.

[7] 曲庆璋,章权,季求知,等. 弹性板理论[M]. 北京:人民交通出版社,2000.

[8] 徐芝纶. 弹性力学[M]. 4版. 北京:高等教育出版社,2006.

[9] 王俊民,唐寿高,江理平. 板壳力学复习与解题指导[M]. 上海:同济大学出版社,2007.

[10] 钱力航. 高层建筑箱形与筏形基础的设计计算[M]. 北京:中国建筑工业出版社,2003.

第5章 箱形基础

箱形基础由钢筋混凝土底板、顶板和纵横方向的内外墙共同组成，箱形基础具有比筏形基础更大的刚度，可以抵抗地基土或荷载的不均匀引起的差异沉降，有效减少不均匀沉降对上部结构产生的次应力。箱形基础适用于软弱地基上的高层、重型或对不均匀沉降有特殊要求的建筑物。

箱形基础应进行承载力、变形和稳定计算。承载力和稳定验算详见本书第2章。由于箱形基础的刚度较大，在考虑地基与基础相互作用方面，可假设基础底面变形后还是平面，地基土是某种地基模型，变形后基础底面与地基土相互接触，满足静力平衡条件和变形协调条件，求解地基反力和变形。

箱形基础的结构设计包括底板、顶板和墙体各方面，均需确定荷载、计算弯矩和剪力、确定配筋、验算板厚及墙厚。

为避免不均匀沉降，基础平面形状力求简单，同一箱形基础不宜采用不同的高度或不同的基底标高。

箱形基础混凝土强度等级不应低于C25。

5.1 基本要求

1)高度和埋深

箱形基础的高度应满足结构承载力和刚度的要求，不宜小于箱形基础长度(不包括底板悬挑部分)的1/20，且不宜小于3m。

高层建筑箱形基础的埋置深度应满足地基承载力、变形和稳定性要求。天然地基上的箱形基础的埋置深度不宜小于建筑物高度的1/15。

2)底板厚度

箱形基础的底板厚度应根据实际受力情况、整体刚度及防水要求确定，底板厚度不应小于400mm，板厚与最大双向板格的短边净跨之比不应小于1/14。箱形基础的底板应满足冲切承载力要求，即满足式(4-111)。箱形基础的底板应满足斜截面受剪承载力要求，即满足式(4-113)。底板的有效高度应符合式(4-112)的要求。

3)顶板

地下一层结构顶板应采用梁板式楼盖，板厚不应小于180mm，其混凝土强度等级不宜小于C30，楼面应双层双向配筋，且每层每个方向的配筋率不宜小于0.25%。顶板结构设计按梁板式楼盖设计。

4)墙体

箱形基础的墙身厚度应根据实际受力情况、整体刚度及防水要求确定，外墙厚度不宜小于250mm，内墙厚度不宜小于200mm。墙体应设置双面钢筋，竖向和水平钢筋的直径均不应小于10mm，间距不应大于200mm。除上部为剪力墙外，内、外墙的墙顶处宜配置两根直径不小于20mm的通长构造钢筋。

箱形基础的内、外墙应沿上部结构柱网和剪力墙纵横均匀布置，当上部结构为框架或框剪结构时，墙体水平截面总面积不宜小于箱基水平投影的1/12，当基础平面长宽比大于4时，纵墙水平截面面积不宜小于箱形基础水平投影的1/18。

5)偏心距

偏心距符合式(4-1)要求。

5.2 地基变形计算

在地基变形计算中，需要考虑上部结构—基础—地基三者的相互作用。

地基土的变形是由荷载引起的，在计算变形时通常荷载是已知的，例如，对于框架剪力墙结构通常假设柱脚、墙底为固定端，通过结构矩阵分析求出固定端处的支座反力和弯矩，这个支座反力和弯矩就是作用在基础上的荷载。这种假设基础支座处固定不动的简化计算方法对于刚性的上部结构是偏于不安全的。若上部结构—基础—地基整体在受力过程中不产生整体弯曲，不产生不均匀沉降时，这种不考虑上部结构与基础相互作用的设计方法较适用，计算简单。例如，①当地基为不会产生压缩变形的坚硬岩石，或地基持力层为土质均匀、厚度相等的薄土层，其下为坚硬岩石时，箱形、筏形基础和上部结构在施工和受力全过程中将不产生整体弯曲变形，可以不考虑上部结构与地基基础共同作用的问题。②当基础或者上部结构二者之一为理想绝对刚体时，建筑物只能产生均匀沉降或整体倾斜，而不产生整体弯曲变形，也可以不考虑考虑共同作用的问题。③不论地基状况如何，也不论上部结构及基础的刚度如何，如能将荷载调整得当，使地基表面的沉降完全均匀，则基础与结构也不会产生整体弯曲变形。此时也无需考虑相互作用的问题。④如果上部结构为理想柔性体系，对基础变形无约束作用，整体弯曲全部由基础承担，此时可仅考虑基础与地基的共同作用。

5.2.1 不考虑刚性基础与地基的相互作用

不考虑地基与基础的相互作用的沉降计算方法见本书章节2.1.4。对于有限压缩层地基模型，可根据式(2-28)或式(2-30)计算最终沉降量。根据这两个公式计算沉降量时荷载是已知的，若没有偏心荷载，沉降量的计算结果是中间大、两边小，见图5-1a)。实际上箱形基础底面不会产生这样的变形，箱形基础底面变形后基本还是平面，因此需对上述计算结果进行调整，例如，箱形基础的最终沉降量可按式(2-28)计算中心点沉降，然后乘以0.85的系数(刚性基础调整沉降经验系数)即为箱形基础沉降量。若要得出地基土在基础底面处沉降量相等的计算结果,作用在地基土上的荷载如图 5-1b)所示两边大、中间小,不是均布荷载。由此可知,地基沉降量与其上作用的荷载相关联,在考虑地基与基础相互作用的计算中,地基沉降量与地基反力都是未知数。

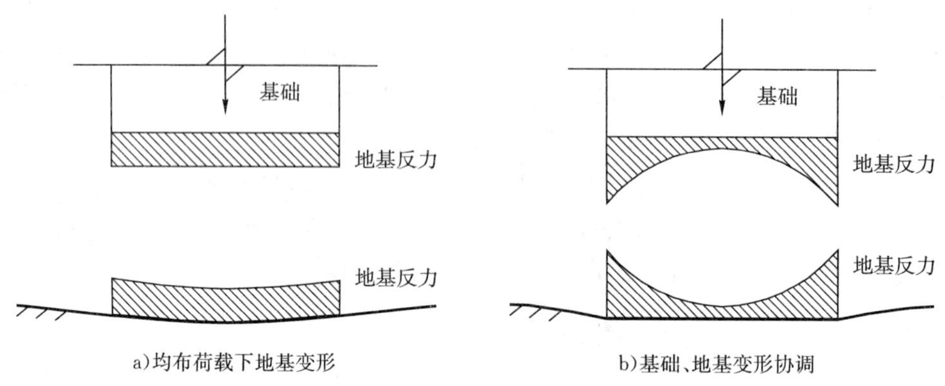

图 5-1　荷载与变形

5.2.2　考虑刚性基础与地基的相互作用

不论是中心荷载还是偏心荷载,刚性基础基础底面变形后还应是平面,考虑刚性基础与地基的相互作用的方法有轮算法和解析法等。轮算法是一种逐次逼近的近似计算方法,每次计算都是在已知荷载的作用下求变形,再根据变形对荷载进行修正,逐次计算直至荷载与变形趋于真值。解析法中荷载和变形都是未知数,通过静力平衡和变形协调两个条件建立方程,求解未知数。

1)轮算法

首先把基础底面划分为 n 个区格,见图 5-2,假设基础底面压力呈直线分布,根据各区格中点的压应力,计算各区格中点的沉降量。

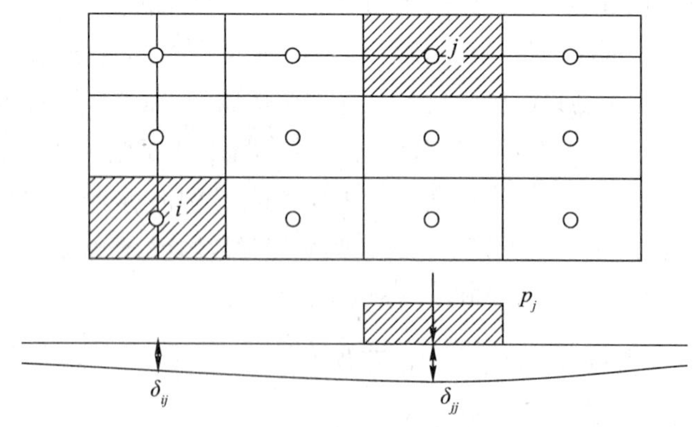

图 5-2　计算基底沉降量

箱形基础一般开挖深度较深,总沉降量 $\{s\}$ 分为再压缩沉降 $\{s_a\}$ 和固结沉降 $\{s_b\}$ 两部分,沉降计算公式为:

$$\{s\}=\{s_a\}+\{s_b\} \tag{5-1}$$

当荷载小于前期固结压力 $p\leqslant p_c$ 时,沉降计算公式为:

$$\{s\}=[\Delta_{a}]\{p\} \tag{5-2}$$

式中柔度矩阵为：

$$[\Delta_{a}]=\begin{bmatrix}\delta_{a11} & \delta_{a12} & \cdots & \delta_{a1n}\\ \delta_{a21} & \delta_{a22} & \cdots & \delta_{a2n}\\ \vdots & \vdots & & \vdots\\ \delta_{an1} & \delta_{an2} & \cdots & \delta_{ann}\end{bmatrix} \tag{5-3}$$

一般情况下荷载大于前期固结压力，即 $p>p_c$，沉降计算公式为：

$$\{s\}=[\Delta_{a}]\{p_{c}\}+[\Delta_{b}]\{p-p_{c}\} \tag{5-4}$$

式中，柔度矩阵为：

$$[\Delta_{b}]=\begin{bmatrix}\delta_{b11} & \delta_{b12} & \cdots & \delta_{b1n}\\ \delta_{b21} & \delta_{b22} & \cdots & \delta_{b2n}\\ \vdots & \vdots & & \vdots\\ \delta_{bn1} & \delta_{bn2} & \cdots & \delta_{bnn}\end{bmatrix} \tag{5-5}$$

若按有限压缩层地基模型计算任意点的沉降，设地基土为 m 层，由式(2.28)可得柔度系数为：

$$\delta_{aij}=\sum_{k=1}^{m}\left(\psi'\frac{1}{E'_{sk}}\right)(z_{k}\bar{\alpha}_{k}-z_{k-1}\bar{\alpha}_{k-1}) \tag{5-6}$$

$$\delta_{bij}=\sum_{k=1}^{m}\left(\psi_{s}\frac{1}{E_{sk}}\right)(z_{k}\bar{\alpha}_{k}-z_{k-1}\bar{\alpha}_{k-1}) \tag{5-7}$$

式中：E_{sk}、E_{sk}'——基础底面下第 k 层土的压缩模量、回弹再压缩模量。

若按式(2-30)计算，柔度系数为：

$$\delta_{aij}=b\eta\sum_{i=1}^{m}\frac{k_{i}-k_{i-1}}{E'_{0i}} \tag{5-8}$$

$$\delta_{bij}=b\eta\sum_{i=1}^{m}\frac{k_{i}-k_{i-1}}{E_{0i}} \tag{5-9}$$

式中：E'_{0i}、E_{0i}——基础底面下第 i 层土的弹性模量、变形模量。

为了避免符号混淆，式(5-8)，式(5-9)中的 k_i 即式(2-30)中的 δ_i。

当式(5-2)，式(5-4)中的荷载为已知数时，计算的最终沉降量没有考虑地基与基础的相互作用，根据沉降和反力的协调原则，可通过数轮计算使基础底面所划分区格地基反力与沉降逼近其真值。

计算步骤为[3]：

(1)根据荷载大小和地基土质条件确定压缩层深度，再确定分层和各层的压缩模量 E_s' 和 E_s。

(2)第一轮计算：荷载无偏心时，先按平均压力考虑；当荷载有偏心时，假设压应力直线分布，得第一轮基底压力值 $p_i^{(1)}$（区格内的压力是均布的），按公式(5-4)计算最终沉降量 s。

(3)计算各区格平均沉降：

$$\bar{s}=\frac{1}{n}\sum_{i=1}^{n}s_{i} \tag{5-10}$$

(4)计算各区格的反力调整值。按各区格沉降量与平均沉降量的比值调整基底压力值，取 $p_i'=p_i^{(1)}\dfrac{\bar{s}}{s_i}$，根据静力平衡条件，把基底压力进一步修正为：

$$p_i^{(2)}=p_i'\left(1+\frac{\sum p_i^{(1)}-\sum p_i'}{\sum p_i^{(1)}}\right) \tag{5-11}$$

(5)以式(5-11)中的 $p_i^{(2)}$ 为荷载,重复(2)~(4)步,直至前后轮的基底压力或沉降差达到要求的精度为止。

(6)对于有相邻建筑影响的基础,总沉降量中还要加上相邻建筑物产生的沉降量。

上述方法是按平均沉降量对荷载进行调整,对于偏心荷载该方法的计算结果不够理想。

2)解析法 1

按变形后基础底面是平面的假设计算基底反力 p(kPa)。

把图 5-3 中所示的刚性基础底面划分为 n 个区格,i 区格中点的沉降为:

$$\omega_i=\alpha_y x_i+\alpha_x y_i+\omega_0 \tag{5-12}$$

式中,ω_0 是基础板坐标原点的挠度,设 θ_y,θ_x 分别是基础绕 x 轴和 y 轴的转角,可得:

$$\left.\begin{aligned}\alpha_y&=\tan\theta_y\\ \alpha_x&=\tan\theta_x\end{aligned}\right\} \tag{5-13}$$

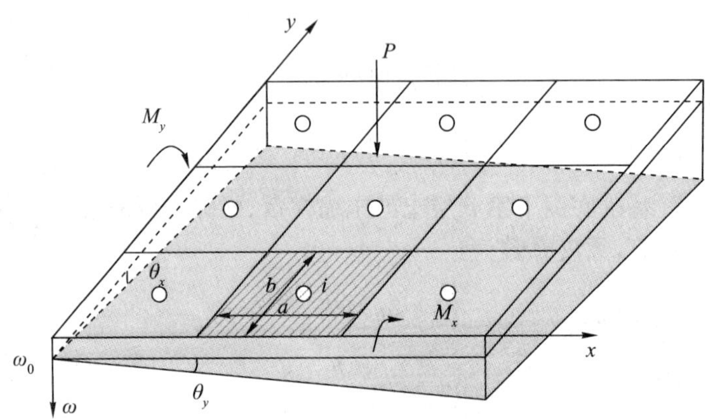

图 5-3 刚性基础沉降变形

若已知 ω_0,θ_y,θ_x,可以根据式(5-12)求出基础底面任意区格中点的沉降量。把公式(5-12)写成矩阵形式:

$$\begin{Bmatrix}\omega_1\\ \omega_2\\ \vdots\\ \omega_i\\ \vdots\\ \omega_n\end{Bmatrix}=\begin{bmatrix}x_1 & y_1 & 1\\ x_2 & y_2 & 1\\ \cdots & & \\ x_i & y_i & 1\\ \cdots & & \\ x_n & y_n & 1\end{bmatrix}\begin{Bmatrix}\alpha_y\\ \alpha_x\\ \omega_0\end{Bmatrix} \tag{5-14}$$

式(5-14)简记为:

$$\{\omega\}=[X]\{\theta\} \tag{5-15}$$

设未知数为基础位移 ω_0,θ_y,θ_x 和基底反力 $\{p\}=[p_1\,p_2\cdots p_i\cdots p_n]^{\mathrm{T}}$,未知数的个数为 $n+3$,需要建立 $n+3$ 个方程求解这 $n+3$ 个未知数。

弹性地基上荷载 $\{p\}$ 与沉降 $\{s\}$ 的关系为:

$$\begin{Bmatrix} s_1 \\ s_2 \\ \vdots \\ s_i \\ \vdots \\ s_n \end{Bmatrix} = \begin{bmatrix} \delta_{11}\delta_{12}\cdots\delta_{1i}\cdots\delta_{1n} \\ \delta_{21}\delta_{22}\cdots\delta_{2i}\cdots\delta_{2n} \\ \cdots \\ \delta_{i1}\delta_{i2}\cdots\delta_{ii}\cdots\delta_{in} \\ \cdots \\ \delta_{n1}\delta_{n2}\cdots\delta_{ni}\cdots\delta_{nn} \end{bmatrix} \begin{Bmatrix} p_1 \\ p_2 \\ \vdots \\ p_i \\ \vdots \\ p_n \end{Bmatrix} \tag{5-16}$$

上式简记为：

$$\{s\} = [\Delta]\{p\} \tag{5-17}$$

对于文克尔地基模型、弹性半空间地基模型或有限压缩层地基模型，均可求出相应的柔度矩阵 $[\Delta]$，详见本书 2.2 节。

地基沉降量与基础板变形相等的变形协调条件为：

$$\{s\} = \{\omega\} \tag{5-18}$$

根据公式(5-15)，式(5-17)，式(5-18)得 n 个方程：

$$[X]\{\theta\} = [\Delta]\{p\} \tag{5-19}$$

用 $\{M\}$ 表示荷载列阵：

$$\{M\} = \begin{Bmatrix} M_y \\ M_x \\ P \end{Bmatrix} \tag{5-20}$$

由静力平衡条件得 3 个方程：

$$\begin{bmatrix} x_1 & x_2 & \cdots & x_i & \cdots & x_n \\ y_1 & y_2 & \cdots & y_i & \cdots & y_n \\ 1 & 1 & \cdots & 1 & \cdots & 1 \end{bmatrix} \begin{Bmatrix} A_1 p_1 \\ A_2 p_2 \\ \cdots \\ A_i p_i \\ \cdots \\ A_n p_n \end{Bmatrix} = \begin{Bmatrix} M_y \\ M_x \\ P \end{Bmatrix} \tag{5-21}$$

上式简记为：

$$[X]^{\mathrm{T}}\{R\} = \{M\} \tag{5-22}$$

式(5-19)与式(5-21)联立得：

$$\begin{bmatrix} \delta_{11} & \delta_{12} & \cdots & \delta_{1i} & \cdots & \delta_{1n} & -x_1 & -y_1 & -1 \\ \delta_{21} & \delta_{22} & \cdots & \delta_{2i} & \cdots & \delta_{2n} & -x_2 & -y_2 & -1 \\ & & & & \cdots & & & & \\ \delta_{i1} & \delta_{i2} & \cdots & \delta_{ii} & \cdots & \delta_{in} & -x_i & -y_i & -1 \\ & & & & \cdots & & & & \\ \delta_{n1} & \delta_{n2} & \cdots & \delta_{ni} & \cdots & \delta_{nn} & -x_n & -y_n & -1 \\ x_1A_1 & x_2A_2 & \cdots & x_iA_i & \cdots & x_nA_n & 0 & 0 & 0 \\ y_1A_1 & y_2A_2 & \cdots & y_iA_i & \cdots & y_nA_n & 0 & 0 & 0 \\ A_1 & A_2 & \cdots & A_i & \cdots & A_n & 0 & 0 & 0 \end{bmatrix} \begin{Bmatrix} p_1 \\ p_2 \\ \vdots \\ p_i \\ \vdots \\ p_n \\ \alpha_y \\ \alpha_x \\ \omega_0 \end{Bmatrix} = \begin{Bmatrix} 0 \\ 0 \\ \vdots \\ 0 \\ \vdots \\ 0 \\ M_y \\ M_x \\ P \end{Bmatrix} \tag{5-23}$$

解这 $n+3$ 个方程可以求出 $n+3$ 个未知数。

3)解析法 2

该方法以基础位移 ω_0,θ_y 和θ_x 为未知数,建立三元一次方程,并求解,计算简单。图 5-3 中各区格中点的沉降与基础板变形的关系为:

$$\{\omega\}=[X]\{\theta\}$$

若设地基为文克尔弹性地基,地基上的压力与地基沉降的关系为:

$$\begin{Bmatrix} R_1 \\ R_2 \\ \vdots \\ R_i \\ \vdots \\ R_n \end{Bmatrix}=\begin{bmatrix} K_1 & & & & \\ & K_2 & & 0 & \\ & & \ddots & & \\ & & & K_i & \\ & 0 & & & \ddots \\ & & & & & K_n \end{bmatrix}\begin{Bmatrix} s_1 \\ s_2 \\ \vdots \\ s_i \\ \vdots \\ s_n \end{Bmatrix} \tag{5-24}$$

式中:R_i 为集中地基反力;K_i 为集中基床系数。

$$\left.\begin{aligned} R_i &= p_i ab \\ K_i &= kab \end{aligned}\right\} \tag{5-25}$$

地基刚度矩阵:

$$[K]=\begin{bmatrix} K_1 & & & & \\ & K_2 & & 0 & \\ & & \ddots & & \\ & & & K_i & \\ & 0 & & & \ddots \\ & & & & & K_n \end{bmatrix} \tag{5-26}$$

式(5-24)简记为:

$$\{R\}=[K]\{s\} \tag{5-27}$$

根据地基土沉降与基础底板挠度的变形协调条件 $\{s\}=\{\omega\}$,得:

$$\{R\}=[K]\{\omega\} \tag{5-28}$$

把式(5-15)代入式(5-28)得:

$$\{R\}=[K][X]\{\theta\} \tag{5-29}$$

基底反力与荷载满足静力平衡条件为:

$$[X]^{\mathrm{T}}\{R\}=\{M\}$$

把式(5-29)代入式(5-22)得:

$$[X]_{3\times n}{}^{\mathrm{T}}\{R\}=[X]^{\mathrm{T}}_{3\times n}[K]_{n\times n}[X]_{n\times 3}\{\theta\}=\{M\}$$

上式简记为:

$$[C]\{\theta\}=\{M\} \tag{5-30}$$

式中:

$$[C]=\begin{bmatrix} \sum_{i=1}^{n}K_i x_i^2 & \sum_{i=1}^{n}K_i x_i y_i & \sum_{i=1}^{n}K_i x_i \\ \text{对} & \sum_{i=1}^{n}K_i y_i^2 & \sum_{i=1}^{n}K_i y_i \\ & \text{称} & \sum_{i=1}^{n}K_i \end{bmatrix} \tag{5-31}$$

解三元一次方程(5-30),求出未知数$\{\theta\}$,回代入公式(5-29),求基底反力$\{R\}$,再把集中地基反力$\{R\}$均匀分布到所在区格,就得到均布地基反力$\{p\}$。

以刚性基础为前提的上述沉降计算,适用于高层建筑箱形基础。筏形基础刚度一般弱于箱形基础,但具有一定厚度和宽度的筏形基础具有较大刚度,也可采用同样的假设基础底面变形后仍为平面的计算方法。

考虑倾斜时人们最为关心的常为横向倾斜,对于横向倾斜可采用单向划分区格的方式进行计算,这样可以使计算简化,若需评估任何方向的倾斜则可采用双向区格方式。

【例题 5-1】 设某基础如图 5-4 所示,基础底面尺寸为 $40\times30\mathrm{m}^2$,横向偏心荷载及地层情况见图 5-4。

求:1. 按刚性基础假设求基础的变形和地基反力。

2. 按柔性基础求基础的沉降和地基反力。

解:1)按刚性基础假设求基础的倾斜和地基反力

把基础底面沿纵向划分为 3 个区格,每个区格的尺寸是 $40\times10\mathrm{m}^2$,求每个区格的沉降量和地基反力。根据公式(5-23)可知本题目的未知数是基底反力 p_1、p_2、p_3,区格 2 中点的位移 ω_0 和基础底面转角 α_y。

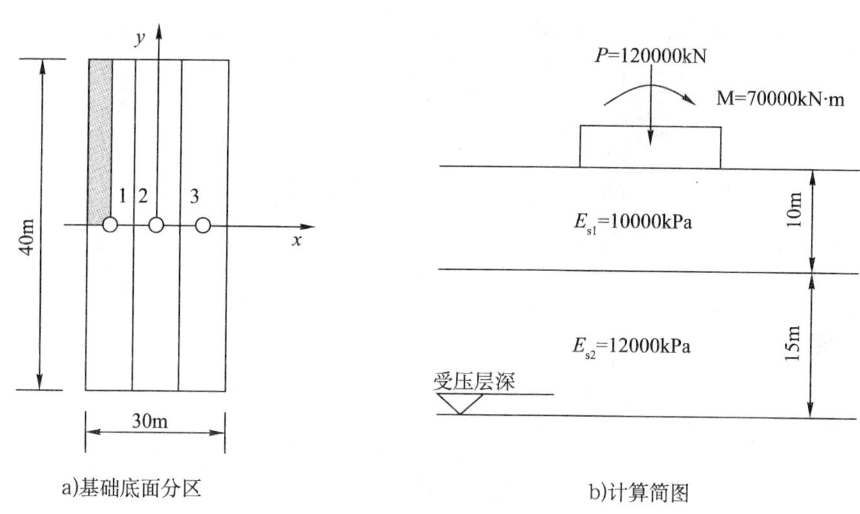

图 5-4 【例题 5-1】图

(1)求 δ_{bij}(取 $\Psi_s=1$)

根据题目可得本例题的柔度矩阵为:

$$[\Delta]=\begin{bmatrix}\delta_{11}\delta_{12}\delta_{13}\\ \delta_{21}\delta_{22}\delta_{23}\\ \delta_{31}\delta_{32}\delta_{33}\end{bmatrix}$$

根据公式(5-7)得 $\delta_{bij}=\sum_{k=1}^{2}(z_k\bar{\alpha}_k-z_{k-1}\bar{\alpha}_{k-1})/E_{sk}$,查表 2-4 求角点下附加应力系数 $\bar{\alpha}$ 需确定 l/b 和 z/b。例如求 δ_{11},把图 5-4 中的区格 1 分为 4 等份,查表时,$l/b=20/5=4$;再如求 δ_{12},用角点法的计算公式需要进行应力叠加,计算过程详见表 5-2。

本例题中需要用的矩形面积上均布荷载作用下角点平均附加应力系数 $\bar{\alpha}$ 见表 5-1(由

表 2-4 得)。

【例题 5-1】 角点平均附加应力系数 表 5-1

z/b \ l/b		$l=25, b=20$	$l=20, b=15$	$l=20, b=5$
		1.25	4/3	4
$z=0$	0	0.25	0.25	0.25
$z=10$	0.5	0.2459		
	2/3		0.2422	
	2			0.2012
$z=25$	1.25	0.2183		
	5/3		0.2004	
	5			0.1304

【例题 5-1】 δ_{ij} 计算表 表 5-2

$l=30$ (m)	$E_{s1}=10000\text{kPa}$, $E_{s2}=12000\text{kPa}$			$\delta_{bij}=\sum_{k=1}^{2}\left(\frac{1}{E_{sk}}\right)(z_k\bar{\alpha}_k-z_{k-1}\bar{\alpha}_{k-1})$	δ_{ij} (m^3/kN)
δ_{11} δ_{22} δ_{33}	$b=5$ $l/b=4$	$z=10$ $z=0$	$z/b=2$ $z/b=0$	4[(10×0.2012−0×0.25)/10000+(25×0.1304−10×0.2012)/12000]	0.001221
		$z=25$ $z=10$	$z/b=5$ $z/b=2$		
δ_{12} δ_{21} δ_{23} δ_{32}	$b=15$ $l/b=4/3$	$z=10$ $z=0$	$z/b=2/3$ $z/b=0$	2{[10×0.2422/10000+(25×0.2004−10×0.2422)/12000]−[10×0.2012/10000+(25×0.1304−10×0.2012)/12000]}	0.000306
		$z=25$ $z=10$	$z/b=5/3$ $z/b=2/3$		
	$b=5$ $l/b=4$	$z=10$ $z=0$	$z/b=2$ $z/b=0$		
		$z=25$ $z=10$	$z/b=5$ $z/b=2$		
δ_{13} δ_{31}	$b=20$ $l/b=1.25$	$z=10$ $z=0$	$z/b=0.5$ $z/b=0$	2{[10×0.2459/10000+(25×0.2183−10×0.2459)/12000]−[10×0.2422/10000+(25×0.2004−10×0.2422)/12000]}	7.5539×10^{-5}
		$z=25$ $z=10$	$z/b=1.25$ $z/b=0.5$		
	$b=15$ $l/b=4/3$	$z=10$ $z=0$	$z/b=2/3$ $z/b=0$		
		$z=25$ $z=10$	$z/b=5/3$ $z/b=2/3$		

(2)根据公式(5-23)建立线性方程组为：

$$\begin{bmatrix} 0.001221 & 0.000306 & 0.000076 & 10 & -1 \\ 0.000306 & 0.001221 & 0.000306 & 0 & -1 \\ 0.000076 & 0.000306 & 0.001221 & -10 & -1 \\ -10\times400 & 0 & 10\times400 & 0 & 0 \\ 400 & 400 & 400 & 0 & 0 \end{bmatrix}\begin{Bmatrix} p_1 \\ p_2 \\ p_3 \\ \alpha_y \\ \omega_0 \end{Bmatrix}=\begin{Bmatrix} 0 \\ 0 \\ 0 \\ 70000 \\ 120000 \end{Bmatrix}$$

(3)求解

解上述 5 元 1 次方程组，求得 $p_1=100.39\text{kPa}$，$p_2=81.72\text{kPa}$，$p_3=117.89\text{kPa}$，$\alpha_y=$

0.001002，ω_0=0.1664m。把地基反力 p 代入式(5-16)求得，ω_1=0.1564m，ω_2=0.1664m，ω_3=0.1765m。

(4)变形验算

由表 2-3 查得建筑物的地基变形允许值，验算整体倾斜：

$$\alpha_y = \frac{0.1765 - 0.1564}{20} = 0.001 < 0.004\ (安全)$$

平均沉降量

$$\omega_0 = 166.4\text{mm} < 200\text{mm}(安全)$$

2)按柔性基础求基础的沉降和地基反力

若为柔性基础，对于图 5-4 中的偏心荷载，根据直线分布的地基反力假设，由式(4-3)求得每个区格的分布荷载分别为：p_1=92.22kPa，p_2=100.00kPa，p_3=107.78kPa，柔度系数矩阵同上，把地基反力 p 代入公式(5-16)求得各区格中点的沉降量 $s(m)$为：

$$\begin{Bmatrix} s_1 \\ s_2 \\ s_3 \end{Bmatrix} = \begin{bmatrix} 0.001221 & 0.000306 & 0.000076 \\ 0.000306 & 0.001221 & 0.000306 \\ 0.000076 & 0.000306 & 0.001221 \end{bmatrix} \begin{Bmatrix} 92.22 \\ 100.00 \\ 107.78 \end{Bmatrix} = \begin{Bmatrix} 0.1513 \\ 0.1832 \\ 0.1691 \end{Bmatrix}$$

3)计算结果比较见图 5-5。

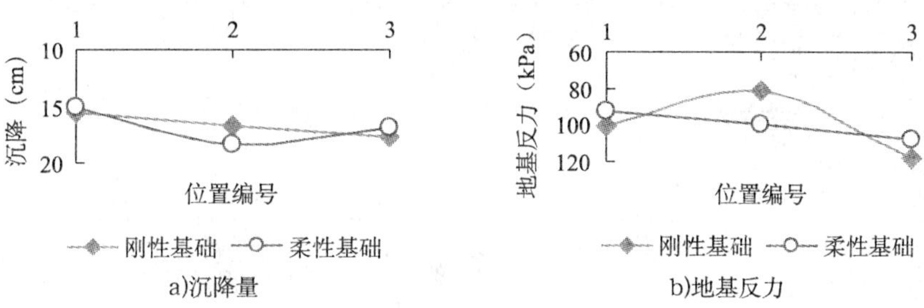

图 5-5 【例题 5-1】计算结果

上述结果表明，若考虑基础为刚性基础，根据沉降线性分布的假设，求出的地基反力中间小两边大。若考虑基础为柔性基础，设荷载线性分布，则求出的地基沉降量基础中心处大，基础边缘处小。

5.2.3 考虑上部结构—基础—地基三者的相互作用

下面通过一个例题说明上部结构与基础的相互作用。

【例题 5-2】 某基础梁，截面尺寸为宽 0.7m，高 1.0m，长 30m，荷载为集中荷载，设地基土为砂土，根据规范表格计算平均地基反力系数，得地基反力分布见图 5-6。

(1)试用有限单元法计算该基础梁的弯矩与位移。

(2)若考虑基础梁上柱(0.5m×0.5m，高 4m)、梁(0.3m×0.5m)对基础梁内力与变形的调节作用，试计算此时该基础梁的弯矩与位移。

解：(1)计算基底反力

平均地基反力为

$$p = \frac{500 \times 2 + 1000 \times 4}{6 \times 5} = 166.67\text{kN/m}$$

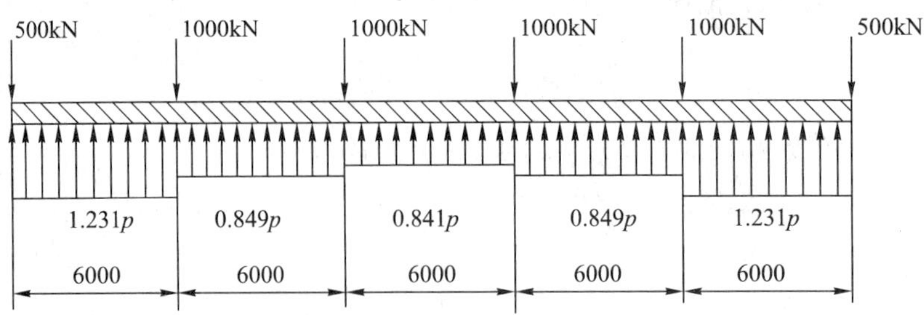

图 5-6 【例题 5-2】计算简图(尺寸单位:mm)

若为砂土地基,查表 5-6,计算得平均反力系数见图 5-6。为进行有限元计算,把基底分布荷载简化为结点荷载,见图 5-7a),例如 $R_1 = 1.231 \times 166.67 \times 3 = 615.25\text{kN}$, $R_2 = (1.231 + 0.849) \times 3 \times 166.67 = 1039.88\text{kN}$。

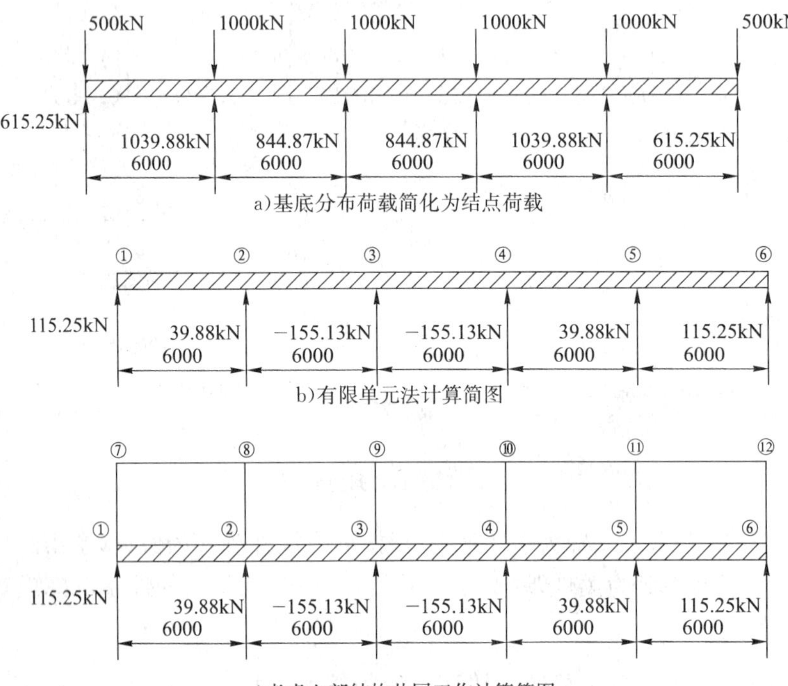

图 5-7 【例题 5-2】计算分析图(尺寸单位:mm)

(2)按有限单元法求基础梁内力、位移

有限单元法计算简图见图 5-7b),结点荷载为柱荷载与地基反力的合力,划分为 5 个单元,共六个结点,单元刚度矩阵为:

$$\begin{Bmatrix} X_i \\ Y_i \\ M_i \\ X_j \\ Y_j \\ M_j \end{Bmatrix} = \left(\frac{EI}{l^3}\right) \begin{bmatrix} Al^2/I & 0 & 0 & -Al^2/I & 0 & 0 \\ 0 & 12 & 6l & 0 & -12 & 6l \\ 0 & 6l & 4l^2 & 0 & -6l & 2l^2 \\ -Al^2/I & 0 & 0 & Al^2/I & 0 & 0 \\ 0 & -12 & -6l & 0 & 12 & -6l \\ 0 & 6l & 2l^2 & 0 & -6l & 4l^2 \end{bmatrix} \begin{Bmatrix} u_i \\ v_i \\ \varphi_i \\ u_j \\ v_j \\ \varphi_j \end{Bmatrix}$$

梁单元见图 5-8。根据对号入座，同号相加的原则形成整体刚度矩阵 $[K]_{18\times18}$，通过施加位移边界条件消除刚体位移，从而消除整体刚度矩阵的奇异性，设两端①、⑥结点为铰结点，在整体刚度矩阵中划去与位移为零的铰结点相应的行与列，解方程的整体刚度矩阵为 $[K]_{14\times14}$，建立整体平衡方程并求解，计算结果见图 5-9。

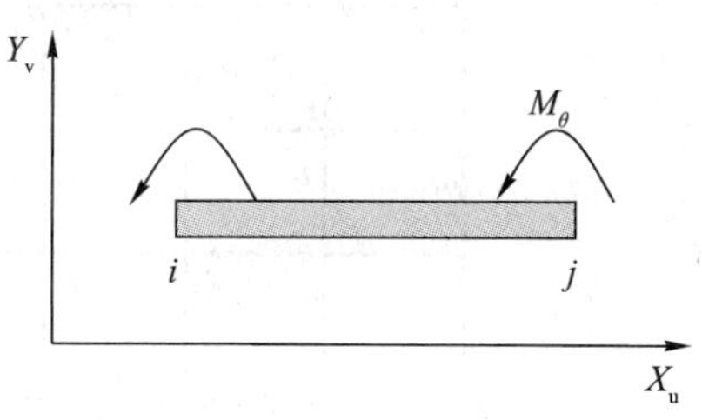

图 5-8 梁单元图示

(3)考虑上部结构与基础的相互作用

计算简图见图 5-7c)，图中柱单元的方向与基础梁单元不同，柱单元刚度矩阵需根据 90°的转角进行调整，然后根据对号入座，同号相加的原则形成总刚度矩阵 $[K]_{36\times36}$，同样设两端①、⑥结点为铰结点，在整体刚度矩阵中划去与该铰接点位移为零相应的行与列，解方程的整体刚度矩阵为 $[K]_{32\times32}$，荷载矩阵与前面计算相同，基础梁的计算结果见图 5-9。

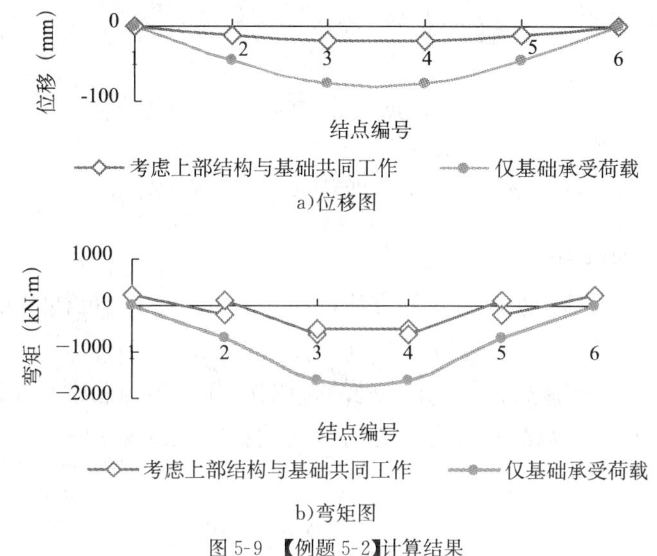

图 5-9 【例题 5-2】计算结果

该例题的第二部分把基础与上部结构作为一个整体，即考虑了基础与上部结构的相互作用，由计算结果可知，考虑上部结构参与工作，基础的内力与变形峰值大为降低。

若考虑地基土是某种地基模型，例如文克尔地基模型，把地基反力设为弹性支撑，就可以考虑上部结构—基础—地基三者的相互作用。有限单元法的计算精度与单元划分相关，为了提高计算精度，基础需划分相应多的计算单元。

考虑上部结构—基础—地基三者的相互作用的设计分析方法是把这三者看成一个整体进行分析设计，该方法不仅要考虑三者之间的静力平衡条件，还要考虑到三者之间的变形协调条件。对于实际工程，若直接建立整体平衡方程再求解占用计算机内存过大，可以通过用子结构的方法减少总刚的阶数，使问题得到解决。可以把上部结构(上部结构还可以划分为多个子结构)与基础分别作为一个子结构，基础搁置在某地基模型的地基土上，计算简图见图 5-10。

图 5-10a)表示建筑整体由上部结构、基础、地基共同组成，图 5-10b)表示子结构一上部结构，图 5-10c)表示上部结构和地基反力对基础的作用。

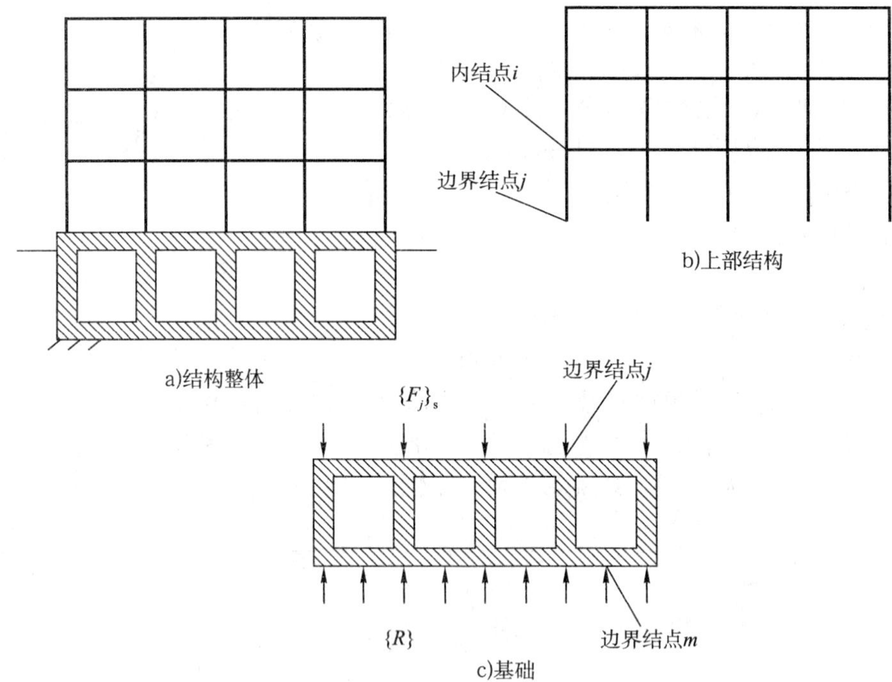

图 5-10　结构—基础—地基共同作用计算简图

1)上部结构整体刚度矩阵

对于上部结构,根据结构矩阵分析的方法可建立内力 $\{F\}_s$ 与位移的关系为:

$$\{F\}_s = [K]_s \{\delta\}_s \tag{5-32}$$

式中,$\{\delta\}_s$、$[K]_s$ 分别表示上部结构的结点位移列阵、结构总刚度矩阵。把上部结构与基础相连的结点称为边界结点,反之称为内结点,根据边界结点列阵 $\{\delta_j\}_s$ 和内结点列阵 $\{\delta_i\}_s$ 把式(5-32)写成分块矩阵的形式:

$$\left\{\frac{F_i}{F_j}\right\}_s = \left[\begin{array}{c|c} K_{ii} & K_{ij} \\ \hline K_{ji} & K_{jj} \end{array}\right]_s \left\{\frac{\delta_i}{\delta_j}\right\}_s \tag{5-33}$$

展开式(5-33)得:

$$\{F_i\}_s = [K_{ii}]_s \{\delta_i\}_s + [K_{ij}]_s \{\delta_j\}_s \tag{5-34}$$

$$\{F_j\}_s = [K_{ji}]_s \{\delta_i\}_s + [K_{jj}]_s \{\delta_j\}_s \tag{5-35}$$

在式(5-34)中,用非边界上的结点荷载 $\{P_i\}_s$ 代替结点力 $\{F_i\}_s$,得到用边界结点位移 $\{\delta_j\}_s$ 表示的内结点位移为:

$$\{\delta_i\}_s = [K_{ii}]_s^{-1}(\{P_i\}_s - [K_{ij}]_s \{\delta_j\}_s) \tag{5-36}$$

把式(5-36)代入式(5-35)得:

$$\{F_j\}_s = [K_{ji}]_s([K_{ii}]_s^{-1}(\{P_i\}_s - [K_{ij}]_s \{\delta_j\}_s)) + [K_{jj}]_s \{\delta_j\}_s$$

整理上式得边界结点力为:

$$\{F_j\}_s = ([K_{jj}]_s - [K_{ji}]_s [K_{ii}]_s^{-1} [K_{ij}]_s)\{\delta_j\}_s + [K_{ji}]_s [K_{ii}]_s^{-1} \{P_i\}_s \tag{5-37}$$

式(5-37)简记为:

$$\{F_j\}_s = [K_j]_s \{\delta_j\}_s + \{R_j\}_s \tag{5-38}$$

式中：

$$[K_j]_s=([K_{jj}]_s-[K_{ji}]_s[K_{ii}]_s^{-1}[K_{ij}]_s) \tag{5-39}$$

$$\{R_j\}_s=[K_{ji}]_s[K_{ii}]_s^{-1}\{P_i\}_s \tag{5-40}$$

2)上部结构—地基—基础三者的共同作用

设基础的整体刚度矩阵为 $[K]_b$，基础的位移为 $\{\delta\}_b$，基础上受到的荷载是 $\{P\}_b$。基础的上边界 j 处的边界结点力为 $\{F_j\}_s$，基础的下边界处作用有基底反力 $\{R\}$，对于基础建立整体平衡方程为：

$$[K]_b\{\delta\}_b+\{\bar{F}_j\}_s=\{P\}_b-\{\bar{R}\} \tag{5-41}$$

式中，$\{\bar{F}_j\}_s$ 是把上部结构传来的等效结点力 $\{F_j\}_s$ 以零元扩大为与基础自由度相同；$\{\bar{R}\}$ 是把基底反力 $\{R\}$ 以零元扩大为与基础自由度相同。

地基土上承受的荷载 $\{R\}$ 与相应的沉降 $\{s\}$ 的关系为：

$$\{R\}=[K]_d\{s\} \tag{5-42}$$

式中：$[K]_d$ ——地基的刚度矩阵，若采用文克尔地基模型，地基刚度矩阵见式(5-26)，若选用其他地基模型，同样可得地基刚度矩阵。

考虑地基土沉降与基础底面变形相等的变形协调条件：

$$\{\delta_m\}_b=\{s\} \tag{5-43}$$

所以式(5-42)为：

$$\{R\}=[K]_d\{\delta_m\}_b \tag{5-44}$$

把式(5-38)，式(5-44)代入公式(5-41)，整理得上部结构、基础、地基三者共同作用的基本方程为：

$$([K]_b+[\bar{K}_j]_s+[\bar{K}]_d)\{\delta\}_b=\{P\}_b-\{\bar{R}_j\}_s \tag{5-45}$$

式中，$[\bar{K}_j]_s$ 是把等效边界刚度矩阵 $[K_j]_s$ 以零元扩大为与基础自由度相同的刚度矩阵。$[\bar{K}]_d$ 是把地基的刚度矩阵 $[K]_d$ 以零元扩大为与基础自由度相同的刚度矩阵。$\{\bar{R}_j\}_s$ 是把公式(5-40)的 $\{R_j\}_s$ 以零元扩大为与基础自由度相同的荷载。

解方程(5-45)求出基础结点位移 $\{\delta\}_b$，再由式(5-42)求出集中地基反力 $\{R\}$，根据基础板划分的区格大小可以求出相应的均布地基反力 $\{p\}$，再根据该地基反力进行基础板的结构设计。

作为练习，读者可用子结构的方法分析【例题 5-2】，把上部结构与基础分为不同的子结构，上部结构是柱与上部框架梁，由上部结构刚度矩阵 $[K]_s$ 整理得式(5-39)中的等效边界刚度矩阵 $[K_j]_s$，以基础梁为对象建立方程(5-45)，并求解，结果与直接求解相同。

由以上分析计算可知，用子结构的分析方法是一种化整为零的方法，虽然运算中涉及的元素与原整体刚度矩阵相比不为零的元素并没有减少，并且增加了矩阵运算的工作量，但在整体分析中不必考虑子结构内部的自由度，只要考虑结构边界及相邻子结构公共边界上的自由度，问题的规模与原结构相比小多了。若用 Excel 求解，数组的元素在 Excel 允许的范围内建立总刚直接求解很方便。若实际问题中设置的单元数量很多，方程组十分庞大，甚至超过了计算机的存储容量时，用子结构的方法降低方程的阶数，可使问题得到解决。

5.3 箱形基础结构设计

箱形基础由底板、顶板和内、外墙体组成，通常采用简化计算方法进行各部分的内力分析。计算底板弯矩，首先需要确定地基反力。

5.3.1 地基反力

地基变形不同，地基反力分布规律不同。

1)地基反力直线分布

图 5-1a)表示在均布荷载作用下地基沉降量中间大，两边小。

2)基础底面为平面

图 5-1b)表示中心荷载作用下，基础底面沉降变形相等，地基反力则是两边大中间小。

3)基于文克尔假定的基床系数法

若地基土符合文克尔弹性地基假定，考虑地基土与基础底面变形协调，可得地基反力分布图，详见本书第 3.3 节和第 4.2 节。

4)弹性半空间地基模型上的计算方法

若地基土符合弹性半空间地基模型，考虑地基土与基础底面变形协调，可得地基反力分布图，例如链杆法，详见本书第 3.4 节。若基础为圆形刚性基础，沉降量和基底反力的计算公式分别见式(2-55)、式(2-56)。

5)有限压缩层地基模型上的计算方法

若假设地基土为有限压缩层地基模型，考虑地基与基础底面变形协调，可得地基反力分布图，例如【例题 5-1】。

6)规范查表法

对于刚度较大的箱形基础，《高层建筑筏形与箱形基础技术规范》(JGJ 6—2011)根据实测资料给出了地基反力系数表，可以根据地基反力系数确定地基反力。地基反力系数表见表 5-3～表 5-7。

地基反力系数表是将基础底面(包括底板悬挑部分)划分为若干区格，根据地基反力系数表可计算出各区格的地基反力：

$$区格地基反力 = 平均地基反力 \times 该区格地基反力系数 \tag{5-46}$$

表 5-3 是基础底面为正方形，地基土为黏性土的地基反力系数，表 5-5 是基础底面为正方形，地基土为砂土的地基反力系数。这两个表把基础底面分为 8×8 个区格，地基反力的分布规律是两边大、中间小。

黏性土地基反力系数 表 5-3

$L/B=1$							
1.381	1.179	1.128	1.108	1.108	1.128	1.179	1.381
1.179	0.952	0.898	0.879	0.879	0.898	0.952	1.179
1.128	0.898	0.841	0.821	0.821	0.841	0.898	1.128
1.108	0.879	0.821	0.800	0.800	0.821	0.879	1.108

续上表

L/B=1							
1.108	0.879	0.821	0.800	0.800	0.821	0.879	1.108
1.128	0.898	0.841	0.821	0.821	0.841	0.898	1.128
1.179	0.952	0.898	0.879	0.879	0.898	0.952	1.179
1.381	1.179	1.128	1.108	1.108	1.128	1.179	1.381

黏性土地基反力系数 表 5-4

L/B=2～3							
1.265	1.115	1.075	1.061	1.061	1.075	1.115	1.265
1.073	0.904	0.865	0.853	0.853	0.865	0.904	1.073
1.046	0.875	0.835	0.822	0.822	0.835	0.875	1.046
1.073	0.904	0.865	0.853	0.853	0.865	0.904	1.073
1.265	1.115	1.075	1.061	1.061	1.075	1.115	1.265
L/B=4～5							
1.229	1.042	1.014	1.003	1.003	1.014	1.042	1.229
1.096	0.929	0.904	0.895	0.895	0.904	0.929	1.096
1.081	0.918	0.893	0.884	0.884	0.893	0.918	1.081
1.096	0.929	0.904	0.895	0.895	0.904	0.929	1.096
1.229	1.042	1.014	1.003	1.003	1.014	1.042	1.229
L/B=6～8							
1.214	1.053	1.013	1.008	1.008	1.013	1.053	1.214
1.083	0.939	0.903	0.899	0.899	0.903	0.939	1.083
1.069	0.927	0.893	0.888	0.888	0.893	0.927	1.069
1.083	0.939	0.903	0.899	0.899	0.903	0.939	1.083
1.214	1.053	1.013	1.008	1.008	1.013	1.053	1.214

砂土地基反力系数 表 5-5

L/B=1							
1.5875	1.2582	1.1875	1.1611	1.1611	1.1875	1.2582	1.5875
1.2582	0.9096	0.8410	0.8168	0.8168	0.8410	0.9096	1.2582
1.1875	0.8410	0.7690	0.7436	0.7436	0.7690	0.8410	1.1875
1.1611	0.8168	0.7436	0.7175	0.7175	0.7436	0.8168	1.1611
1.1611	0.8168	0.7436	0.7175	0.7175	0.7436	0.8168	1.1611
1.1875	0.8410	0.7690	0.7436	0.7436	0.7690	0.8410	1.1875
1.2582	0.9096	0.8410	0.8168	0.8168	0.8410	0.9096	1.2582
1.5875	1.2582	1.1875	1.1611	1.1611	1.1875	1.2582	1.5875

砂土地基反力系数 表 5-6

L/B=2～3							
1.409	1.166	1.109	1.088	1.088	1.109	1.166	1.409
1.108	0.847	0.798	0.781	0.781	0.798	0.847	1.108
1.069	0.812	0.762	0.745	0.745	0.762	0.812	1.069
1.108	0.847	0.798	0.781	0.781	0.798	0.847	1.108
1.409	1.166	1.109	1.088	1.088	1.109	1.166	1.409

续上表

L/B=4~5							
1.395	1.212	1.166	1.149	1.149	1.166	1.212	1.395
0.992	0.828	0.794	0.783	0.783	0.794	0.828	0.992
0.989	0.818	0.783	0.772	0.772	0.783	0.818	0.989
0.992	0.828	0.794	0.783	0.783	0.794	0.828	0.992
1.395	1.212	1.166	1.149	1.149	1.166	1.212	1.395

软土地基反力系数 表 5-7

0.906	0.966	0.814	0.738	0.738	0.814	0.966	0.906
1.124	1.197	1.009	0.914	0.914	1.009	1.197	1.124
1.235	1.314	1.109	1.006	1.006	1.109	1.314	1.235
1.124	1.197	1.009	0.914	0.914	1.009	1.197	1.124
0.906	0.966	0.814	0.738	0.738	0.814	0.966	0.906

表 5-4 是基础底面为矩形，地基土为黏土的地基反力系数，黏性土地基 $L/B=2$ 的地基反力系数分布规律见图 5-11a)，地基反力的分布规律是两边大、中间小。表 5-6 是基础底面为矩形，地基土为砂土的地基反力系数。这两个表把基础底面分为 5×8 个区格，砂土地基与黏性土地基相比，地基反力系数值边上更大，中间值更小。

表 5-7 是地基土为软土的地基反力系数。这个表把基础底面分为 5×8 个区格，因为是软土地基，变形大会产生应力重分布，地基反力的分布规律不再是两边大、中间小，沿短边是中间大、两边小，沿长边是马鞍形的分布规律，见图 5-11b)。

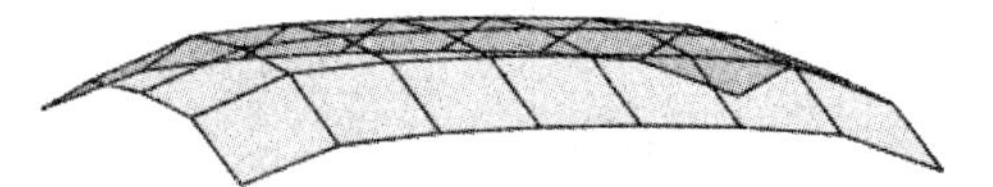

a)表5-4黏性土地基反力系数（L/B=2）

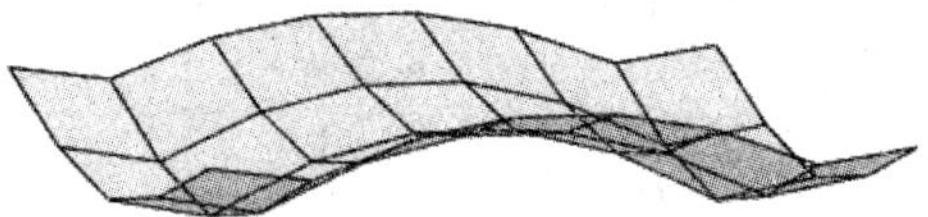

b)表5-7软土地基反力系数

图 5-11 地基反力系数示意

设计中可以根据实际土性和建筑底面的情况查相应的表格，确定地基反力，再根据地基反力计算基础内力。

《高层建筑筏形与箱形基础技术规范》(JGJ 6—2011)附录 E 还给出了图 5-12 中几种异形基础底面的黏性土地基反力系数，详见规范。

5.3.2 底板设计

底板的设计是要确定混凝土强度等级、底板厚度和配筋。关于混凝土强度等级和底板的厚度见本书第 5.1 节。可根据规范查表法确定地基反力，再根据地基反力计算底板内力。

《高层建筑筏形与箱形基础技术规范》(JGJ 6—2011)6.3.7 中指出："当地基压缩层深度范围内的土层在竖向和水平方向较均匀、且上部结构为平、立面布置较规则的剪力墙、框架、框架剪力墙体系时，箱形基础的顶、底板可仅按局部弯曲计算，计算时底板反力应扣除板的自重。顶、底板钢筋配置量除满足局部弯曲的计算要求外，跨中钢筋应按实际配筋全部连通，支座钢筋尚应有 1/4 贯通全跨，底板上下贯通钢筋的配筋率均不应小于 0.15%。"

6.3.8 条规定：对于不符合上述要求的箱形基础，应同时考虑局部弯曲及整体弯曲作用。计算整体弯曲时应采用上部结构、箱形基础和地基共同作用的分析方法;底板局部弯曲产生的弯矩应乘以 0.8 折减系数;箱形基础的自重应按均布荷载处理;基底反力可按反力系数法确定。对等柱距或柱距相差不大于 20%的框架结构,箱形基础整体弯矩的可将上部框架简化为等代梁并通过结构的底层柱与筏形或箱形基础连接,上部等效刚度为 $E_B I_B$。

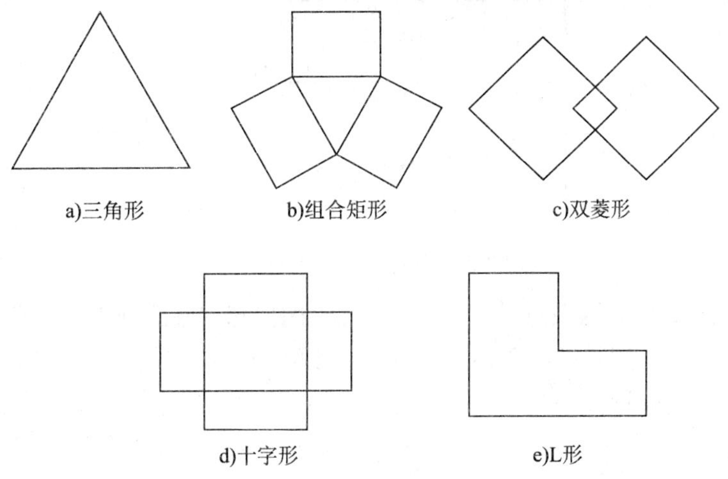

图 5-12　异形地基反力系数

1)计算局部弯曲

对于箱形基础的底板,荷载按规范查表法计算,计算时基底反力应扣除底板自重。局部弯矩按倒楼盖法计算,底板根据剪力墙的位置分为单向板、双向板,根据不同的边界条件查有关结构设计手册得不同位置处的弯矩系数 a,由下式求局部弯矩:

$$M = aql^2 \tag{5-47}$$

2)计算整体弯曲

由《高层建筑筏形与箱形基础技术规范》(JGJ 6—2011)附录 F 可知,框架结构等效刚度 $E_B I_B$ 为:

$$E_B I_B = \sum_{i=1}^{n}\left[E_b I_{bi}\left(1+\frac{K_{ui}+K_{li}}{2K_{bi}+K_{ui}+K_{li}}m^2\right)\right] \tag{5-48}$$

式中: E_b ——梁、柱的混凝土弹性模量(kPa);

K_{ui},K_{li},K_{bi} ——第 i 层上柱、下柱和梁的线刚度(m^3),详见图 5-13;

$$K_{ui} = \frac{I_{ui}}{h_{ui}},K_{li} = \frac{I_{li}}{h_{li}},K_{bi} = \frac{I_{bi}}{l}$$

I_{ui},I_{li},I_{bi} ——第 i 层上柱、下柱和梁的截面惯性矩(m^4);

l ——上部结构弯曲方向的总长度(m);

l ——上部结构弯曲方向的柱距(m);

m ——在弯曲方向的节间数;

n ——建筑物层数,当层数不大于 5 时取实际值,当层数大于 5 时取 5。

式(5-48)中符号如图 5-13 所示。

对等柱距或柱距相差不大于 20%的框架结构,箱形基础分担的整体弯矩的计算简图见图 5-14[1],将上部框架简化为等代梁,通过结构的底层柱与箱形基础相连。图 5-14 中 $E_F I_F$ 为箱形基础的刚度,E_F 为箱形基础混凝土弹性模量,I_F 为按工字形截面(图 5-15)计算的箱形基础截面惯性矩，工字形截面的上、下翼缘宽度分别为箱形基础顶、底板的全宽，腹板厚度为在弯曲方向的墙体厚度的总和。

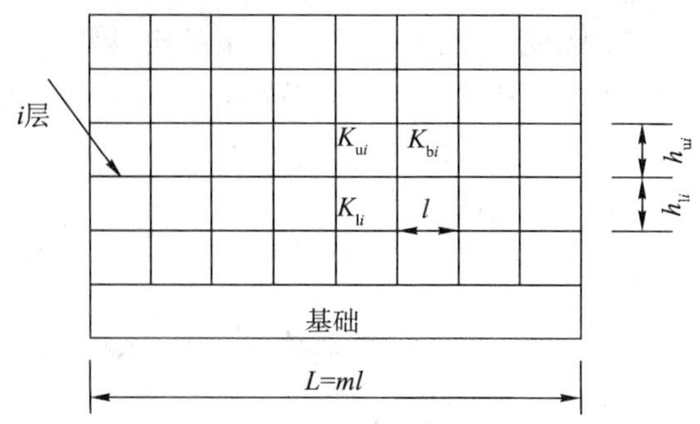

图 5-13　公式(5-48)中的符号说明

例如，对于软土地基，由表 5-7 可知，沿长度方向把基础底面分为 8 等份，沿宽度方向把基础底面分为 5 等份，把箱形基础简化为梁，宽度方向的地基反力系数取平均值，由表 5-7 得基础梁上承受的地基反力为：

$p_1 = p_8 = (0.906\times2+1.124\times2+1.235)p/5 = 1.059p$，其余地基反力值见图 5-14。

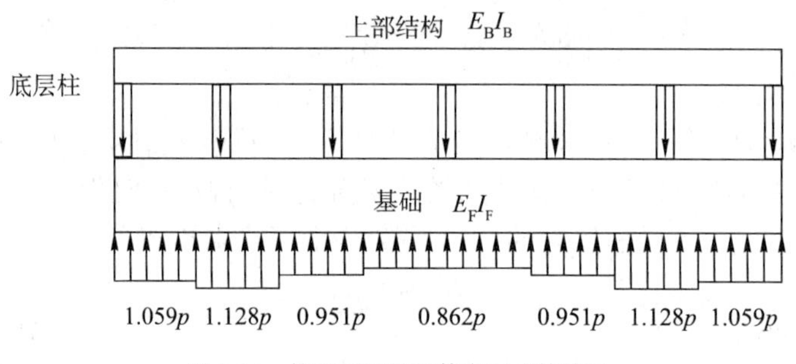

图 5-14　箱形基础的整体弯矩计算简图

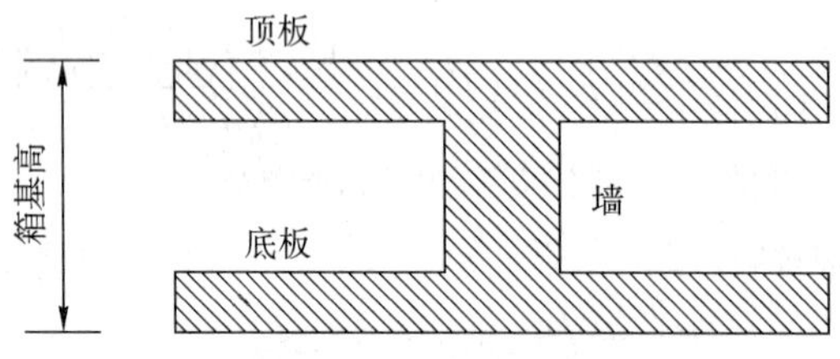

图 5-15　箱形基础简化为工字形截面

在箱形基础顶、底板配筋时，应综合考虑承受整体弯曲的钢筋与局部弯曲的钢筋的配置部位，使截面各部位的钢筋能充分发挥作用。

5.3.3　墙体验算

1)剪切验算

箱形基础的内、外墙，除与上部剪力墙连接者外，各片墙的墙身的竖向受剪截面应满足下式要求：

$$V \leqslant 0.2 f_c b h_0 \tag{5-49}$$

式中：V——墙体根部的竖向剪应力设计值(kN)；

f_c——混凝土轴向抗压强度设计值(kPa)；

b——墙体的厚度(m)；

h_0——墙体的竖向有效高度(m)。

各片墙的竖向剪应力设计值可按地基反力系数表确定的地基反力计算，按基础底板等角分线与板中分线所围区域传给对应的纵横基础墙，见图 5-16，并假设底层柱为支点，按连续墙计算基础墙上各点竖向剪力。

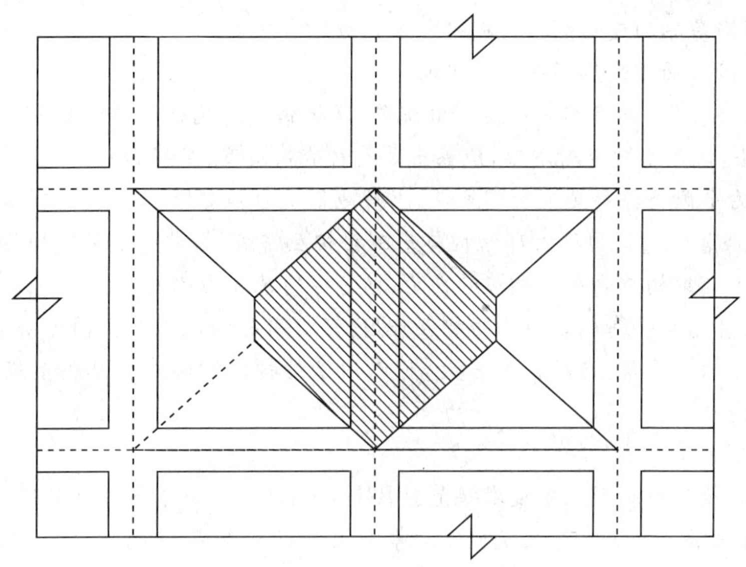

图 5-16　计算墙竖向剪力时地基反力分配图

2)受弯验算

对于承受均布荷载的内外墙，需要进行受弯验算，将墙身视为顶板、底板固定的多跨连续板，根据板的尺寸按单向板或双向板计算。作用在外墙上的荷载有土压力、水压力及由地面超载引起的土压力，考虑到墙身水平方向位移很小，土压力一般按静止土压力计算，计算简图见图 5-17。

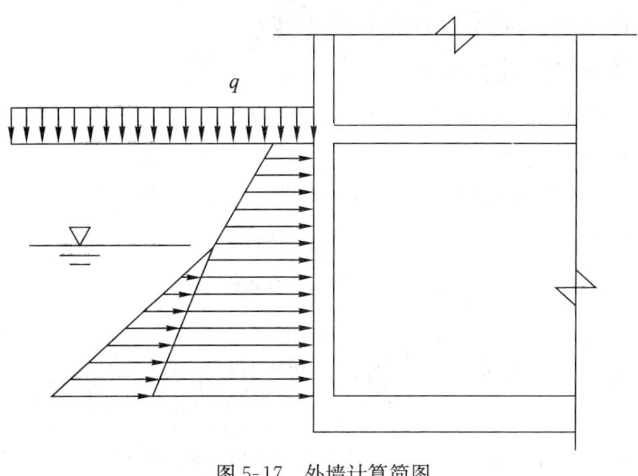

图 5-17　外墙计算简图

本章小结

箱形基础应进行承载力、变形和稳定计算，箱形基础的结构设计。

(1)承载力和稳定验算

详见本书第2章。

(2)变形计算

在计算箱形基础的变形的同时也确定了相应的基底反力。

①假设基础底面变形后还是接近平面：

a. 轮算法：先不考虑基础的刚度计算沉降，再根据平均沉降量进行调整。

b. 解析法：假定基础绝对刚性，地基土是某种地基模型，变形后基础底面与地基土相互接触，满足静力平衡条件和变形协调条件，求解地基反力和变形。

②通过【例题5-2】说明了上部结构与基础的相互作用，若考虑上部结构共同工作，基础的变形减少，上部结构需要承受相应的内力，该方法地基反力已知。

③考虑上部结构—基础—地基的相互作用，可以用结构矩阵分析的方法分析内力与变形，因实际工程结点很多，占用内存过大，可以用子结构的方法减少总刚度矩阵的阶数，使问题得到简化。

(3)基底反力系数法

《高层建筑筏形与箱形基础技术规范》(JGJ 6—2011)给出了各种土质及不同基础底面形状的基底反力系数，即地基反力已知，考虑上部结构与基础的相互作用，计算内力与变形。

(4)箱形基础的结构设计

箱形基础的结构设计包括底板、顶板和墙体各方面，均需确定荷载，计算弯矩、剪力，确定配筋，验算板厚及墙厚。

思考题

1. 箱形基础设计应进行哪方面的计算和验算？
2. 箱形基础沉降如何计算？
3. 如何考虑上部结构、箱形基础、地基三者的共同作用？
4. 什么是地基反力系数法？
5. 箱形基础底板内力如何计算？

参考文献

[1] 中华人民共和国行业标准．JGJ 6—2011　高层建筑筏形与箱形基础技术规范[S]. 北京：中国建筑工业出版社，2011.

[2] 陈仲颐，叶书麟．基础工程学[M]. 北京：中国建筑工业出版社，1990.

[3] 钱力航．高层建筑箱形与筏形基础的设计计算[M]. 北京：中国建筑工业出版社，2003.

[4] 陈皓彬．箱形基础基底反力的实用计算[J]. 建筑结构学报，1981(1)：66-80.
[5] 钱力航，黄绍铭，方世敏，等．上部结构刚度对箱形基础整体弯矩影响的探讨[J]. 建筑结构学报，1981(1)：71-79.
[6] 华南理工大学，东南大学，浙江大学，等．地基及基础[M]. 北京：中国建筑工业出版社，1991.
[7] 朱伯芳．有限单元法原理与应用[M]. 2 版．北京：中国水利水电出版社，1998.

第6章 桩箱与桩筏基础

当筏形基础或箱形基础下的天然承载力或沉降值不满足设计要求时，可采用桩筏或桩箱基础。这种基础形式可以把上部荷载通过桩传递到土层深处，提高了基础的承载能力和抵抗变形的能力，成为超高层建筑的首选。例如，位于上海浦东的高420.5m，地上88层的金茂大厦，在塔楼4m厚的筏板下设置了429根长度83m，直径914mm的钢管桩。高492m，地上101层的上海环球金融中心主楼筏板厚度4.5m，在筏板下设置了1177根长度为79m，直径700mm的钢管桩。高632m，地上121层的上海中心大厦主楼筏板厚度6m，设置了995根，直径1m，长度82～86m的钻孔灌注桩。

金茂大厦的实测沉降见图6-1[1-2]。

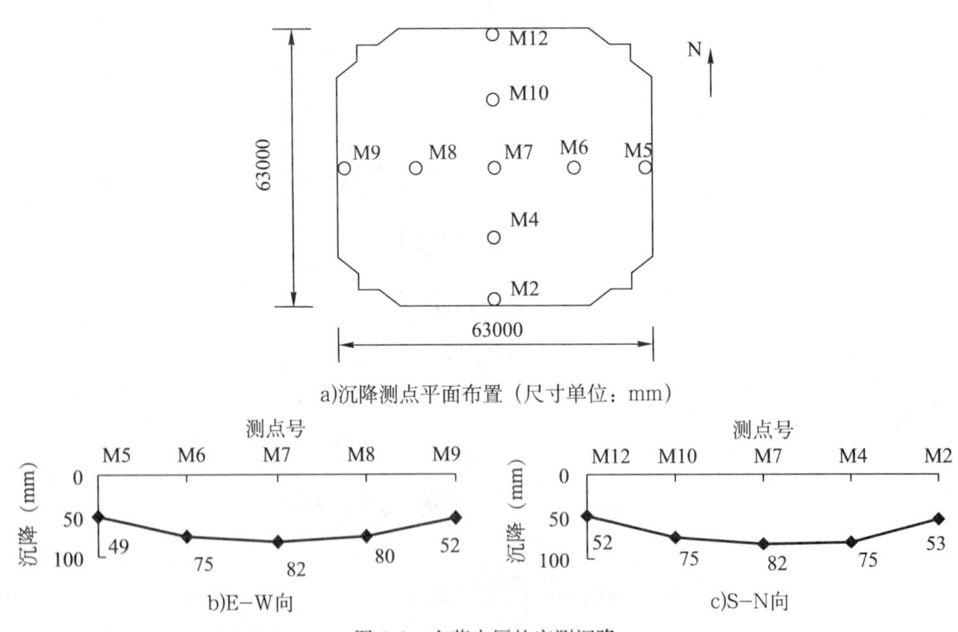

图6-1 金茂大厦的实测沉降

桩筏基础的设计包括桩的选型、桩承载力验算、基础筏板结构设计、沉降变形计算等。

桩的类型应根据工程地质状况、结构类型、荷载性质、施工条件及经济指标等因素决定。桩筏、桩箱基础一般需要承受较大的荷载，要求混凝土的强度等级不应低于C30。

桩筏、桩箱基础的内力分析、变形计算，根据具体工程情况分别可采用简化计算方法、考虑桩与基础的相互作用的计算方法及考虑上部结构—基础—桩基三者相互作用等计算方法。

6.1 承载力验算

承载力验算是要求桩上承受的荷载小于桩的承载力。桩上的荷载按直线分布的假定计算,对于重要建筑物,单桩承载力需通过单桩静载荷试验确定。

6.1.1 单桩承载力

1)单桩竖向极限承载力 Q_{uk}

单桩竖向极限承载力的确定方法有:①单桩静载荷试验。②经验参数法。③静力触探等原位测试法。

设计等级(详见表 6-1)为甲级的建筑桩基,地质条件复杂、桩施工质量可靠性低的桩基,本地区采用新桩型或新工艺的桩基,应通过单桩静载荷试验确定单桩承载力。

设计等级为乙级的建筑桩基,当地质条件简单时,可参照地质条件相同的试桩资料,结合静力触探等原位测试和经验参数综合确定,其余均应通过单桩静载荷试验确定。

设计等级为丙级的建筑桩基,可根据原位测试和经验参数确定单桩承载力。

建筑桩基设计等级 表 6-1

设计等级	建 筑 类 别
甲级	①重要的建筑; ②30 层以上或高度超过 100m 的高层建筑; ③体型复杂且层数相差超过 10 层的高低连通建筑; ④20 层以上框架—核心筒结构及其他对差异沉降有特殊要求的建筑; ⑤场地和地基条件复杂的 7 层以上的一般建筑及坡地、岸边建筑; ⑥对相邻既有工程影响较大的建筑
乙级	除甲级、丙级以外的建筑
丙级	场地和地基条件简单,荷载分布均匀的 7 层及 7 层以下的一般建筑

(1)单桩静载荷试验

采用单桩静载荷试验确定单桩承载力时,检测数量在同一条件下应不少于 3 根,且不宜少于总桩数的 1%,当工程桩总数在 50 根以内时,不应少于 2 根。

单桩静载荷试验是通过油压千斤顶等加载装置,锚桩横梁等反力装置对试验桩施加垂直荷载,根据试桩的桩顶荷载 Q 与桩顶沉降量 s 的关系曲线确定单桩承载力。

单桩竖向抗压极限荷载 Q_u 按下列方法综合分析确定。

①对于陡降形 Q-s 曲线,取其发生明显陡降段的起始点对应的荷载值。

②根据沉降随时间变化的特征确定,取 s-$\lg t$ 曲线尾部出现明显向下弯曲的前一级荷载值。

③对于缓变型 Q-s 曲线,宜取 s=40mm 对应的荷载值。

单桩竖向承载力特征值 R_a 应按单桩竖向抗压极限承载力统计值的一半取值。

(2)单桥静力触探

静力触探是用静压力将触探头压入土层,利用电测技术测得贯入阻力来判断土的力学特性。静力触探设备的核心部分是触探头,单桥探头静力触探可以测得探头贯入过程中的总贯入阻力。根据单桥探头静力触探资料确定混凝土预制桩单桩竖向极限承载力标准值 Q_{uk} 可按下式计算：

$$Q_{uk}=Q_{sk}+Q_{pk}=u\sum q_{sik}l_i+\alpha p_{sk}A_p \tag{6-1}$$

式中：Q_{sk}，Q_{pk}——分别是总极限侧阻力标准值和总极限端阻力标准值；

q_{sik}——用静力触探比贯入阻力值估算的桩周第 i 层土的极限侧阻力；

l_i——桩周第 i 层土的厚度；

α——桩端阻力修正系数，根据桩长取值为 $\alpha=0.75\sim0.9$；

p_{sk}——桩端比贯入阻力平均值；

u，A_p——分别是桩身周长和桩端面积。

(3)双桥静力触探

双桥探头静力触探可以测得锥尖阻力和侧壁摩阻力。

单桩竖向极限承载力标准值 Q_{uk} 可按下式计算：

$$Q_{uk}=Q_{sk}+Q_{pk}=u\sum l_i\beta_i f_{si}+\alpha q_c A_p \tag{6-2}$$

式中：β_i——第 i 层土侧阻力综合修正系数；

f_{si}——第 i 层土的探头平均侧阻力；

q_c——桩端阻力；

α——桩端阻力修正系数，黏性土、粉土 $\alpha=2/3$，饱和砂土 $\alpha=1/2$。

(4)经验参数法

经验参数法是查表法，宜通过埋设在桩身上的测试元件由静载荷试验确定桩极限侧阻力标准值、极限端阻力标准值。通过测试结果建立极限侧阻力标准值、极限端阻力标准值与土层物理指标、岩石饱和单轴抗压强度、静力触探等土的原位测试指标之间的经验关系，以经验参数法确定单桩竖向极限承载力。表 6-2，表 6-3 是规范给出的极限侧阻力标准值、极限端阻力标准值与土层物理指标、标准贯入击数 N、重型圆锥动力触探击数 $N_{63.5}$ 等土的原位测试指标间的经验关系。

根据土的物理力学性质指标与承载力参数之间的关系确定单桩竖向承载力按下式估算：

$$Q_{uk}=Q_{sk}+Q_{pk}=u\sum q_{sik}l_i+q_{pk}A_p \tag{6-3}$$

式中：q_{sik}——桩侧第 i 层土的极限侧阻力标准值，若无当地经验时，按表 6-2 查取；

q_{pk}——极限端阻力标准值，若无当地经验时，按表 6-3 查取。

桩的极限侧阻力标准值 q_{sik} (kPa) 表 6-2

土的名称	土 的 状 态		混凝土预制桩	泥浆护壁钻(冲)孔桩	干作业钻孔桩
填土	—		22～30	20～28	20～28
淤泥	—		14～20	12～18	12～18
淤泥质土	—		22～30	20～28	20～28
黏性土	流塑	$I_L>1$	24～40	21～38	21～38
	软塑	$0.75<I_L\leqslant1$	40～55	38～53	38～53
	可塑	$0.5<I_L\leqslant0.75$	55～70	53～68	53～66
	硬可塑	$0.25<I_L\leqslant0.5$	70～86	68～84	66～82
	硬塑	$0<I_L\leqslant0.25$	86～98	84～96	82～94
	坚硬	$I_L\leqslant0$	98～105	96～102	94～104

续上表

土的名称	土的状态		混凝土预制桩	泥浆护壁钻(冲)孔桩	干作业钻孔桩
红黏土	$0.7<a_w\leqslant1$ $0.5<a_w\leqslant0.7$		13～32 32～74	12～30 30～70	12～30 30～70
粉土	稍密 中密 密实	$e>0.9$ $0.75\leqslant e\leqslant0.9$ $e<0.75$	26～46 46～66 66～88	24～42 42～62 62～82	24～42 42～62 62～82
粉细砂	稍密 中密 密实	$10<N\leqslant15$ $15<N\leqslant30$ $N>30$	24～48 48～66 66～88	22～46 46～64 64～86	22～46 46～64 64～86
中砂	中密 密实	$15<N\leqslant30$ $N>30$	54～74 74～95	53～72 72～94	53～72 72～94
粗砂	中密 密实	$15<N\leqslant30$ $N>30$	74～95 95～116	74～95 95～116	76～98 98～120
砾砂	稍密 中密(密实)	$5<N_{63.5}\leqslant15$ $N_{63.5}>15$	70～110 116～138	50～90 116～130	60～100 112～130
圆砾、角砾	中密、密实	$N_{63.5}>10$	160～200	135～150	135～150
碎石、卵石	中密、密实	$N_{63.5}>10$	200～300	140～170	150～170
全风化软质岩	—	$30<N\leqslant50$	100～120	80～100	80～100
全风化硬质岩	—	$30<N\leqslant50$	140～160	120～140	120～150
强风化软质岩	—	$N_{63.5}>10$	160～240	140～200	140～220
强风化硬质岩	—	$N_{63.5}>10$	220～300	160～240	160～260

注：①对于尚未完成自重固结的填土和以生活垃圾为主的杂填土，不计算其侧阻力；

② a_w 为含水比，$a_w=w/w_l$，w 为土的天然含水量，w_l 为土的液限；

③ N 为标准贯入击数；$N_{63.5}$ 为重型圆锥动力触探击数；

④全风化、强风化软质岩和全风化、强风化硬质岩系指其母岩分别为 $f_{rk}\leqslant15\text{MPa}$，$f_{rk}>30\text{MPa}$ 的岩石。

2）单桩竖向承载力特征值 R_a

单桩竖向承载力特征值 R_a 为：

$$R_a=\frac{Q_{uk}}{2} \tag{6-4}$$

3）桩基竖向承载力特征值 R

（1）不考虑承台效应

对于端承桩和桩数少于4根的摩擦型柱下独立桩基，或由于土层条件、使用条件等因素不宜考虑承台效应时，取桩基竖向承载力特征值对于单桩竖向承载力特征值

$$R=R_a \tag{6-5}$$

（2）考虑承台效应

考虑承台下土的作用，不考虑地震作用时：

$$R=R_a+\eta_c f_{ak}A_c \tag{6-6}$$

桩的极限端阻力标准值 q_{pk}(kPa)　　表 6-3

土名称	土的状态 \ 桩型		混凝土预制桩 $l\leqslant 9$	混凝土预制桩 $9<l\leqslant 16$	混凝土预制桩 $16<l\leqslant 30$	混凝土预制桩 $l>30$	泥浆护壁钻(冲)孔桩 $5\leqslant l<10$	泥浆护壁钻(冲)孔桩 $10\leqslant l<15$	泥浆护壁钻(冲)孔桩 $15\leqslant l<30$	泥浆护壁钻(冲)孔桩 $30\leqslant l$	干作业钻孔桩 $5\leqslant l<10$	干作业钻孔桩 $10\leqslant l<15$	干作业钻孔桩 $15\leqslant l$
黏性土	软塑	$0.75<I_L\leqslant 1$	210～850	650～1400	1200～1800	1300～1900	150～250	250～300	300～450	300～450	200～400	400～700	700～950
	可塑	$0.5<I_L\leqslant 0.75$	850～1700	1400～2200	1900～2800	2300～3600	350～450	450～600	600～750	750～800	500～700	800～1100	1000～1600
	硬可塑	$0.25<I_L\leqslant 0.5$	1500～2300	2300～3300	2700～3600	3600～4400	800～900	900～1000	1000～1200	1200～1400	850～1100	1500～1700	1700～1900
	硬塑	$0<I_L\leqslant 0.25$	2500～3800	3800～5500	5500～6000	6000～6800	1100～1200	1200～1400	1400～1600	1600～1800	1600～1800	2200～2400	2600～2800
粉土	中密	$0.75\leqslant e\leqslant 0.9$	950～1700	1400～2100	1900～2700	2500～3400	300～500	500～650	650～750	750～850	800～1200	1200～1400	1400～1600
	密实	$e<0.75$	1500～2600	2100～3000	2700～3600	3600～4400	650～900	750～950	900～1100	1100～1200	1200～1700	1400～1900	1600～2100
粉砂	稍密	$10<N\leqslant 15$	1000～1600	1500～2300	1900～2700	2100～3000	350～500	450～600	600～700	650～750	500～950	1300～1600	1500～1700
	中密、密实	$N>15$	1400～2200	2100～3000	3000～4500	3800～5500	600～750	750～900	900～1100	1100～1200	900～1000	1700～1900	1700～1900
细沙	中密 密实	$N>15$	2500～4000	3600～5000	4400～6000	5300～7000	650～850	900～1200	1200～1500	1500～1800	1200～1600	2000～2400	2400～2700
中砂			4000～6000	5500～7000	6500～8000	7500～9000	850～1050	1100～1500	1500～1900	1900～2100	1800～2400	2800～3800	3600～4400
粗砂			5700～7500	7500～8500	8500～10000	9500～11000	1500～1800	2100～2400	2400～2600	2600～2800	2900～3600	4000～4600	4600～5200
砾砂		$N>15$	6000～9500		9000～10500		1400～2000		2000～3200		3500～5000		
角砾 圆砾		$N_{63.5}>10$	7000～1000		9500～11500		1800～2200		2200～3600		4000～5500		
碎石 卵石		$N_{63.5}>10$	8000～11000		10500～13000		2000～3000		3000～4000		4500～6500		
全风化 软质岩	$30<N\leqslant 50$		4000～6000				1000～1600				1200～2000		
全风化 硬质岩	$30<N\leqslant 50$		5000～8000				1200～2000				1400～2400		
强风化 软质岩	$N_{63.5}>10$		6000～9000				1400～2200				1600～2600		
强风化 硬质岩	$N_{63.5}>10$		7000～11000				1800～2800				2000～3000		

考虑地震作用时，有：

$$R = R_a + \frac{\zeta_a}{1.25}\eta_c f_{ak} A_c \tag{6-7}$$

$$A_c = \frac{A - nA_{ps}}{n} \tag{6-8}$$

式中：η_c ——承台效应系数，根据桩距与桩径之比、承台宽度与桩长之比取值为 0.06 ～ 0.8，当承台底下为可液化土、湿陷性土、高灵敏度软土、嵌固结土、新填土时，不考虑承台效应时取 $\eta_c = 0$；

f_{ak} ——地基承载力特征值；

A_c ——计算桩基对应的承台底净面积；

A_{ps} ——桩身截面面积；

ζ_a ——地基抗震承载力调整系数。

6.1.2 桩顶荷载

承载力验算中桩上承受的荷载按直线分布确定。

1)轴心竖向力作用

在中心荷载作用下，平均每根桩承受的荷载 N_k 为：

$$N_k = \frac{F_k + G_k}{n} \tag{6-9}$$

式中：F_k ——荷载效应标准组合下，作用于承台顶面的竖向力；

G_k ——桩基承台和承台上土自重标准值，对于稳定的地下水位以下部分应扣除水的浮力；

n ——桩的数量。

2)偏心竖向力作用

考虑偏心荷载作用，每根桩承受的荷载为

$$N_{ik} = \frac{F_k + G_k}{n} \pm \frac{M_{xk} y_i}{\sum y_j^2} \pm \frac{M_{yk} x_i}{\sum x_j^2} \tag{6-10}$$ [1]

式中：M_{xk}，M_{yk} ——荷载效应标准组合下，作用于承台底面的弯矩；

x_i，y_i ——第 i 根桩距 y 轴、x 轴的距离。

3)水平力作用

在水平荷载作用下，每根桩平均分担的荷载 N_{ik} 为：

---

[1] 注：设各桩的面积都是 A，第 j 根桩的中心点距 x 轴的距离是 y_j，距 y 轴的距离是 x_j，各桩对自身中心线的惯性矩分别是 I_{x0}，I_{y0}，根据材料力学可得承台下第 i 根桩桩顶处的压应力 p_i 为：

$$p_{ik} = \frac{N_{ik}}{A} = \frac{F_k + G_k}{nA} \pm \frac{M_{xk} y_i}{I_x} \pm \frac{M_{yk} x_i}{I_y}$$

$$p_{ik} = \frac{F_k + G_k}{nA} \pm \frac{M_{xk} y_i}{\sum(I_{x0} + y_j^2 a)} \pm \frac{M_{yk} x_i}{\sum(I_{y0} + x_j^2 A)}$$

$$p_{ik} = \frac{N_{ik}}{A} \approx \frac{F_k + G_k}{nA} \pm \frac{M_{xk} y_i}{\sum y_j^2 A} \pm \frac{M_{yk} x_i}{\sum x_j^2 A}$$

所以，第 i 根桩承受的荷载为：

$$N_{ik} \approx \frac{F_k + G_k}{n} \pm \frac{M_{xk} y_i}{\sum y_j^2} \pm \frac{M_{yk} x_i}{\sum x_j^2}$$

$$N_{ik}=\frac{H_k}{n} \tag{6-11}$$

式中：H_k ——荷载效应标准组合下，作用于承台底面的水平力。

6.1.3 竖向承载力验算

1)荷载效应标准组合

$$N_k \leqslant R \tag{6-12}$$

$$N_{kmax} \leqslant 1.2R \tag{6-13}$$

2)地震作用效应标准组合

$$N_{Ek} \leqslant 1.25R \tag{6-14}$$

$$N_{Ekmax} \leqslant 1.5R \tag{6-15}$$

式中：N_k ——荷载效应标准组合偏心竖向力作用下，桩的平均竖向力；

N_{kmax} ——荷载效应标准组合偏心竖向力作用下，桩顶最大竖向力；

N_{Ek} ——地震作用效应和荷载效应标准组合下，桩基或复合桩基的平均竖向力；

N_{Ekmax} ——地震作用效应和荷载效应标准组合下，桩基或复合桩基的最大竖向力。

根据桩的承载力验算确定桩的数量，桩筏或桩箱基础中布桩时应考虑桩群承载力的合力作用点宜与结构竖向永久荷载合力作用点相重合。

6.2 沉降分析

6.2.1 不考虑共同作用的方法

不考虑地基与基础相互作用的沉降计算方法是设作用在桩基上的荷载是已知的，《建筑桩基技术规范》(JGJ 94—2008)中对于下面3种情况给出了相应的计算方法。

1)桩中心距不大于6倍桩径的桩基

对于桩中心距不大于6倍桩径的桩基，其最终沉降量计算按实体深基础计算模型，等效作用面位于桩端平面，等效作用面积为桩承台投影面积，等效作用附加压力近似取承台底平均附加应力。等效作用面以下的应力分布采用各向同性均质直线变形体理论的布辛奈斯克(Boussinesq)解，用分层总和法计算变形。计算简图见图6-2a)，矩形面积上均布荷载作用下，荷载面积角点下的沉降量s'为：

$$s'=p_0\sum_{i=1}^{m}\frac{z_i\bar{\alpha}_i-z_{i-1}\bar{\alpha}_{i-1}}{E_{si}} \tag{6-16}$$

式中：$\bar{\alpha}_i$，$\bar{\alpha}_{i-1}$ ——矩形面积上均布荷载作用下，角点平均附加应力系数，根据矩形长宽比l/b及深宽比z/b(见图6-2)查本书表2-4；

p_0 ——荷载效应标准组合下，桩端处的平均附加压力；

E_{si} ——等效作用面以下第i层土的压缩模量；

m ——桩端下压缩性土层的层数。

根据叠加原理，图6-2a)中桩基中心点沉降是4个荷载面积作用下沉降之和，所以桩基中心点沉降为：

$$s'=4p_0\sum_{i=1}^{m}\frac{z_i\bar{\alpha}_i-z_{i-1}\bar{\alpha}_{i-1}}{E_{si}} \tag{6-17a}$$

设荷载面积为 $l\times b$，矩形均布荷载角点下地基中深度 z 处附加应力的布辛奈斯克解用公式表示为：

$$\sigma_z=p_0\frac{1}{2\pi}\left[\frac{lbz(l^2+b^2+2z^2)}{(l^2+z^2)(b^2+z^2)\sqrt{l^2+b^2+z^2}}+\arctan\left(\frac{lb}{z\sqrt{l^2+b^2+z^2}}\right)\right]$$

设 h_i 为土层厚度，z_i 为该土层中心点深度，E_{si} 为该土层的压缩模量，m 为土层层数，荷载面积为 $2l\times 2b$，桩基中心点沉降还可以表示为：

$$s'=\frac{4p_0}{2\pi}\sum_{i=1}^{m}\frac{h_i}{E_{si}}\left[\frac{lbz_i(l^2+b^2+2z_i^2)}{(l^2+z_i^2)(b^2+z_i^2)\sqrt{l^2+b^2+z_i^2}}+\arctan\left(\frac{lb}{z_i\sqrt{l^2+b^2+z_i^2}}\right)\right] \tag{6-17b}$$

最终沉降量 s：

$$s=\psi\psi_e s' \tag{6-18}$$

式中：ψ——桩基沉降计算经验系数；

ψ_e——桩基等效沉降系数。

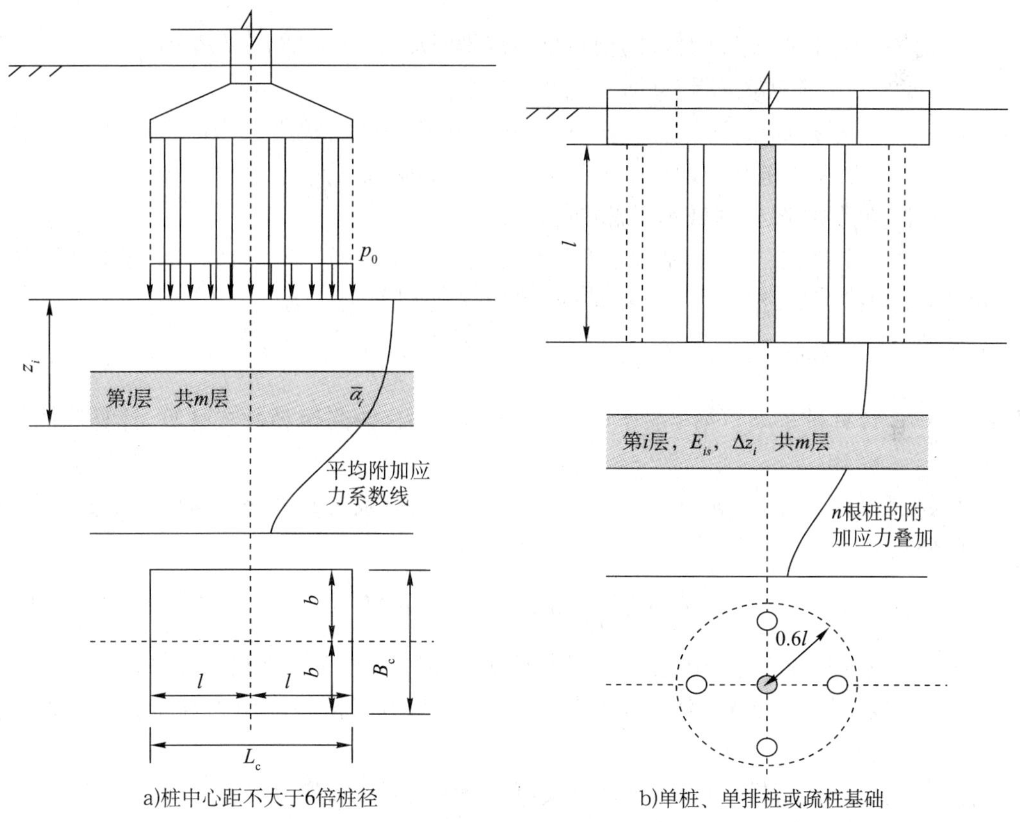

图 6-2　桩基沉降计算简图

用式(6-16)计算沉降，假设土的应力应变关系为线性，土的参数是压缩模量 E_s，按分层总和法计算总沉降量，由实测资料可知，实际基础的沉降计算值与实测值有一定误差，需要在计算结果上乘以桩基沉降计算经验系数，若无当地可靠经验时，可根据沉降计算深度范围内压缩模量当量值 $\bar{E}_s$ 按表 6-4 选用。

桩基沉降计算经验系数　　表 6-4

$\bar{E}_s$(MPa)	≤10	15	20	35	≥50
ψ	1.2	0.9	0.65	0.50	0.40

另外由于计算压缩模量的土样取自施工前，在地基中施工大量桩后，土的性质会有所改变，例如饱和土中采用预制桩时，应根据桩距、土质、沉桩速率和顺序等因素，再乘以 1.3～1.8 挤土效应系数[3]。

桩基等效沉降系数 ψ_e 是考虑了明德林(Mindlin)位移解计算桩基沉降时附加应力及群桩几何参数的影响，因此称为等效沉降系数。布辛奈斯克沉降解 ω_B 与明德林沉降解 ω_v 的关系用公式表示为：

$$\psi_e = \frac{\omega_M}{\omega_B} \tag{6-19}$$

桩基等效沉降系数 ψ_e 的简化计算公式为：

$$\psi_e = C_0 + \frac{n_b - 1}{C_1(n_b - 1) + C_2} \tag{6-20}$$

式中：　n_b——布桩时短边的桩数，当布桩不规则时取 $n_b = \sqrt{n(B_c/L_c)}$；

L_c, B_c, n——分别为矩形承台的长、宽和总桩数；

C_0, C_1, C_2——根据群桩距径比 s_a/d、长径比 l/d 及基础长宽比 L_c/B_c 确定的参数，详见《建筑桩基技术规范》(JGJ 94—2008)附录 E。

2)单桩、单排桩、疏桩基础不考虑桩间土作用

对于单桩、单排桩、桩中心距大于 6 倍桩径的疏桩基础，桩基的最终沉降量为桩的弹性压缩变形 s_e 和桩下土的变形两部分，桩的最终沉降量计算公式为：

$$s = \psi \sum_{i=1}^{m} \frac{\sigma_{zi}}{E_{si}} \Delta z_i + s_e \tag{6-21}$$

式中：σ_{zi}——计算桩桩端下第 i 层土层中点的附加应力，按明德林公式计算，计算简图见图 6-2b)。

每根桩引起土中的附加应力又分为两部分：桩端荷载引起和桩侧摩阻力引起，附加应力 σ_{zi} 用公式表示为：

$$\sigma_{zi} = \sum_{j=1}^{n} \frac{Q_j}{l_j^2} \left[\alpha_j I_{p,ij} + (1-\alpha_j) I_{s,ij} \right] \tag{6-22}$$

式中：n——以沉降计算点为中心，0.6 倍桩长为半径的水平面影响范围内的基桩数；

α_j——第 j 桩总桩端阻力与桩顶荷载之比，近似取极限桩端阻力与单桩极限承载力之比；

$I_{p,ij}$——第 j 桩的桩端阻力对计算轴线第 i 计算土层 1/2 厚度处的应力影响系数[参见式(6-33)、式(6-36)]；

$I_{s,ij}$——第 j 桩的桩侧阻力对计算轴线第 i 计算土层 1/2 厚度处的应力影响系数[参见式(6-34)、式(6-35)、式(6-37)、式(6-38)]。

桩的弹性压缩变形为：

$$s_e = \frac{1}{E_c A_{ps}} \int_0^l \left[Q_j - \pi d \int_0^z q_s(z) \mathrm{d}z \right] \mathrm{d}z = \xi_e \frac{Q_j l_j}{E_c A_{ps}} \tag{6-23}$$

式中：Q_j ——第 j 桩桩顶附加荷载(kN)；

ξ_e ——桩身压缩系数，端承桩取 $\xi_e=1$，摩擦型桩，根据桩长与桩径比 l/d，取 $\xi_e=2/3\sim 1/2$；

E_c, A_{ps} ——分别是桩身混凝土弹性模量和桩的截面积；

$q_s(z)$ ——z 深度处桩的侧摩阻力。

桩下土的压缩变形由计算点处的桩和相邻桩共同作用引起，承台底面网格划分见图 6-3，承台下面分为桩单元和土单元。如果不考虑承台下面土的支撑作用，承台及其上面的荷载全部由桩承担。

3）单桩、单排桩、疏桩基础，考虑桩间土作用

如果考虑承台下面土的支撑作用，承台及其上面的荷载由桩和承台下的土共同承担，见图 6-3。

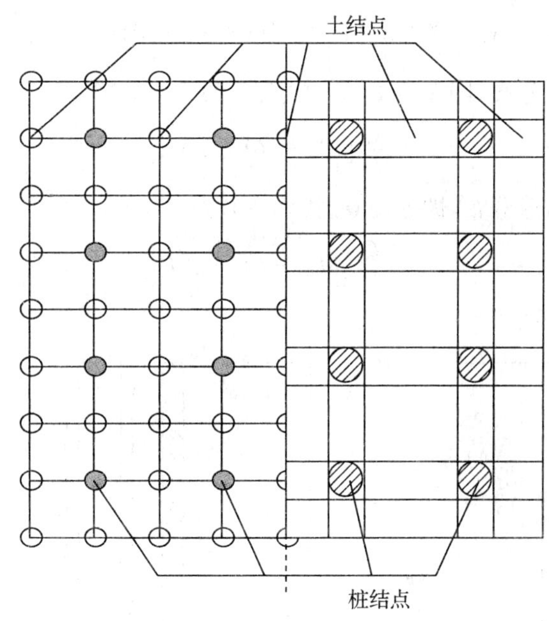

图 6-3 承台底面网格划分

桩基最终沉降量计算公式为：

$$s=\psi\sum_{i=1}^{m}\frac{\sigma_{zi}+\sigma_{zci}}{E_{si}}\Delta z_i+s_e \tag{6-24}$$

$$\sigma_{zci}=\sum_{k=1}^{n}\alpha_{ki}p_{c,k} \tag{6-25}$$

式中：σ_{zci} ——承台压力对应力计算点桩端平面以下第 i 计算土层 1/2 厚度处产生的应力，可将承台板划分为 u 个矩形块，按角点法计算附加应力；

α_{ki} ——第 k 块承台角点处，桩端平面以下第 i 计算土层 1/2 厚度处附加应力系数；

$p_{c,k}$ ——第 k 块承台底均布压力，可按 $p_{c,k}=\eta_{c,k}f_{ak}$ 计算，其中 $\eta_{c,k}$ 为第 k 块承台底板效应系数，见公式(6-6)，f_{ak} 为承台底地基承载力特征值。

4）附加应力明德林解

在桩荷载作用下，地基土中附加应力，计算简图见图 6-4，其明德林解为：

$$\sigma_z = \sigma_{zp} + \sigma_{zsr} + \sigma_{zst} \tag{6-26}$$

式(6-26)表示桩引起地基土中的附加应力 σ_z 由 3 部分组成：σ_{zp} 是由桩端阻力引起地基中的附加应力，σ_{zsr} 是由均匀分布的桩侧阻力引起地基中的附加应力，σ_{zst} 是三角形分布的桩侧阻力引起地基中的附加应力，计算公式分别为：

$$\sigma_{zp} = \frac{\alpha Q}{l^2} I_p \tag{6-27}$$

$$\sigma_{zsr} = \frac{\beta Q}{l^2} I_{sr} \tag{6-28}$$

$$\sigma_{zst} = \frac{(1-\alpha-\beta)Q}{l^2} I_{st} \tag{6-29}$$

α 为桩端阻力比，β 为均匀分布侧阻力比，把式(6-27)、式(6-28)、式(6-29)代入式(6-26)得：

$$\sigma_z = \frac{Q}{l^2}[\alpha I_p + \beta I_{sr} + (1-\alpha-\beta)I_{st}] \tag{6-30}$$

若桩侧摩阻力矩形分布，即 $\beta = 1-\alpha$，式(6-30)为：

$$\sigma_z = \frac{Q}{l^2}[\alpha I_p + (1-\alpha)I_{sr}] \tag{6-31}$$

若桩侧摩阻力三角形分布，即 $\beta = 0$，式(6-30)为：

$$\sigma_z = \frac{Q}{l^2}[\alpha I_p + (1-\alpha)I_{st}] \tag{6-32}$$

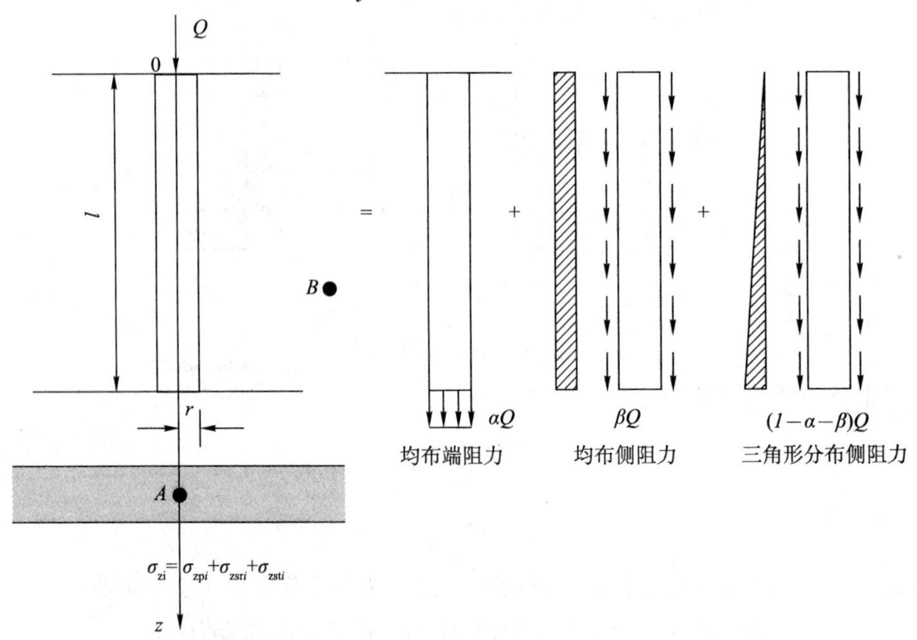

图 6-4 单桩荷载分布规律

(1)沿桩身轴线的附加应力

单桩荷载分布规律如图 6-4 所示。图 6-4 中 A 点的附加应力可按式(6-30)计算，设地基土的泊松比为 υ，桩身半径为 r，桩长为 l，计算点距桩顶的竖向距离为 z，$A = \sqrt{r^2+(z-l)^2}$，$B = \sqrt{r^2+(z+l)^2}$，$C = \sqrt{r^2+z^2}$，《建筑桩基技术规范》JGJ 94—

2008 中给出了考虑桩径影响，沿桩身轴线的竖向附加应力系数分布计算公式：

$$I_p = \frac{l^2}{4\pi r^2(1-\upsilon)}\Big\{2(1-\upsilon) - \frac{(1-2\upsilon)(z-l)}{A} - \frac{(1-2\upsilon)(z-l)}{z+l} + \frac{(1-2\upsilon)(z-l)}{B} - \frac{(z-l)^3}{A^3} + \frac{(3-4\upsilon)z}{z+l} - \frac{(3-4\upsilon)(z+l)^2 z}{B^3} - \frac{l(5z-l)}{(z+l)^2} + \frac{l(z+l)(5z-l)}{B^3} + \frac{6lz}{(z+l)^2} - \frac{6zl\ (z+l)^3}{B^5}\Big\} \tag{6-33}$$

$$I_{sr} = \frac{l}{8\pi r(1-\upsilon)}\Big\{\frac{2(2-\upsilon)r}{A} - \frac{2(2-\upsilon)r^2 + 2(1-2\upsilon)(z+l)z}{rB} + \frac{2(1-2\upsilon)z^2}{rC} - \frac{4z^2[r^2-(1+\upsilon)z^2]}{rC^3} - \frac{4(1+\upsilon)z\ (z+l)^3 - 4z^2r^2 - r^4}{rB^3} - \frac{r^3}{A^3} - \frac{6z^2(z^4-r^4)}{rC^5} - \frac{6z[zr^4-(z+l)^5]}{rB^5}\Big\} \tag{6-34}$$

$$I_{st} = \frac{l}{4\pi r(1-\upsilon)}\Big\{\frac{2(2-\upsilon)r}{A} + \frac{2(1-2\upsilon)z^2(z+l) - 2(2-\upsilon)(4z+l)r^2}{rlB} + \frac{8(2-\upsilon)zr^2 - 2(1-2\upsilon)z^3}{rlC} + \frac{12z^7 + 6zr^4(r^2-z^2)}{rlC^5} + \frac{15zr^4 + 2(5+2\upsilon)z^2\ (z+l)^3 - 4\upsilon zr^4 - 4z^3r^2 - r^2\ (z+l)^3}{rlB^3} - \frac{6zr^4(r^2-z^2) + 12z^2\ (z+l)^5}{rB^3} - \frac{6z^3r^2 - 2(5+2\upsilon)z^5 - 2(7-2\upsilon)zr^4}{lrC^3} - \frac{zr^3 + (z-l)^3 r}{lA^3} + 2(2-\upsilon)\ \frac{r}{l}\ln\frac{(A+z-l)(B+z+l)}{(\sqrt{r^2+z^2}+z)^2}\Big\} \tag{6-35}$$

(2)沿桩身轴线以外的附加应力

图 6-4 中 B 点的附加应力也可按式(6-30)计算，附加应力系数与式(6-33)～式(6-35)不同。设计算点至桩身轴线的水平距离为 r，桩长为 l，计算点距桩顶的竖向距离为 z，$A=\sqrt{n^2+(m-1)^2}$，$B=\sqrt{n^2+(m+1)^2}$，$F=\sqrt{n^2+m^2}$，$n=r/l$，$m=z/l$，《建筑地基基础设计规范》(GB 50007—2011)附录 R 中给出了竖向附加应力系数计算公式为：

$$I_p = \frac{1}{8\pi(1-\upsilon)}\Big\{\frac{(1-2\upsilon)(m-1)}{A^3} - \frac{(1-2\upsilon)(m-1)}{B^3} + \frac{3\ (m-1)^3}{A^5} + \frac{3(3-4\upsilon)m\ (m+1)^2 - 3(m+1)(5m-1)}{B^5} + \frac{30m\ (m+1)^3}{B^7}\Big\} \tag{6-36}$$

$$I_{sr} = \frac{1}{8\pi(1-\upsilon)}\Big\{\frac{2(2-\upsilon)}{A} - \frac{2(2-\upsilon) + 2(1-2\upsilon)(m^2/n^2 + m/n^2)}{B} + \frac{2(1-2\upsilon)(m/n)^2}{F} - \frac{n^2}{A^3} - \frac{4m^2 - 4(1+\upsilon)(m/n)^2 m^2}{F^3} - \frac{4m(1+\upsilon)(1+m)(m/n+1/n)^2 - (4m^2+n^2)}{B^3} -$$

$$\left.\frac{6m^2(m^4-n^4)/n^2}{F^5}-\frac{6m(mn^2-(m+1)^5/n^2)}{B^5}\right\} \tag{6-37}$$

$$I_{st}=\frac{1}{4\pi(1-\upsilon)}\left\{\frac{2(2-\upsilon)}{A}-\frac{2(2-\upsilon)(4m+1)-2(1-2\upsilon)(1+m)(m/n)^2}{B}-\right.$$

$$\frac{2(1-2\upsilon)(m/n)^2m-8(2-\upsilon)m}{F}-\frac{mn^2+(m-1)^3}{A^3}-$$

$$\frac{4\upsilon n^2m+4m^3-15n^2m-2(5+2\upsilon)(m/n)^2(m+1)^3+(m+1)^3}{B^3}-$$

$$\frac{2(7-2\upsilon)mn^2-6m^3+2(5+2\upsilon)(m/n)^2m^3}{F^3}-$$

$$\frac{6mn^2(n^2-m^2)+12(m/n)^2(m+1)^5}{B^5}+\frac{12(m/n)^2m^5+6mn^2(n^2-m^2)}{F^5}+$$

$$\left.2(2-\upsilon)\ln\left(\frac{A+m-1}{F+m}\right)\times\frac{B+m-1}{F+m}\right\} \tag{6-38}$$

根据《建筑桩基技术规范》(JGJ 94—2008)中的表格(表 F. 0. 2-1～ 表 F. 0. 2-3),也可查得考虑桩径影响,沿桩身轴线以外桩周围土体中竖向应力影响系数。

当桩顶荷载 Q 及承台对土的压力 p_c 为已知时,根据以上各公式可以求出图 6-3 中各点的沉降量。例如,若按均布荷载计算,当土质均匀、桩长相等、布桩均匀时会得到中间沉降量大,边上沉降量小的结果。

6. 2. 2　考虑桩、土和承台结构共同作用

考虑承台与桩、土的相互作用,桩顶位移、桩顶荷载均为未知数,需通过静力平衡条件和变形协调条件建立平衡方程并求解。

1)位移基本方程

以承台下面的桩、土为研究对象,设桩结点数为 n,土结点数为 m,承台下网格结点总数 $N=n+m$,见图 6-3。建立承台下桩、土顶部位移 $\{s\}$ 与相应荷载 $\{R\}$ 的关系为:

$$\begin{Bmatrix} s_1 \\ \cdots \\ s_m \\ s_{m+1} \\ \cdots \\ s_{m+n} \end{Bmatrix}=\begin{bmatrix} \delta_{pp,11} & \cdots & \delta_{pp,1m} & \delta_{ps,1m+1} & \cdots & \delta_{ps,1m+n} \\ \vdots & & \vdots & \vdots & & \vdots \\ \delta_{pp,m1} & \cdots & \delta_{pp,mm} & \delta_{ps,mm+1} & \cdots & \delta_{ps,mm+n} \\ \delta_{sp,m+11} & \cdots & \delta_{sp,m+1m} & \delta_{ss,m+1m+1} & \cdots & \delta_{ss,m+1m+n} \\ \vdots & & \vdots & \vdots & & \vdots \\ \delta_{sp,m+n1} & \cdots & \delta_{sp,m+nm} & \delta_{ss,m+nm+1} & \cdots & \delta_{ss,m+nm+n} \end{bmatrix}\begin{Bmatrix} R \\ \vdots \\ R_m \\ R_{m+1} \\ \vdots \\ R_{m+n} \end{Bmatrix} \tag{6-39}$$

式(6-39)用矩阵表示为:

$$\{s\}=[\Delta]\{R\} \tag{6-40}$$

式中,柔度矩阵 $[\Delta]$ 中系数的含义见图 6-5,其中:

$\delta_{pp,ii}$ ——单位力 $R_i=1$ 作用于桩顶 i,在桩顶 i 产生的位移;

$\delta_{pp,ij}$ ——单位力 $R_j=1$ 作用于桩顶 j,在桩顶 i 产生的位移;

$\delta_{sp,ij}$ ——单位力 $R_j=1$ 作用于桩顶 j,在土结点 i 产生的位移;

$\delta_{ps,ij}$ ——单位力 $R_j=1$ 作用于土结点 j,在桩顶 i 产生的位移;

$\delta_{ss,ii}$——单位力 $R_i=1$ 作用于土结点 i，在土结点 i 产生的位移；

$\delta_{ss,ij}$——单位力 $R_j=1$ 作用于土结点 j，在土结点 i 产生的位移。

由式(6-40)可得桩、土上的荷载 $\{R\}$ 为：

$$\{R\}=[\Delta]^{-1}\{s\}=[K]_{sp}\{s\} \tag{6-41}$$

式中：$[K]_{sp}$——桩土体系支撑刚度矩阵，由柔度矩阵 $[\Delta]$ 求得。

2)柔度矩阵

区分桩结点和土结点，式(6-40)中桩土柔度矩阵可写成分块矩阵的形式：

$$[\Delta]=\begin{bmatrix}\delta_{pp} & \delta_{ps}\\ \delta_{sp} & \delta_{ss}\end{bmatrix} \tag{6-42}$$

式中：$[\delta_{pp}]_{m}$——桩对桩的位移影响系数矩阵，由明德林公式计算应力，按分层总和法计算变形；

$[\delta_{sp}]_{mn}$——桩对土的位移影响系数矩阵，由明德林公式计算应力，按分层总和法计算变形；

$[\delta_{ps}]_{nm}$——土对桩的位移影响系数矩阵，根据位移互等定理，与桩对土的位移影响系数相等；

$[\delta_{ss}]_{nm}$——土对土的位移影响系数矩阵，由布辛奈斯克公式计算应力，按分层总和法计算变形。

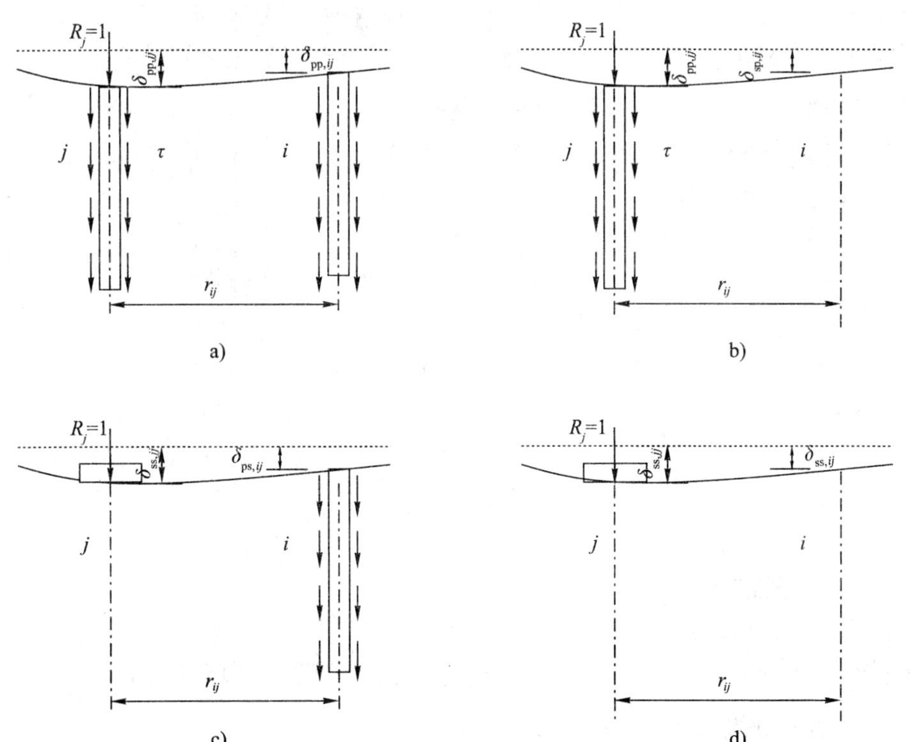

图 6-5 柔度系数的含义

3)整体平衡方程

以基础为研究对象，基础承受荷载 $\{P\}$ 和桩、土反力 $\{\bar{R}\}$，建立基础平衡方程为：

$$[K]\{\delta\}=\{P\}-\{\bar{R}\} \tag{6-43}$$

式中：$[K]$——基础刚度矩阵；

$\{\delta\}$——基础结点位移向量，若设基础为弹性薄板，i 结点的结点位移为 $\{\delta_i\}=[\omega_i \quad \theta_{xi} \quad \theta_{yi}]^{\mathrm{T}}$；

$\{P\}$——基础结点荷载向量；

$\{\bar{R}\}$——把基底反力 $\{R\}$ 以零元扩大为与基础自由度相同。

考虑基础底板与桩、土连接处变形协调，得：

$$\{\omega\}=\{s\} \tag{6-44}$$

把式(6-44)，式(6-41)代入式(6-43)，整理得：

$$([K]+[\bar{K}]_{\mathrm{sp}})\{\delta\}=\{P\} \tag{6-45}$$

式中：$[\bar{K}]_{\mathrm{sp}}$——桩土体系支撑刚度矩阵以零元素扩大到与基础结构自由度总数相等。

解方程(6-45)求结点位移 $\{\delta\}$，再根据式(6-41)求作用在桩与土上的荷载。

当基础底板与土脱离时(湿陷性黄土等情况)土结点不起作用，桩土柔度矩阵、桩土刚度矩阵均可以化简，即：

$$[\Delta]\Rightarrow[\Delta]_{\mathrm{pp}} \tag{6-46}$$

$$[K]_{\mathrm{sp}}\Rightarrow[K]_{\mathrm{pp}} \tag{6-47}$$

4)刚性承台时的简化计算方法

若假设承台为刚性承台，即承台底面变形后还是平面，可建立与本书式(5-23)类似的方程，基本未知数是桩顶荷载(考虑桩间土影响时，包括承台下的土分担的荷载)$\{R\}$ 和承台底面的变形 $[\alpha_y \quad \alpha_x \quad \omega_0]^{\mathrm{T}}$，建立平衡方程组为：

$$\begin{bmatrix} \delta_{11} & \delta_{12} & \cdots & \delta_{1i} & \cdots & \delta_{1n} & -x_1 & -y_1 & -1 \\ \delta_{21} & \delta_{22} & \cdots & \delta_{2i} & \cdots & \delta_{2n} & -x_2 & -y_2 & -1 \\ & & & & \cdots & & & & \\ \delta_{i1} & \delta_{i2} & \cdots & \delta_{ii} & \cdots & \delta_{in} & -x_i & -y_i & -1 \\ & & & & \cdots & & & & \\ \delta_{n1} & \delta_{n2} & \cdots & \delta_{ni} & \cdots & \delta_{nn} & -x_n & -y_n & -1 \\ x_1 & x_2 & \cdots & x_i & \cdots & x_n & 0 & 0 & 0 \\ y_1 & y_2 & \cdots & y_i & \cdots & y_n & 0 & 0 & 0 \\ 1 & 1 & \cdots & 1 & \cdots & 1 & 0 & 0 & 0 \end{bmatrix} \begin{Bmatrix} R_1 \\ R_2 \\ \cdots \\ R_i \\ \cdots \\ R_n \\ \alpha_y \\ \alpha_x \\ \omega_0 \end{Bmatrix} = \begin{Bmatrix} 0 \\ 0 \\ \cdots \\ 0 \\ \cdots \\ 0 \\ M_y \\ M_x \\ P \end{Bmatrix} \tag{6-48}$$

式中：δ_{ij}——柔度系数；

x_i,y_i——桩结点及土结点的位置；

$[M_y M_x P]^{\mathrm{T}}$——作用在桩基上的荷载。

解方程(6-48)可以得出承台变形后为仍为平面的桩顶反力和承台变形。

6.2.3 考虑上部结构—基础—地基共同作用

本书 6.2.2 节中的计算方法是把上部结构的荷载作为已知荷载作用在基础上。在求该荷载时，通常假设基础是固定端，基础没有相对变形，这种夸大基础刚度的方法，减小了上部结构内力和变形的计算值，使上部结构设计偏于不安全。

考虑上部结构—基础—地基共同作用的方法就是把三者作为一个整体分析计算，不仅要考虑三者之间的静力平衡条件，还要考虑到三者之间的变形协调条件。与本书第 5 章的方法类似，在结构整体分析中采用子结构的分析方法，把上部结构与基础划分为两个子结构，而基础是搁置在桩与土共同组成的地基上。计算简图见图 6-6。

参考 5.2.3 节，把基础的结点划分为与上部结构接触的结点 j、中间结点 n、与桩、土接触的结点 m，见图 6-6。根据子结构的分析方法，基础的刚度矩阵可以写成下式：

$$[K]=\begin{bmatrix} K_{jj} & K_{jn} & K_{jm} \\ K_{nj} & K_{nn} & K_{nm} \\ K_{mj} & K_{mn} & K_{mm} \end{bmatrix} \tag{6-49}$$

上部结构对基础的作用，用结点力 $\{F_j\}_s$ 表示，由第 5 章可知：

$$\{F_j\}_s=[K_j]_s\{\delta_j\}_s+\{R_j\}_s$$

式中

$$[K_j]_s=([K_{jj}]_s-[K_{ji}]_s[K_{ii}]_s^{-1}[K_{ij}]_s)$$

$$\{R_j\}_s=[K_{ji}]_s[K_{ii}]_s^{-1}\{P_i\}_s$$

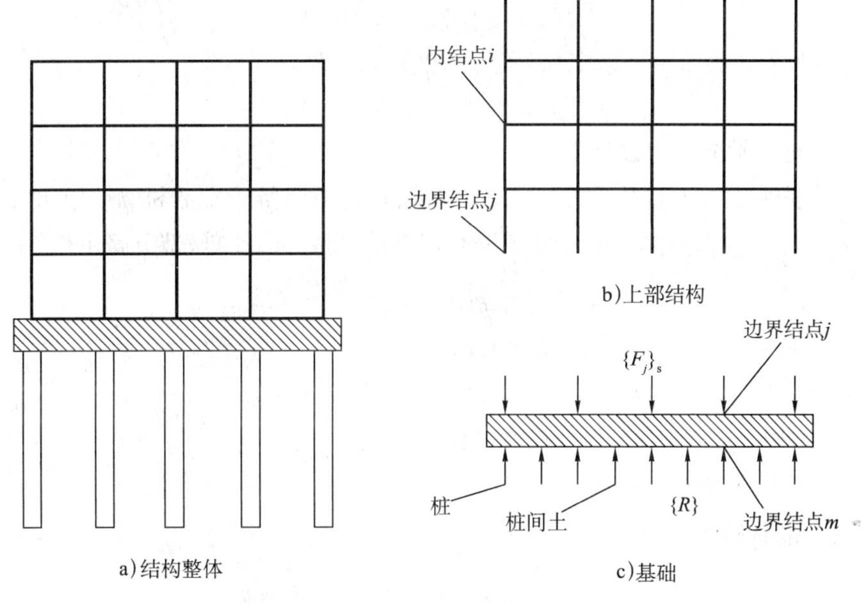

图 6-6　结构—基础—地基共同作用计算简图

桩、土对基础的作用，用结点荷载 $\{R\}$ 表示，可知：

$$\{R\}=[\Delta]^{-1}\{s\}=[K]_{sp}\{s\}$$

考虑基础底板与桩、土连接处变形协调：

$$\{\omega\}=\{s\}$$

建立基础平衡方程：

$$[K]\{\delta\}=\{P\} \tag{6-50}$$

展开式(6-50)为：

$$\begin{bmatrix} K_{jj}+K_{js} & K_{jn} & K_{jm} \\ K_{nj} & K_{nn} & K_{nm} \\ K_{mj} & K_{mn} & K_{mm}+K_{sp} \end{bmatrix} \begin{Bmatrix} \delta_j \\ \delta_n \\ \delta_m \end{Bmatrix} = \begin{Bmatrix} P_j - R_{js} \\ P_n \\ P_m \end{Bmatrix} \tag{6-51}$$

式(6-51)与式(5-45)的不同之处是地基刚度矩阵 $[K]_{sp}$ 不同,此处的地基刚度矩阵是桩、土刚度矩阵,在第 5 章中地基刚度矩阵是地基土的刚度矩阵,当采用不同的地基模型时有不同的地基刚度矩阵。

解方程(6-51)求出基础结点位移 $\{\delta\}$,再由式(6-41)求出桩、土结点荷载 $\{R\}$,根据基础板划分区格的大小可以求出相应的均布地基反力 $\{p\}$,进而进行结构设计。

6.3 结构受力分析

6.3.1 桩身强度验算

钢筋混凝土轴心受压桩正截面受压承载力应符合以下要求:

(1)桩顶以下 $5d$ 范围的桩身螺旋箍筋间距不大于 100mm,并符合桩基构造要求时:

$$N \leqslant \psi_c f_c A_{ps} + 0.9 f_y' A_s' \tag{6-52}$$

(2)桩身配筋不符合上述规定时,不考虑钢筋的承载力,取:

$$N \leqslant \psi_c f_c A_{ps} \tag{6-53}$$

式中:N ——桩顶轴向压力设计值;

ψ_c ——桩基成桩工艺系数,混凝土预制桩、预应力混凝土空心桩 $\psi_c=0.85$;干作业非挤土桩 $\psi_c=0.90$;泥浆护壁和套管护壁挤土灌注桩、部分挤土桩、挤土灌注桩 $\psi_c=0.7\sim0.8$;软土地区挤土灌注桩 $\psi_c=0.6$;

f_c ——混凝土轴心抗压强度设计值;

A_{ps} ——桩身横截面积;

f_y' —— 纵向主筋轴心抗压强度设计值;

A_s' ——纵向主筋截面面积。

6.3.2 承台验算

箱形、筏形承台冲切验算见图 6-7,验算桩基冲切承载力为

$$n_1 \leqslant 2.8(b_p + h_0)\beta_{hp} f_t h_0 \tag{6-54}$$

验算群桩冲切承载力为:

$$\sum N_{1i} \leqslant 2[\beta_{0x}(b_y + a_{0y}) + \beta_{0y}(b_x + a_{0x})]\beta_{hp} f_t h_0 \tag{6-55}$$

式中:n_1、$\sum N_{1i}$ ——不计承台和其上土重,桩基或复合桩基净反力设计值、冲切锥体内各基桩或复合基桩反力设计值之和;

β_{hp} ——承台截面高度影响系数,$\beta_{hp}=1\sim0.9$;

f_t ——混凝土轴心抗拉设计强度;

h_0 ——承台有效高度;

β_{0x}，β_{0y}——根据冲跨比 $\lambda_{0x}=a_{0x}/h_0$，$\lambda_{0y}=a_{0y}/h_0$ 确定的冲切系数，其中 λ_{0x}，λ_{0y} = 0.25～1，$\beta_0=0.84/(\lambda+0.2)$。

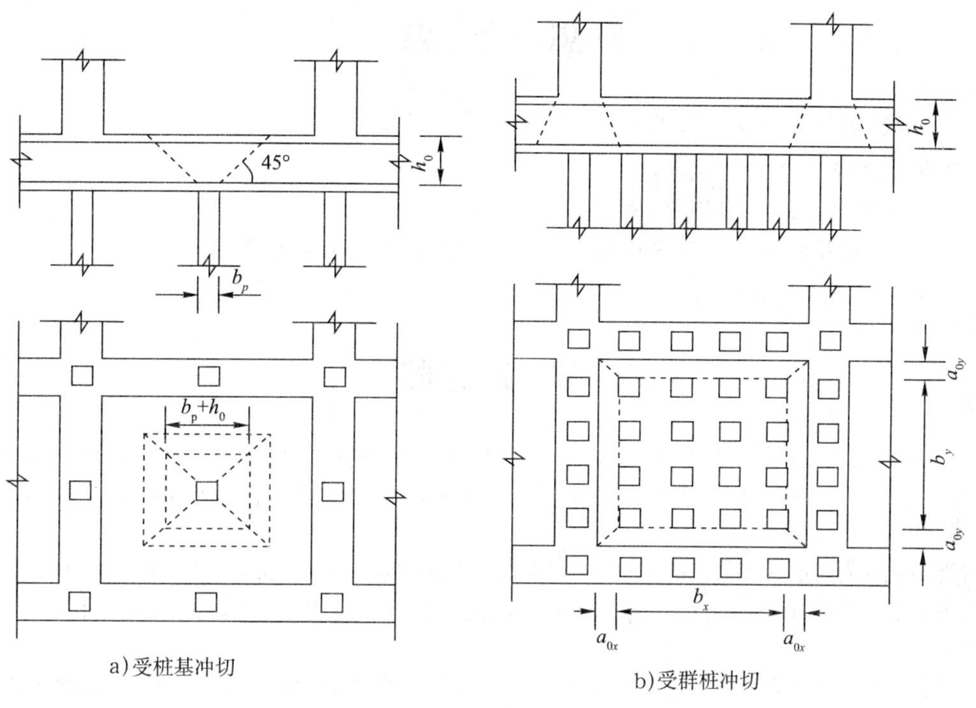

图 6-7 桩基对筏形承台冲切验算

本章小结

1)承载力验算

本章简要介绍了桩基础的承载力验算过程与方法。

2)变形计算

(1)不考虑桩与承台板共同作用(假设桩顶荷载直线分布)的计算方法

①桩距较小的桩基(桩中心距不大于6倍桩径)，假设设有桩的土体为实体基础，计算实体基础下面地基土的沉降量，土体中的附加应力按布辛奈斯克公式计算。

②对于桩距较大的桩基，桩的最终沉降量为桩的弹性压缩沉降和桩下土体的压缩沉降之和，土的沉降量按分层总和法计算，土中的附加应力由桩引起，按明德林公式计算。

③与②的不同之处是需要考虑桩间土的影响，桩的最终沉降量为桩的弹性压缩沉降和桩下土体的压缩沉降之和，土的沉降量按分层总和法计算，土中由桩引起的附加应力按明德林公式计算，由桩间土处荷载引起的附加应力按布辛奈斯克公式计算。

(2)考虑桩、土和承台结构共同作用

考虑承台与桩、土的相互作用，桩顶位移、桩顶荷载均为未知数，需通过静力平衡条件和变形协调条件建立平衡方程并求解。

(3)考虑上部结构—基础—地基三者的共同作用

把三者作为一个整体分析计算，不仅要考虑三者之间的静力平衡条件，还要考虑到三者之间的变形协调条件，通过结构矩阵分析的方法求解，在结构整体分析中可采用子结构的分析方法使问题得到简化。

思 考 题

1. 桩筏、桩箱基础设计应进行哪方面的计算和验算？
2. 桩筏地基沉降如何计算？
3. 简述附加应力明德林解。
4. 桩筏、桩箱基础如何考虑结构—基础—地基三者的共同作用？
5. 如何确定承台板的厚度？

参考文献

[1] 龚剑，赵锡宏．对101层上海环球金融中心桩筏基础性状预测[J]. 岩土力学，2007，28(8)：1695-1699.
[2] 巢斯，赵锡宏，张保良，等. 超高层建筑桩筏基础的桩顶反力计算研究 [J]. 岩土力学，2011，32(4)：182-186，192.
[3] 中华人民共和国行业标准. JGJ 94—2008　建筑桩基技术规范 [S]. 北京：中国建筑工业出版社，2008.
[4] 中华人民共和国国家标准. GB 50007—2011　建筑地基基础设计规范 [S]. 北京：中国建筑工业出版社，2012.
[5] 中华人民共和国行业标准. JGJ 106—2003　建筑桩基检测技术规范 [S]. 北京：中国建筑工业出版社，2003.
[6] 孙训方，方孝淑，关来泰. 材料力学(1)[M]. 5版．北京：高等教育出版社，2009.
[7] 朱伯芳．有限单元法原理与应用[M]. 2版．北京：中国水利水电出版社，1998.
[8] 宰金珉．复合桩基理论与应用[M]. 北京：知识产权出版社，中国水利水电出版社，2005.
[9] 华南理工大学，东南大学，浙江大学，湖南大学．地基及基础[M]. 北京：中国建筑工业出版社，1999.
[10] 袁聚云，孔娟，赵锡宏，等．上海中心大厦桩筏基础的安全性分析与评价[J]．岩土力学，2011，32(11)：3319-3324.

第 7 章 深基坑支护工程

在深基坑施工的过程中需要保证边坡土体的稳定性，根据基坑开挖的深度及土质情况常常需要设置支撑，例如，在基坑周围设置钻孔灌注桩抵抗土压力，这种用于护坡的桩称为承受水平荷载的桩。若基坑深度较深，还需设置水平方向的支撑系统或土层锚杆同护坡桩构成围护结构共同抵抗桩后土压力，保证施工安全。

对于护坡桩，需要确定桩的内力和变形。设计方法有荷载已知的极限平衡法和地基反力未知的弹性地基法。

极限平衡法假设土压力达到极限平衡状态，桩后土体达到主动极限状态，土压力取主动土压力，基坑下面桩前土体达到被动极限状态，土压力取被动土压力，荷载已知，再根据一些假设条件可求出桩的内力和位移。极限平衡法有静力平衡法、假想支点法等。

弹性地基法假设基坑下面的土体是弹性地基，被动侧土压力的大小与桩的变形相关，根据竖向弹性地基梁的方法求桩的内力和变形。弹性地基法有“m 法”、弹性支点法、有限单元法等。

各种方法在计算土压力或地基反力时需要确定计算宽度。土压力计算宽度取排桩间距。土反力计算宽度 b_0 的取值为：圆形桩，当直径 $d \leqslant 1\text{m}$ 时，$b_0=0.9(1.5d+0.5)$，当直径 $d>1\text{m}$ 时，$b_0=0.9(d+1)$；矩形或工字形桩，当边宽 $b \leqslant 1\text{m}$ 时，$b_0=1.5b+0.5$，当直径 $b>1\text{m}$ 时，$b_0=b+1$；当桩间距$<b_0$，取间距为计算宽度。

7.1 静力平衡法

假定作用在维护结构桩上的土压力达到了极限平衡状态，桩后荷载为主动土压力，桩前是被动土压力，根据静力平衡条件求桩的内力和入土深度。

1）土压力

土压力分布规律见图 7-1，为简化计算，土的抗剪强度指标 c、φ 及土的重度 γ 可按深度取加权平均值。图 7-1a）是基坑开挖不深时桩处于悬臂的情况，图 7-1b）是设置了一道支撑的单支撑情况。

2）悬臂式护坡桩

（1）入土深度

图 7-1a）中主动土压力合力 E_a，被动土压力合力 E_p 分别为：

$$\left.\begin{aligned} E_a &= \frac{1}{2}\gamma K_a (h+t)^2 \\ E_p &= \frac{1}{2}\gamma K_p t^2 \end{aligned}\right\} \tag{7-1}$$

根据桩底部 B 点弯矩为零的静力平衡条件求入土深度：

$$\sum M_B=0 \tag{7-2}$$

对图 7-1a)中 B 点取矩：

$$E_a\frac{h+t}{3}-E_p\frac{t}{3}=0$$

求得板桩的嵌固深度 t 为：

$$t=\frac{h}{\sqrt[3]{K_p/K_a}-1} \tag{7-3}$$

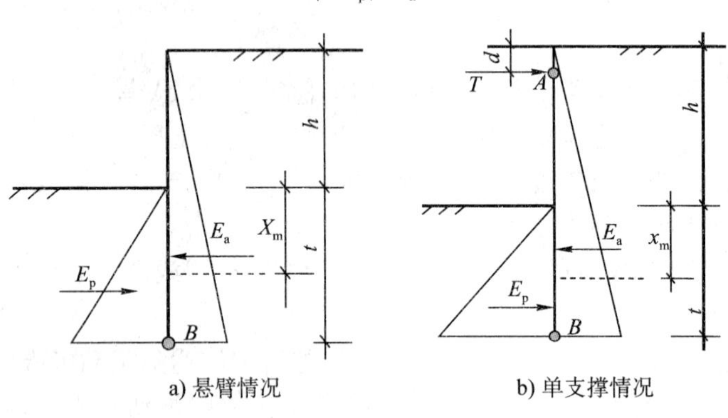

a) 悬臂情况　　b) 单支撑情况

图 7-1　静力平衡法计算简图

(2)最大弯矩

最大弯矩在剪力为零处：

$$\sum Q=0 \tag{7-4}$$

由图 7-1a)得：

$$\frac{1}{2}K_p\gamma {x_m}^2=\frac{1}{2}K_a\gamma(h+x_m)^2$$

整理得：

$$x_m=\frac{h}{\sqrt{K_p/K_a}-1} \tag{7-5}$$

最大弯矩为：

$$M_{max}=\frac{1}{6}K_a\gamma(h+x_m)^3-\frac{1}{6}K_p\gamma {x_m}^3 \tag{7-6}$$

3)单支撑护坡桩

(1)入土深度

设图 7-1b)中入土深度为 t，对支撑点 A 取矩，根据公式 $\sum M_A=0$ 可由下式求出入土深度 t：

$$E_a\left[\frac{2}{3}(h+t)-d\right]-E_p\left(\frac{2}{3}t+h-d\right)=0 \tag{7-7}$$

式中，土压力合力 E_a、E_p 见式(7-1)。

(2)支撑力

根据水平力为零的静力平衡条件求支点力(或锚固力)T：

$$\sum X=E_a-E_p-T=0$$

$$T=E_a-E_p \tag{7-8}$$

(3)最大弯矩

最大弯矩在桩体剪力为零处。

若土的黏聚力 $c \neq 0$，地面超载 $q_0 \neq 0$，土压力分布规律已知，即可求出土压力合力及其作用点。悬臂阶段可根据桩底部 B 点弯矩为零的静力平衡条件求入土深度；单支撑阶段可根据 $\sum M_A = 0$ 的静力平衡条件求桩的入土深度，根据水平力为零的静力平衡条件求支撑力。

7.2 假想支点法

悬臂阶段同静力平衡法。

7.2.1 单支撑阶段

单支撑阶段计算简图见图 7-2。

1)土压力

桩上受到的土压力合力为图 7-2 中阴影所示。

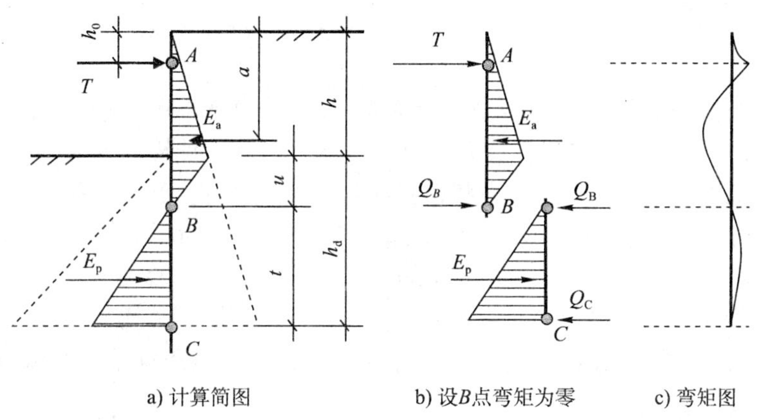

图 7-2　假想支点法计算简图

2)计算土压力强度零点的位置

土压力零点处土压力强度相等：

$$K_a \gamma (h + u) = K_p \gamma u$$

求得：

$$u = \frac{h K_a}{K_p - K_a} \tag{7-9}$$

计算 B 点以上主动侧土压力合力 E_a 和作用点位置 a。

3)支撑力

假设土压力强度零点 B 点为弯矩为零的点，因为 B 点弯矩为零，求弯矩时可以把梁在 B 点断开分为两段分别计算。根据 AB 段对 B 点取矩为零的条件求得支撑力 T 为：

$$T = \frac{E_a (h + u - a)}{h + u - h_0} \tag{7-10}$$

根据 AB 段水平力为零的条件求得支座反力 Q_B 为：

$$Q_B = E_a - T \tag{7-11}$$

4)入土深度

设 B 点以下桩的嵌入深度为 t,即 BC 段桩的长度为 t,BC 段土压力合力 E_p 为:

$$E_{\mathrm{p}} = \frac{1}{2}(K_{\mathrm{p}} - K_{\mathrm{a}})\gamma t^2 \tag{7-12}$$

根据对 C 点取矩为零的条件求 t:

$$Q_{\mathrm{B}}t = \frac{1}{3}E_{\mathrm{p}}t \tag{7-13}$$

根据式(7-11),式(7-12),式(7-13)求得:

$$t = \sqrt{\frac{6(E_{\mathrm{a}} - T)}{\gamma(K_{\mathrm{p}} - K_{\mathrm{a}})}} \tag{7-14}$$

桩的入土深度为:

$$h_{\mathrm{d}} = u + t \tag{7-15}$$

5)计算最大弯矩

根据剪力为零的条件求最大弯矩。

7.2.2 多级支撑

1)内力计算

若基坑的开挖深度较深,单级支撑不能满足要求,需设置多级支撑,对于假想支点法可以根据式(7-10)求解出一个支撑杆的力,假设继续开挖,已经计算出的支撑力不变,继续单支撑的相应步骤求出下一步支撑的力和相应桩上的内力。

对于每一个开挖阶段:悬臂阶段、单支撑阶段、两道支撑阶段等,分别求最不利情况下的弯矩图,绘制弯矩包络图,按最大弯矩配筋。

2)入土深度

多层支点排桩或地下连续墙嵌固深度计算值按整体稳定条件采用圆弧滑动简单条分法确定[1]。

设通过桩底的滑动圆弧如图7-3所示,按抗滑力矩大于滑动力矩求嵌固深度,用公式表示为:

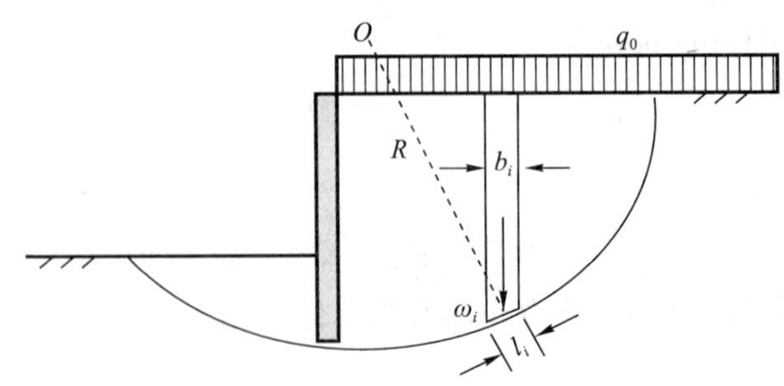

图7-3 嵌固深度计算简图

$$\sum c_i l_i + \sum(q_0 b_i + \omega_i)\cos\theta_i \tan\varphi_i \geqslant \sum(q_0 b_i + \omega_i)\sin\theta_i \tag{7-16}$$

式中:c_i,φ_i,l_i,θ_i——土条 i 在滑动面处的抗剪强度指标、滑动面处的长度、滑动面与水平面的夹角;

b_i,ω_i——土条 i 的宽度和自重;

q_0——地面超载。

按上述方法确定的悬臂式或单支点支护结构嵌固深度设计值 $h_d < 0.3h$ 时，宜取 $h_d = 0.3h$。多支点支护结构嵌固深度设计值 $h_d < 0.2h$ 时，宜取 $h_d = 0.2h$[1]。

【例题 7-1】 某基坑开挖深度 12m，护坡桩土压力计算宽度为 1m，拟设置两道支撑进行基坑开挖，荷载及支撑布置见图 7-4，地基土内摩擦角 $\varphi = 25^\circ$，土的重度 $\gamma = 19\text{kN/m}^3$。试按"假想支点法"计算该护坡桩悬臂阶段、单支撑阶段、双支撑阶段各阶段的弯矩，并绘制各施工阶段弯矩沿桩长的分布图。

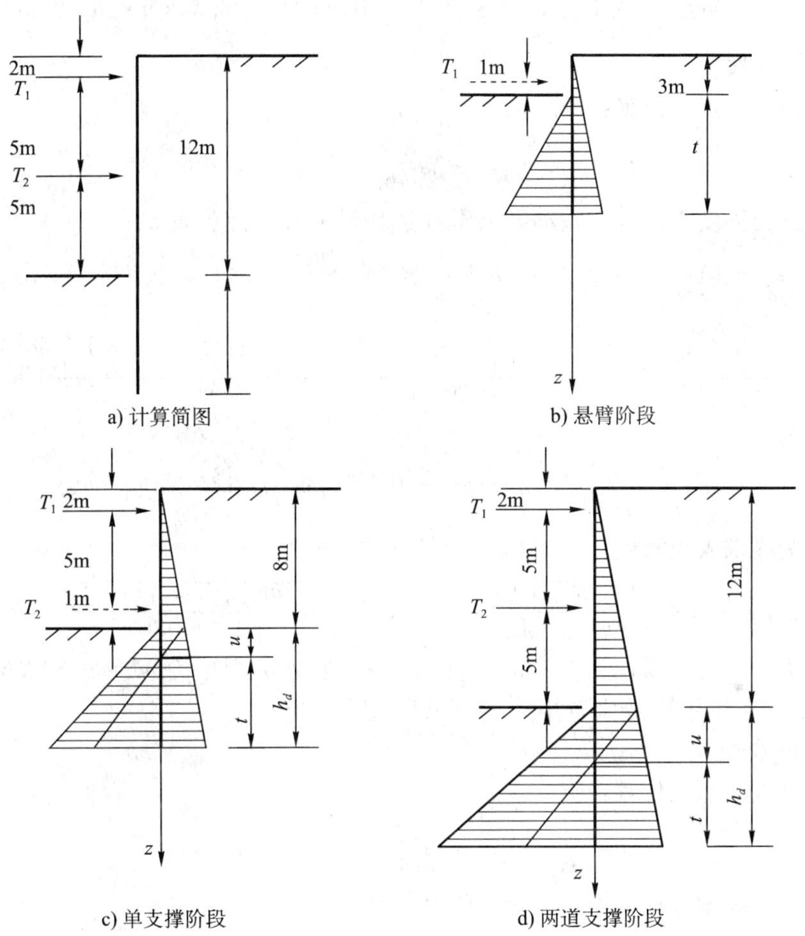

图 7-4 【例题 7-1】计算简图

解：1）计算参数

主动土压力系数：

$$K_a = \tan^2\left(45^\circ - \frac{\varphi}{2}\right) = \tan^2\left(45^\circ - \frac{25^\circ}{2}\right) = 0.41$$

被动土压力系数：

$$K_p = \tan^2\left(45^\circ + \frac{\varphi}{2}\right) = \tan^2\left(45^\circ + \frac{25^\circ}{2}\right) = 2.46$$

2）悬臂阶段

入土深度：

$$t=\frac{h}{\sqrt[3]{K_p/K_a}-1}=\frac{3}{\sqrt[3]{2.46/0.41}-1}=3.64\text{m}$$

最大弯矩位置：

$$x_m=\frac{h}{\sqrt{K_p/K_a}-1}=\frac{3}{\sqrt{2.46/0.41}-1}=2.05\text{m}$$

最大弯矩为：

$$M_{max}=\frac{1}{6}K_a\gamma(h+x_m)^3-\frac{1}{6}K_p\gamma x_m{}^3=98.30\text{kN}\cdot\text{m}$$

3)单支撑阶段

土压力强度零点的位置：

$$u=\frac{hK_a}{K_p-K_a}=\frac{8\times0.41}{2.46-0.41}=1.58\text{m}$$

计算土压力强度零点以上主动侧土压力合力 E_a 和作用点位置 a：

$$E_a=\frac{1}{2}\times(19\times8\times0.41)\times8+\frac{1}{2}\times(19\times8\times0.41)\times1.58=295.42\text{kN}$$

$$a=\frac{\frac{1}{2}\times(19\times8\times0.41)\times8\times8\times2/3+\frac{1}{2}\times(19\times8\times0.41)\times1.58(8+1.58/3)}{295.42}=5.86\text{m}$$

支撑力为：

$$T=\frac{E_a(h+u-a)}{h+u-h_0}=\frac{295.42(8+1.58-5.86)}{8+1.58-2}=144.97\text{kN}$$

按弯矩为零求入土深度：

$$h_d=u+t=u+\sqrt{\frac{6(E_a-T)}{\gamma(K_p-K_a)}}=1.58+\sqrt{\frac{6(295.423-144.97)}{19(2.46-0.41)}}=6.38\text{m}$$

根据剪力分布图可得，$z=6.13$m 处剪力为零，最大负弯矩为 $M=-302.67$kN·m，$z=12.35$m 处剪力为零，最大弯矩为 $M=278.25$kN·m 。

4)双支撑阶段

土压力强度零点的位置：

$$u=\frac{hK_a}{K_p-K_a}=\frac{12\times0.41}{2.46-0.41}=2.37\text{m}$$

计算土压力强度零点以上主动侧土压力合力 E_a 和作用点位置 a：

$$E_a=\frac{1}{2}\times(19\times12\times0.41)\times12+\frac{1}{2}\times(19\times12\times0.41)\times2.37=664.71\text{kN}$$

$$a=\frac{\frac{1}{2}\times(19\times12\times0.41)\times12^2\times2/3+\frac{1}{2}\times(19\times12\times0.41)\times2.37(12+2.37/3)}{664.7}=8.79\text{m}$$

支撑力为：

$$T_1(10+u)+T_2(5+u)=E_a(12+u-a)$$

$$T_2=\frac{E_a(12+u-a)-T_1(10+u)}{(5+u)}=259.93\text{kN}$$

按弯矩为零求入土深度：

$$h_d=u+t=u+\sqrt{\frac{6(E_a-T_1-T_2)}{\gamma(K_p-K_a)}}=8.68\text{m}$$

根据剪力分布图可得，$z=10.25\mathrm{m}$ 处剪力为零，最大负弯矩为 $M=-656.71\mathrm{kN\cdot m}$，$z=18.01\mathrm{m}$ 处剪力为零，最大弯矩为 $M=631.40\mathrm{kN\cdot m}$。

5)绘制弯矩包络图

悬臂阶段按弯矩为零点确定入土深度，求得桩长为6.64m，沿桩长的弯矩分布见图7-5。单支撑阶段假设土压力零点为弯矩零点，求得桩长为14.38m。双支撑阶段假设土压力零点为弯矩零点，求得桩长为20.68m，同时假设单支撑阶段求出的支撑力不变，所以在第二道支撑以上部分荷载不变，弯矩分布图与上一阶段也相同，沿桩长弯矩分布见图7-5。

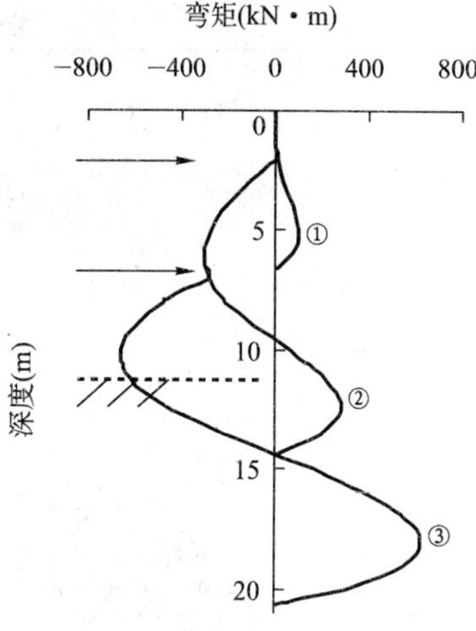

图7-5 例题7-1弯矩分布图
①-悬臂阶段；②-单支撑阶段；
③-两道支撑阶段

7.3 *m* 法

7.3.1 基本概念

承受水平荷载的桩相当于在地基中垂直方向搁置的弹性地基梁，见图7-6，设梁上受到的水平向地基反力 σ_x 与地基土的水平变形 s 成比例，用公式表示为：

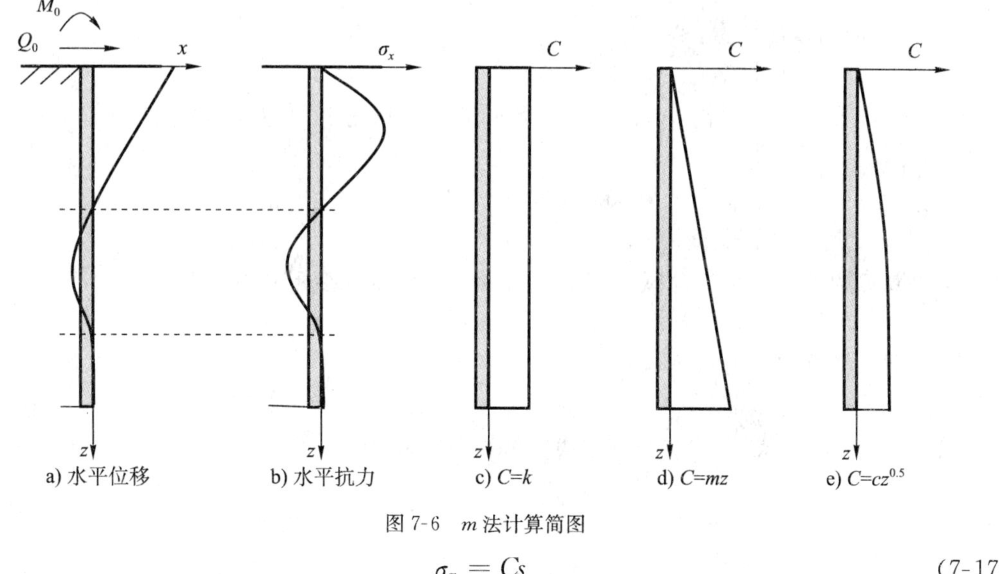

图7-6 *m* 法计算简图

$$\sigma_x = Cs \tag{7-17}$$

式中，C 是水平基床系数($\mathrm{kN/m^3}$)，即产生单位变形需要的压应力。假定水平基床系数 C 等于常数 K，即称为"K 法"，与浅基础中的弹性地基梁方法类似，水平基床系数沿深度不增加。设水平基床系数 C 随深度线性增加，并且 $C=mz$ 称"m 法" 其中 m 称为地基土水平抗力系数比例系数($\mathrm{kN/m^4}$)，若考虑水平基床系数不能沿深度无限增加，可设 $C=cz^{0.5}$，其中 c 为常数。

地基土水平抗力系数比例系数 m 宜通过单桩水平静载荷试验确定，当无静载荷试验资料时可按表7-1取值。

地基土水平抗力系数比例系数 m 值[2]　　表 7-1

序号	地基土类别	预制桩、钢桩		灌注桩	
		m (MN/m^4)	相应单桩在地面处水平位移(mm)	m (MN/m^4)	相应单桩在地面处水平位移(mm)
1	淤泥、淤泥质土、饱和湿陷性黄土	2～4.5	10	2.5～6	6～12
2	流塑($I_L>1$)、软塑($0.75<I_L\leqslant1$)状黏性土;$e>0.9$粉土;松散粉细砂;松散、稍密填土	4.5～6.0	10	6～14	4～8
3	可塑($0.25<I_L\leqslant0.75$)状黏性土、湿陷性黄土;$e=0.75\sim0.9$粉土;中密填土;稍密细砂	6.0～10	10	14～35	3～6
4	硬塑($0<I_L\leqslant0.25$)、坚硬($I_L\leqslant0$)状黏性土、湿陷性黄土;$e<0.75$粉土;中密中粗砂;密实老填土	10～22	10	35～100	2～5
5	中密、密实的砾砂、碎石类土	—	—	100～300	1.5～3

7.3.2 承受水平荷载的桩

1)微分方程及其解

图 7-6 所示地基中的桩,桩顶承受荷载 M_0,Q_0时,桩的挠曲线微分方程为:

$$EI\frac{d^4x}{dz^4}=-p(z) \tag{7-18}$$

式中:E——桩的弹性模量;

I——桩截面惯性矩。

若设地基土在水平荷载 $p(z)$ 的作用下水平向位移为 s,地基水平抗力 $p(z)$(线荷载)可表示为:

$$p(z)=\sigma_x b_0=Csb_0=mzsb_0 \tag{7-19}$$

式中:b_0——土反力计算宽度。

设变形协调条件为土在荷载作用下的变形与桩的挠曲变形相等,即:

$$s=x \tag{7-20}$$

则地基水平抗力可表示为:

$$p(z)=\sigma_x b_0=mzxb_0 \tag{7-21}$$

把式(7-21)代入式(7-18),得桩的挠曲线微分方程为:

$$\frac{d^4x}{dz^4}+\frac{mb_0}{EI}zx=0 \tag{7-22}$$

式(7-22)可改写为:

$$\frac{d^4x}{dz^4}+\alpha^5zx=0 \tag{7-23}$$

这是四阶线性变系数齐次常微分方程,其中 α 称为横向变形系数:

$$\alpha=\sqrt[5]{\frac{mb_0}{EI}} \tag{7-24}$$

方程(7-23)幂级数解为:

$$x=\sum_{n=0}^{\infty}a_nz^n \tag{7-25}$$

在荷载 M_0、Q_0作用下桩的变形和内力见图 7-7,力与位移符号规定见图 7-8。用初始位移 x_0、初始转角 φ_0、初始弯矩 M_0和初始剪力 Q_0来表示桩的位移 x_z、转角 φ_z、弯矩 M_z 和剪力 Q_z 为:

$$\left.\begin{aligned} x_z &= x_0A_1 + \frac{\varphi_0}{\alpha}B_1 + \frac{M_0}{\alpha^2EI}C_1 + \frac{Q_0}{\alpha^3EI}D_1 \\ \varphi_z &= \alpha\left(x_0A_2 + \frac{\varphi_0}{\alpha}B_2 + \frac{M_0}{\alpha^2EI}C_2 + \frac{Q_0}{\alpha^3EI}D_2\right) \\ M_z &= \alpha^2EI\left(x_0A_3 + \frac{\varphi_0}{\alpha}B_3 + \frac{M_0}{\alpha^2EI}C_3 + \frac{Q_0}{\alpha^3EI}D_3\right) \\ Q_z &= \alpha^3EI\left(x_0A_4 + \frac{\varphi_0}{\alpha}B_4 + \frac{M_0}{\alpha^2EI}C_4 + \frac{Q_0}{\alpha^3EI}D_4\right) \end{aligned}\right\} \tag{7-26}$$

其中初始位移 x_0、初始转角 φ_0、初始弯矩 M_0和初始剪力 Q_0分别为:

$$\left.\begin{aligned} x_{z=0} &= x_0 \\ \frac{\mathrm{d}x}{\mathrm{d}z}_{z=0} &= \varphi_0 \\ EI\,\frac{\mathrm{d}^2x}{\mathrm{d}z^2}_{z=0} &= M_0 \\ EI\,\frac{\mathrm{d}^3x}{\mathrm{d}z^3}_{z=0} &= Q_0 \end{aligned}\right\} \tag{7-27}$$

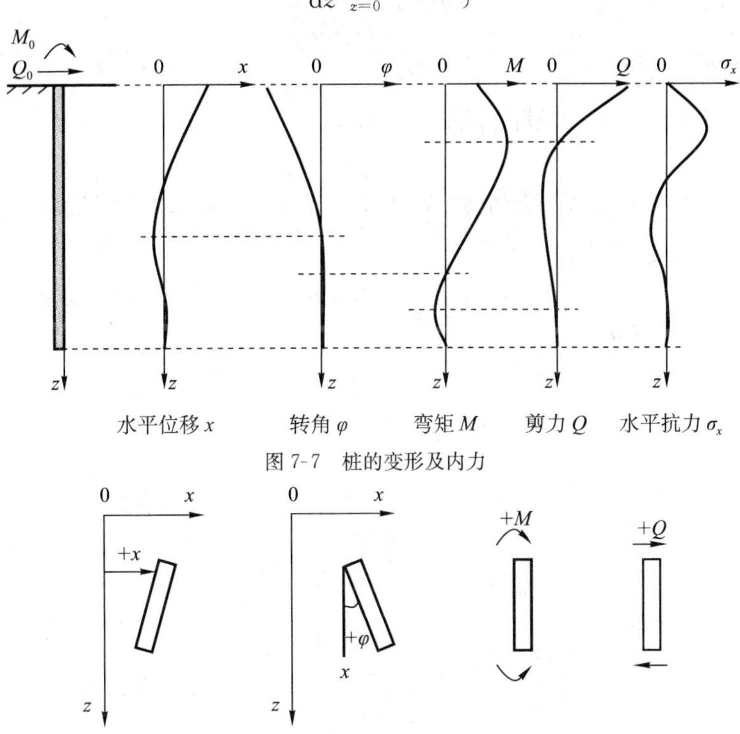

图 7-7 桩的变形及内力

图 7-8 力与位移符号规定

若用 i=1,2,3,4 分别代表字母 A,B,C,D,用通式 $e_{ij}(\alpha z)$ 表示公式(7-26)中的 16 个系数:

$$e_{ij}(\alpha z) = f_{ij}(\alpha z) + \sum_{k=1}^{\infty}(-1)^k\frac{(5k+i-5)!!}{(5k+i-j)!}(\alpha z)^{(5k+i-j)} \tag{7-28}$$

式中:

$$f_{ij}(\alpha z)=\begin{cases}\dfrac{(\alpha z)^{(i-j)}}{(i-j)!} & i\geqslant j\\ 0 & i<j\end{cases} \tag{7-29}$$

在式(7-28)中需要计算：

$$\left.\begin{array}{ll}(5k-4)!! & i=1\\ (5k-3)!! & i=2\\ (5k-2)!! & i=3\\ (5k-1)!! & i=4\end{array}\right\}$$

若设 $k=4$，上式用双阶乘符号表示的计算公式为：

$$(5k-4)!!=(20-4)\times(15-4)\times(10-4)\times(5-4)=16\times11\times6\times1=1056$$

$$(5k-3)!!=(20-3)\times(15-3)\times(10-3)\times(5-3)=17\times12\times7\times2=2856$$

$$(5k-2)!!=(20-2)\times(15-2)\times(10-2)\times(5-2)=18\times13\times8\times3=5616$$

$$(5k-1)!!=(20-1)\times(15-1)\times(10-1)\times(5-1)=19\times14\times9\times4=9576$$

例如取 $\alpha z=2$，则：

$$e_{11}(2)=A_1(2)=1+\sum_{k=1}^{\infty}(-1)^k\frac{(5k-4)!!}{(5k)!}(2)^{(5k)}$$

展开上式为：

$$A_1(2)=1-\frac{(5-4)!!}{5!}(2)^5+\frac{(10-4)!!}{10!}(2)^{10}-\frac{(15-4)!!}{15!}(2)^{15}+\frac{(20-4)!!}{20!}(2)^{20}-\frac{(25-4)!!}{25!}(2)^{25}+\cdots^{❶}=0.7350$$

根据公式(7-28)计算出无量纲系数 $A_j, B_j, C_j, D_j\ (j=1,2,3,4)$ 见表 7-2。

---

❶ 注：公式(7-28)中的 e_{ij} 可以方便地用Maple计算，这是一个求和公式，例如，取求和项数 $k=100$，设 $\alpha z=0,0.5,1,1.5,\cdots 7$，计算 $A_1(\alpha z)$ 的程序为：

```
j: = 1;
for a from 0 by 0.5 to 7 do
A1: = 1;
n: = 100;
for k from 1 to n do
m: = 1;
for i from 1 to k do
m: = m * (5 * i - 4)
end;
A1: = A1 + (- 1)^k * m * a^(5 * k)/(5 * k)!
end;
AA[j]: = A1;
j: = j + 1;
end;
seq(AA[j], j = 1..15);
```

输出的计算结果为：1，0.9997395849，0.9916683200，0.9368140735，0.7350248017，0.2019193757，−0.9280887669，−2.927993410，−5.853294208，−9.059403512，−10.39409107，−5.219706037，13.99308994，55.63928546，121.1466405

无量纲系数 $A_j,B_j,C_j,D_j,E_j\ (j=1,2,3,4)$　　表 7-2

换算深度 αz	A_1	B_1	C_1	D_1	A_2	B_2	C_2	D_2	E_1	E_2
0	1.0000	0.0000	0.0000	0.0000	0.0000	1.0000	0.0000	0.0000	0	0
0.1	1.0000	0.1000	0.0050	0.0002	0.0000	1.0000	0.1000	0.0050	0	0.0002
0.2	1.0000	0.2000	0.0200	0.0013	−0.0001	1.0000	0.2000	0.0200	0	0.0013
0.3	0.9999	0.3000	0.0450	0.0045	−0.0003	0.9999	0.3000	0.0450	0.0003	0.0045
0.4	0.9999	0.4000	0.0800	0.0107	−0.0011	0.9998	0.3999	0.0800	0.0011	0.0107
0.5	0.9997	0.5000	0.1250	0.0208	−0.0026	0.9995	0.4999	0.1250	0.0026	0.0208
0.6	0.9994	0.5999	0.1799	0.036	−0.0054	0.9987	0.5998	0.1799	0.0054	0.036
0.7	0.9986	0.6997	0.2449	0.0572	−0.01	0.9972	0.6995	0.2449	0.01	0.0572
0.8	0.9973	0.7993	0.3199	0.0853	−0.0171	0.9945	0.7989	0.3198	0.0171	0.0853
0.9	0.9951	0.8985	0.4047	0.1214	−0.0273	0.9902	0.8978	0.4046	0.02733	0.1214
1	0.9917	0.9972	0.4994	0.1666	−0.0417	0.9833	0.9958	0.4992	0.0417	0.1665
1.1	0.9866	1.0951	0.6038	0.2216	−0.061	0.9732	1.0926	0.6035	0.061	0.2216
1.2	0.9793	1.1917	0.7179	0.2876	−0.0863	0.9586	1.1876	0.7172	0.0863	0.2875
1.3	0.9691	1.2866	0.8413	0.3645	−0.1188	0.9382	1.2799	0.84	0.1189	0.3652
1.4	0.9552	1.3791	0.9737	0.4559	−0.1597	0.9105	1.3687	0.9716	0.1598	0.4555
1.5	0.9368	1.4684	1.1148	0.56	−0.2103	0.8737	1.4526	1.1114	0.2104	0.5593
1.6	0.9128	1.5535	1.264	0.6784	−0.2719	0.8257	1.5302	1.2587	0.2721	0.6773
1.7	0.8820	1.6331	1.4206	0.8119	−0.346	0.7641	1.5996	1.4125	0.3463	0.8102
1.8	0.8431	1.7057	1.5836	0.9611	−0.4341	0.6865	1.6587	1.5715	0.4347	0.9584
1.9	0.7947	1.7697	1.7519	1.1264	−0.5377	0.5897	1.7047	1.7342	0.5386	1.1221
2	0.7350	1.8229	1.9240	1.3080	−0.6582	0.4706	1.7346	1.8987	0.6596	1.3017
2.2	0.5749	1.8871	2.2722	1.7204	−0.9562	0.1513	1.7311	2.2229	0.9595	1.7068
2.4	0.3469	1.8745	2.6088	2.1953	−1.3389	−0.3027	1.6129	2.5187	1.3461	2.1682
2.6	0.0331	1.7547	2.9067	2.7237	−1.8148	−0.926	1.3349	2.7497	1.8296	2.6724
2.8	−0.3855	1.4904	3.1284	3.2877	−2.3876	−1.7548	0.8418	2.8665	2.4163	3.1954
3	−0.9281	1.0368	3.2247	3.8583	−3.0532	−2.824	0.0684	2.804	3.1065	3.6991
3.5	−2.928	−1.2717	2.463	4.9797	−4.9806	−6.7079	−3.5865	1.2702	5.1902	4.4476
4	−5.8533	−5.941	−0.9268	4.5477	−6.5331	−12.1579	−10.6084	−3.7665	7.2069	3.0705
5	−10.3941	−22.4761	−22.4279	−11.1579	1.7947	−17.2172	−32.9696	−32.2162	2.5147	−18.2456
6	13.9931	−17.8085	−53.7646	−62.8283	58.4243	48.4525	−9.9791	−63.4572	−43.5564	−78.861
7	121.1466	136.652	42.5158	−72.9911	146.0319	289.128	268.5544	113.4739	−132.7732	−55.1767

续上表

换算深度 αz	A_3	B_3	C_3	D_3	A_4	B_4	C_4	D_4	E_3	E_4
0	0.0000	0.0000	1.0000	0.0000	0.0000	0.0000	0.0000	1.0000	0	0
0.1	−0.0001	0.0000	1.0000	0.1000	−0.0050	−0.0003	0.0000	1.0000	0.005	0.1
0.2	−0.0013	−0.0001	0.9999	0.2000	−0.0200	−0.0027	−0.0002	0.9999	0.02	0.2
0.3	−0.0045	−0.0007	0.9999	0.3000	−0.0450	−0.0090	−0.0010	0.9999	0.045	0.3
0.4	−0.0107	−0.0021	0.9997	0.3599	−0.0800	−0.0213	−0.0032	0.9996	0.08	0.4
0.5	−0.0208	0.005	0.9992	0.4999	−0.1249	−0.0417	−0.0078	0.9989	0.125	0.4999
0.6	−0.0360	−0.0108	0.9981	0.5997	−0.1799	−0.0719	−0.0162	0.9974	0.18	0.5997
0.7	−0.0572	−0.02	0.9958	0.6994	−0.2449	−0.1143	−0.03	0.9944	0.2449	0.6992
0.8	−0.0853	−0.0341	0.9918	0.7985	−0.3198	−0.1706	−0.0512	0.9891	0.3198	0.7982
0.9	−0.1214	−0.0547	0.9852	0.8971	−0.4044	−0.2428	−0.0819	0.9803	0.4045	0.8963
1	−0.1665	−0.0833	0.975	0.9945	−0.4988	−0.3329	−0.1249	0.9667	0.499	0.9931
1.1	−0.22152	−0.1219	0.9598	1.0902	−0.6027	−0.4429	−0.1829	0.9463	0.6031	1.0877
1.2	−0.2874	−0.1726	0.9378	1.1834	−0.7257	−0.5745	−0.2589	0.9172	0.7164	1.1792
1.3	−0.3649	−0.2376	0.9073	1.2732	−0.8375	−0.7295	−0.3563	0.8764	0.8388	1.2665
1.4	−0.4552	−0.3196	0.8657	1.3582	−0.9675	−0.9075	−0.4788	0.821	0.9695	1.3478
1.5	−0.5587	−0.4204	0.8105	1.4368	−1.1047	−1.1161	−0.6303	0.7475	1.1081	1.421
1.6	−0.6763	−0.5435	0.7386	1.5069	−1.2481	−1.3504	−0.8147	0.6516	1.2534	1.4837
1.7	−0.8085	−0.6914	0.6464	1.5662	−1.3962	−1.6134	−1.0362	0.5287	1.4043	1.5328
1.8	−0.9556	−0.8672	0.5299	1.6116	−1.5473	−1.9058	−1.2991	0.3737	1.5594	1.5646
1.9	−1.1179	−1.0736	0.385	1.6397	−1.6988	−2.2275	−1.6077	0.1807	1.7166	1.5748
2	−1.2954	−1.3136	0.2068	1.6463	−1.8482	−2.5779	−1.9662	−0.0565	1.8734	1.5581
2.2	−1.6933	−1.9057	−0.2709	1.5754	−2.1248	−3.3595	−2.8486	−0.6976	2.1739	1.4199
2.4	−2.1412	−2.6633	−0.9489	1.352	−2.339	−4.2281	−3.9732	−1.5915	2.4288	1.0919
2.6	−2.6213	−3.5999	−1.8773	0.9168	−2.4369	−5.1402	−5.3554	−2.8211	2.5931	0.5006
2.8	−3.1034	−4.7175	−3.1079	0.1973	−2.3456	−6.0229	−6.9901	−4.4449	2.6056	−0.4431
3	−3.5406	−5.9998	−4.6879	−0.8913	−1.9693	−6.7646	−8.8403	−6.5197	2.3856	−1.8421
3.5	−3.9192	−9.5437	−10.3404	−5.854	1.0741	−6.7889	−13.6924	−13.8261	0.0911	−8.0745
4	−1.6143	−11.7307	−17.9186	−15.0755	9.2437	−0.3576	−15.6105	−23.1404	−6.5387	−19.3433
5	24.9762	11.9485	−19.6011	−41.3557	49.0851	62.7063	30.0745	−17.6764	−41.0978	−47.6756
6	91.5982	143.6194	102.5324	10.0569	63.0361	202.2518	251.2198	174.4206	−66.4633	41.5996
7	19.7327	298.6067	489.6439	435.6293	−334.3126	−64.2503	429.1553	708.0629	211.7369	631.0029

2)初始位移 x_0 及初始转角 φ_0

在荷载 M_0,Q_0作用下桩顶处的初始位移 x_0 及初始转角 φ_0 的关系可表示为：

$$\begin{Bmatrix} x_0 \\ \varphi_0 \end{Bmatrix} = \begin{bmatrix} \delta_{HH} & \delta_{HM} \\ \delta_{MH} & \delta_{MM} \end{bmatrix} \begin{Bmatrix} Q_0 \\ M_0 \end{Bmatrix} \tag{7-30}$$

式中,δ_{HH},δ_{HM},δ_{MH},δ_{MM} 称为柔度系数,是在单位荷载作用下的位移,见图 7-9、图7-10,$Q_0=1$ 作用于桩顶,桩顶处产生的水平位移是 δ_{HH} ,桩顶处产生的转角是 δ_{MH} ,$M_0=1$ 作用于桩顶,桩顶处产生的水平位移是 δ_{HM} ,桩顶处产生的转角是 δ_{MM} 。柔度系数的值与桩的性质及约束条件相关。

(1)嵌岩桩

嵌岩桩桩底可假设为固定端,见图 7-9,嵌岩桩桩底的边界条件为 $x_h=0$,$\varphi_h=0$ 。

①设荷载为：

$$\left.\begin{aligned} Q_0 &= 1 \\ M_0 &= 0 \end{aligned}\right\}$$

把上式代入公式(7-26),并由嵌岩桩桩底边界条件 $x_h=0$,$\varphi_h=0$ 得：

$$\left.\begin{aligned} 0 &= \left(\delta_{HH}A_1 + \frac{1}{\alpha}\delta_{MH}B_1 + \frac{1}{\alpha^3 EI}D_1\right)_{z=h} \\ 0 &= \alpha\left(\delta_{HH}A_2 + \frac{1}{\alpha}\delta_{MH}B_2 + \frac{1}{\alpha^3 EI}D_2\right)_{z=h} \end{aligned}\right\}$$

由上式解得：

$$\left.\begin{aligned} \delta_{HH} &= \frac{1}{\alpha^3 EI}A_{HH} \\ \delta_{MH} &= \frac{1}{\alpha^2 EI}A_{MH} \end{aligned}\right\} \tag{7-31}$$

其中：

$$\left.\begin{aligned} A_{HH} &= \left(\frac{B_2D_1 - B_1D_2}{A_2B_1 - A_1B_2}\right)_{z=h} \\ A_{MH} &= \left(\frac{A_1D_2 - A_2D_1}{A_2B_1 - A_1B_2}\right)_{z=h} \end{aligned}\right\} \tag{7-32}$$

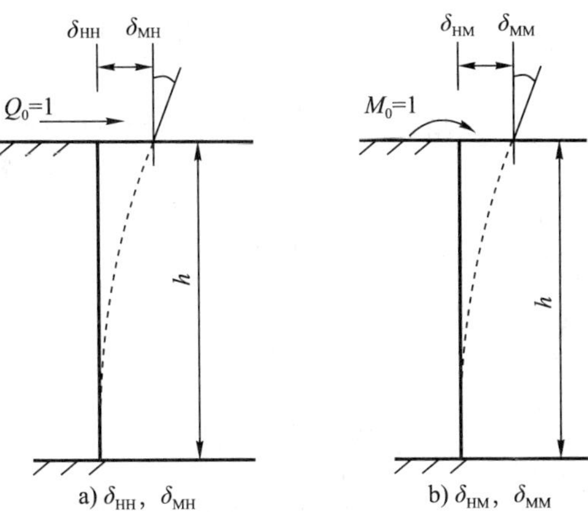

图 7-9 嵌岩桩柔度系数

②设荷载为：

$$\left.\begin{aligned} Q_0 &= 0 \\ M_0 &= 1 \end{aligned}\right\}$$

把上式代入式(7-26)，由嵌岩桩桩底边界条件 $x_h = 0, \varphi_h = 0$ 解得：

$$\left.\begin{aligned} \delta_{HM} &= \frac{1}{\alpha^2 EI} A_{HM} \\ \delta_{MM} &= \frac{1}{\alpha EI} A_{MM} \end{aligned}\right\} \tag{7-33}$$

其中：

$$\left.\begin{aligned} A_{HM} &= \left(\frac{B_2 C_1 - B_1 C_2}{A_2 B_1 - A_1 B_2}\right)_{z=h} \\ A_{MM} &= \left(\frac{A_1 C_2 - A_2 C_1}{A_2 B_1 - A_1 B_2}\right)_{z=h} \end{aligned}\right\} \tag{7-34}$$

(2)桩底位于非岩石类土中的桩

①桩底位于非岩石类土中的桩，当入土深度足够深时，可取桩底的边界条件为 $M_h = 0$ 和 $Q_h = 0$ 。

设荷载为 $Q_0 = 1$、$M_0 = 0$，把该单位荷载及桩底边界条件 $M_h = 0$、$Q_h = 0$，代入式(7-26)，可得：

$$\left.\begin{aligned} 0 &= \alpha^2 EI \left(\delta_{HH} A_3 + \frac{\delta_{MH}}{\alpha} B_3 + \frac{1}{\alpha^3 EI} D_3\right)_{z=h} \\ 0 &= \alpha^3 EI \left(\delta_{HH} A_4 + \frac{\delta_{MH}}{\alpha} B_4 + \frac{1}{\alpha^3 EI} D_4\right)_{z=h} \end{aligned}\right\}$$

整理上式，同样得式(7-31)：

$$\left.\begin{aligned} \delta_{HH} &= \frac{1}{\alpha^3 EI} A_{HH} \\ \delta_{MH} &= \frac{1}{\alpha^2 EI} A_{MH} \end{aligned}\right\}$$

其中：

$$\left.\begin{aligned} A_{HH} &= \left(\frac{B_3 D_4 - B_4 D_3}{A_3 B_4 - A_4 B_3}\right)_{z=h} \\ A_{MH} &= \left(\frac{A_4 D_3 - A_3 D_4}{A_3 B_4 - A_4 B_3}\right)_{z=h} \end{aligned}\right\} \tag{7-35}$$

设荷载为 $Q_0 = 0$、$M_0 = 1$，把该单位荷载代入式(7-26)，由桩底边界条件 $M_h = 0$、$Q_h = 0$，整理得式(7-33)：

$$\left.\begin{aligned} \delta_{HM} &= \frac{1}{\alpha^2 EI} A_{HM} \\ \delta_{MM} &= \frac{1}{\alpha EI} A_{MM} \end{aligned}\right\}$$

其中：

$$\left.\begin{aligned} A_{HM} &= \left(\frac{B_3 C_4 - B_4 C_3}{A_3 B_4 - A_4 B_3}\right)_{z=h} \\ A_{MM} &= \left(\frac{A_4 C_3 - A_3 C_4}{A_3 B_4 - A_4 B_3}\right)_{z=h} \end{aligned}\right\} \tag{7-36}$$

②桩底位于非岩石类土中的桩，若考虑桩底产生位移 x_h、φ_h，见图 7-10，桩底的边界条件为 $M=M_h$ 和 $Q_h=0$。

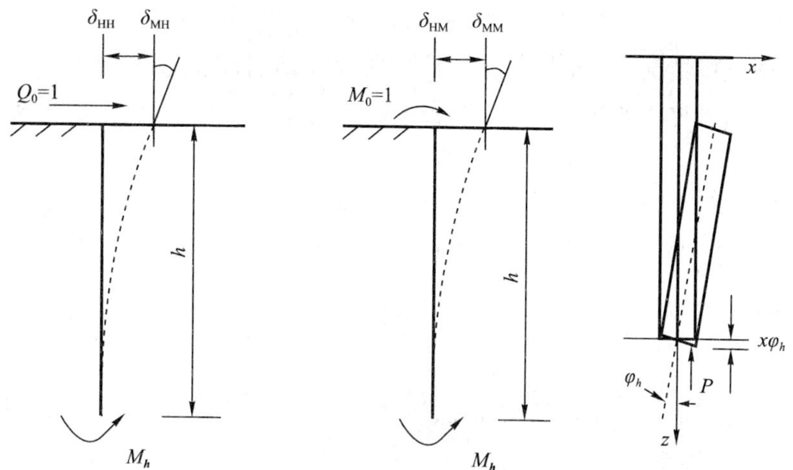

图 7-10　非嵌岩桩柔度系数

若桩底产生转角 φ_h，桩底的弯矩与转角 φ_h 的关系为：

$$M_h=\int_{A_0}x\mathrm{d}P=-\int_{A_0}xx\varphi_h C_0\mathrm{d}A_0=-\varphi_h C_0\int_{A_0}x^2\mathrm{d}A_0=-\varphi_h C_0 I_0$$

式中：A_0——桩底面积；

C_0——桩底地基土竖向抗力系数，$C_0=m_0h$；

I_0——桩底面积对其重心轴的惯性矩。

把 φ_h 和 $Q_h=0$，$M_h=-\varphi_h C_0 I_0$ 代入式(7-26)得：

$$\left.\begin{aligned}\varphi_h&=\alpha\left(x_0A_2+\frac{\varphi_0}{\alpha}B_2+\frac{M_0}{\alpha^2EI}C_2+\frac{Q_0}{\alpha^3EI}D_2\right)\\-C_0\varphi_hI_0&=\alpha^2EI\left(x_0A_3+\frac{\varphi_0}{\alpha}B_3+\frac{M_0}{\alpha^2EI}C_3+\frac{Q_0}{\alpha^3EI}D_3\right)\\0&=\alpha^3EI\left(x_0A_4+\frac{\varphi_0}{\alpha}B_4+\frac{M_0}{\alpha^2EI}C_4+\frac{Q_0}{\alpha^3EI}D_4\right)\end{aligned}\right\}$$

设 $K_h=\dfrac{C_0I_0}{\alpha EI}$，桩顶作用荷载 $Q_0=1$，$M_0=0$，由上式可求得式(7-31)，其中：

$$\left.\begin{aligned}A_{HH}&=\left[\frac{(B_3D_4-B_4D_3)+K_h(B_2D_4-B_4D_2)}{(A_3B_4-A_4B_3)+K_h(A_2B_4-A_4B_2)}\right]_{z=h}\\A_{MH}&=\left[\frac{(A_4D_3-A_3D_4)+K_h(A_4D_2-A_2D_4)}{(A_3B_4-A_4B_3)+K_h(A_2B_4-A_4B_2)}\right]_{z=h}\end{aligned}\right\}\quad(7\text{-}37)$$

桩顶作用荷载 $Q_0=0$，$M_0=1$ 可求得式(7-33)，其中

$$\left.\begin{aligned}A_{HM}&=\left[\frac{(B_3C_4-B_4C_3)+K_h(B_2C_4-B_4C_2)}{(A_3B_4-A_4B_3)+K_h(A_2B_4-A_4B_2)}\right]_{z=h}\\A_{MM}&=\left[\frac{(A_4C_3-A_3C_4)+K_h(A_4C_2-A_2C_4)}{(A_3B_4-A_4B_3)+K_h(A_2B_4-A_4B_2)}\right]_{z=h}\end{aligned}\right\}\quad(7\text{-}38)$$

桩底支撑于非岩石类土中，当 $\alpha h>2.5$ 时，可令 $K_h=0$；或桩底支撑于岩石面上，当 $\alpha h\geqslant3.5$ 时，可令 $K_h=0$；此时式(7-37)、式(7-38)分别就是式(7-35)和式(7-36)。

把上述公式中的柔度系数代入式(7-30)得：

$$\begin{Bmatrix} x_0 \\ \varphi_0 \end{Bmatrix} = \frac{1}{\alpha^3 EI}\begin{bmatrix} A_{HH} & \alpha A_{HM} \\ \alpha A_{MH} & \alpha^2 A_{MM} \end{bmatrix}\begin{Bmatrix} Q_0 \\ M_0 \end{Bmatrix} \tag{7-39}$$

说明：不同支撑情况、不同边界条件下系数 A_{HH}、A_{MH}、A_{HM}、A_{MM}不同，前面分别给出了嵌岩桩、非嵌岩桩桩底弯矩为零、非嵌岩桩桩底弯矩不为零三种情况下该系数的计算公式。

3)位移及内力

式(7-39)用 Q_0、M_0 表示了 x_0、φ_0，把该式代入式(7-26)中的第1式得：

$$x_z = \left(\frac{A_{HH}Q_0}{\alpha^3 EI} + \frac{\alpha A_{HM}M_0}{\alpha^3 EI}\right)A_1 + \frac{1}{\alpha}\left(\frac{\alpha A_{MH}Q_0}{\alpha^3 EI} + \frac{\alpha^2 A_{MM}M_0}{\alpha^3 EI}\right)B_1 + \frac{M_0}{\alpha^2 EI}C_1 + \frac{Q_0}{\alpha^3 EI}D_1$$

$$x_z = Q_0\left(\frac{A_{HH}}{\alpha^3 EI}A_1 + \frac{A_{MH}}{\alpha^3 EI}B_1 + \frac{1}{\alpha^3 EI}D_1\right) + M_0\left(\frac{A_{HM}}{\alpha^2 EI}A_1 + \frac{A_{MM}}{\alpha^2 EI}B_1 + \frac{1}{\alpha^2 EI}C_1\right)$$

整理得：

$$x_z = \frac{Q_0}{\alpha^3 EI}A_x + \frac{M_0}{\alpha^2 EI}B_x \tag{7-40}$$

其中：

$$\left.\begin{aligned} A_x &= A_1 A_{HH} + B_1 A_{MH} + D_1 \\ B_x &= A_1 A_{HM} + B_1 A_{MM} + C_1 \end{aligned}\right\} \tag{7-41}$$

同理可得不含初始位移 x_0、φ_0 的位移及内力分别为：

$$\left.\begin{aligned} x_z &= \frac{Q_0}{\alpha^3 EI}A_x + \frac{M_0}{\alpha^2 EI}B_x \\ \varphi_z &= \alpha\left(\frac{Q_0}{\alpha^3 EI}A_\varphi + \frac{M_0}{\alpha^2 EI}B_\varphi\right) \\ M_z &= \alpha^2 EI\left(\frac{Q_0}{\alpha^3 EI}A_M + \frac{M_0}{\alpha^2 EI}B_M\right) \\ Q_z &= \alpha^3 EI\left(\frac{Q_0}{\alpha^3 EI}A_Q + \frac{M_0}{\alpha^2 EI}B_Q\right) \end{aligned}\right\} \tag{7-42}$$

其中：

$$\left.\begin{aligned} A_\varphi &= A_2 A_{HH} + B_2 A_{MH} + D_2 \\ B_\varphi &= A_2 A_{HM} + B_2 A_{MM} + C_2 \end{aligned}\right\} \tag{7-43}$$

$$\left.\begin{aligned} A_M &= A_3 A_{HH} + B_3 A_{MH} + D_3 \\ B_M &= A_3 A_{HM} + B_3 A_{MM} + C_3 \end{aligned}\right\} \tag{7-44}$$

$$\left.\begin{aligned} A_Q &= A_4 A_{HH} + B_4 A_{MH} + D_4 \\ B_Q &= A_4 A_{HM} + B_4 A_{MM} + C_4 \end{aligned}\right\} \tag{7-45}$$

本书中没有给出 A_x、B_x、A_φ、B_φ、A_M、B_M、A_Q、B_Q 的计算表格，实际应用中，根据以上计算公式用 Excel 可以方便得出以上各参数沿桩长的计算值。

4)求桩顶位移 x_0

在式(7-42)中代入 $z=0$，即可求得桩顶位移 x_0 。

5)求最大弯矩 M_{max}

最大弯矩位于剪力为零处,由式(7-42)中的第 4 式得:

$$Q_z = Q_0 A_Q + \alpha M_0 B_Q = 0 \tag{7-46a}$$

根据 Q_z 的变化规律,求得 $Q_z = 0$ 时的深度 $z_{Q=0}$,同时可求出该深度处的参数 $(A_Q, B_Q)_{z(Q=0)}$,由上式得:

$$Q_0 = -\alpha M_0 \left(\frac{B_Q}{A_Q}\right)_{z(Q=0)} \tag{7-46b}$$

把式(7-46b)代入式(7-42)中的第 3 式,得:

$$M_z = \alpha^2 EI\left[\frac{1}{\alpha^3 EI}\left(-\alpha M_0 \frac{B_Q}{A_Q}\right)A_M + \frac{M_0}{\alpha^2 EI}B_M\right]$$

整理得最大弯矩为:

$$M_{max} = M_0 C_2 \tag{7-47}$$

其中

$$C_2 = \left(-\frac{B_Q}{A_Q}A_M + B_M\right)_{z(Q=0)} \tag{7-48}$$ ❶

【例题 7-2】 某嵌岩桩见图 7-11a),设 M_0=300kN·m,Q_0=100kN,桩长 10m,桩直径 d=1m,土反力计算宽度 b_0=1.5m,混凝土弹性模量 $E = 2.55 \times 10^7 \text{kN/m}^2$,地基土横向抗力系数比例系数 $m = 8550\text{kN/m}^4$。

试绘制沿桩长的位移 x、转角 φ、弯矩 M、剪力 Q 及地基土水平抗力 p 分布图。

解:1)计算参数

桩截面惯性矩为:

$$I = \frac{\pi d^4}{64} = \frac{3.1416 \times 1^4}{64} = 0.0491\text{m}^4$$

计算系数:

$$\alpha = \sqrt[5]{\frac{mb_0}{EI}} = \sqrt[5]{\frac{8550 \times 1.5}{2.55 \times 10^7 \times 0.0491}} = 0.4$$

$\alpha h = 0.4 \times 10 = 4$,把 $\alpha z = 4$ 代入式(7-32),式(7-34),计算得:

$$A_{HH} = \left(\frac{B_2 D_1 - B_1 D_2}{A_2 B_1 - A_1 B_2}\right)_{\alpha z=4} = 2.4008, \quad A_{MH} = \left(\frac{A_1 D_2 - A_2 D_1}{A_2 B_1 - A_1 B_2}\right)_{\alpha z=4} = -1.5999$$

$$A_{HM} = \left(\frac{B_2 C_1 - B_1 C_2}{A_2 B_1 - A_1 B_2}\right)_{\alpha z=4} = 1.5999, \quad A_{MM} = \left(\frac{A_1 C_2 - A_2 C_1}{A_2 B_1 - A_1 B_2}\right)_{\alpha z=4} = -1.7322$$

2)计算位移和内力

根据式(7-41),式(7-43)~式(7-45)计算系数 A_x、B_x、A_φ、B_φ、A_M、B_M、A_Q、B_Q,根据式(7-42)计算位移 x、转角 φ、弯矩 M、剪力 Q,根据式(7-21)计算地基土水平抗力 p,计算结果见表 7-3,根据计算结果绘制的位移与内力图见图 7-11。

---

❶ 注:一般书中还给出了 C_1 的计算公式,考虑到用 Excel 可以方便地直接计算出 C_2,所以本书中没有给出 C_1 的计算公式及其表格,但符号还是与常用符号相同,编号直接取 C_2。

【例题 7-2】计算表

表 7-3

αz	z (m)	A_x	B_x	A_φ	B_φ	A_M	B_M	A_Q	B_Q	x (m)	φ	M (kN·m)	Q (kN)	p (kN/m)
0	0	2.4008	1.5999	-1.5999	-1.7322	0	1	1	0	0.0054	-0.0018	300	100	0
0.1	0.25	2.241	1.4316	-1.5949	-1.6322	0.0998	0.9998	0.9885	-0.0075	0.0049	-0.0018	324.9	97.95	15.84
0.2	0.5	2.0821	1.2734	-1.5801	-1.5324	0.197	0.998	0.9562	-0.0275	0.0045	-0.0017	348.7	92.32	28.89
0.3	0.75	1.9251	1.125	-1.5554	-1.4326	0.2903	0.9939	0.9063	-0.0574	0.0041	-0.0016	370.7	83.74	39.31
0.4	1	1.7713	0.9868	-1.5222	-1.3338	0.3376	0.9862	0.8416	-0.0943	0.0037	-0.0016	380.2	72.85	47.29
0.5	1.25	1.6209	0.8583	-1.4803	-1.2356	0.442	0.9573	0.7658	-0.1354	0.0033	-0.0015	397.7	60.33	53.03
0.6	1.5	1.4756	0.7396	-1.4309	-1.1388	0.5306	0.9592	0.6805	-0.1795	0.0029	-0.0014	420.4	46.51	56.72
0.7	1.75	1.3352	0.6305	-1.3745	-1.0439	0.5941	0.9389	0.5893	-0.2238	0.0026	-0.0013	430.2	32.07	58.58
0.8	2	1.2008	0.5309	-1.3123	-0.9512	0.6483	0.9144	0.4943	-0.2673	0.0023	-0.0012	436.4	17.35	58.82
0.9	2.25	1.0729	0.4403	-1.2451	-0.8611	0.6932	0.8857	0.3979	-0.3083	0.002	-0.0011	439	2.787	57.66
1	2.5	0.9521	0.3586	-1.1741	-0.7742	0.728	0.8529	0.3018	-0.3462	0.0017	-0.001	437.9	-11.4	55.3
1.2	3	0.7321	0.2203	-1.0236	-0.611	0.7696	0.777	0.0941	-0.4247	0.0012	-0.0009	425.5	-41.6	47.84
1.4	3.5	0.5427	0.1129	-0.8685	-0.464	0.7767	0.6911	-0.05	-0.4547	0.0008	-0.0007	401.5	-59.6	37.99
1.6	4	0.3844	0.0333	-0.7151	-0.3351	0.7528	0.5981	-0.184	-0.4723	0.0005	-0.0006	367.6	-75.1	27.17
1.8	4.5	0.2563	-0.022	-0.569	-0.225	0.7048	0.5033	-0.292	-0.4733	0.0003	-0.0004	327.2	-86	16.53
2	5	0.1562	-0.058	-0.4344	-0.1336	0.6379	0.4098	-0.369	-0.4575	0.0001	-0.0003	282.4	-91.8	6.944
2.2	5.5	0.0815	-0.077	-0.3148	-0.0608	0.559	0.3212	-0.424	-0.4285	-1E-05	-0.0002	236.1	-93.8	-0.96
2.4	6	0.0292	-0.083	-0.2114	-0.0048	0.4724	0.239	-0.443	-0.3912	-9E-05	-0.0001	189.8	-91.2	-6.8
2.6	6.5	-0.004	-0.08	-0.1258	0.03553	0.383	0.1649	-0.448	-0.35	-1E-04	-4E-05	145.2	-86.8	-10.4
2.8	7	-0.022	-0.07	-0.0582	0.06172	0.2941	0.099	-0.44	-0.3096	-1E-04	7.9E-06	103.2	-81.2	-11.9
3	7.5	-0.029	-0.056	-0.0081	0.07556	0.2074	0.0408	-0.425	-0.273	-1E-04	4.1E-05	64.065	-75.3	-11.5
3.5	8.75	-0.015	-0.018	0.04461	0.06496	0.0055	-0.079	-0.386	-0.214	-5E-05	6.1E-05	-22.18	-64.3	-5.24
4	10	0	-2E-15	4E-15	0	-0.183	-0.181	-0.376	-0.2024	-2E-18	2E-18	-100.1	-61.9	-0

说明：此表由 Excel 算出，表格中的 E-15=10^{-15}。

3)最大位移和最大弯矩

(1)最大位移位于桩顶,由表 7-3 可知 $x_{max} = 0.0054\text{m}$ 。

(2)最大弯矩位于剪力为零处,根据 Q_z 的变化规律,求得 $Q_z = 0$ 时的深度 $z_{Q=0}$,当 $z_{Q=0} = 2.30\text{m}$ 时,由式(7-48)求得 $C_2 = 1.48$,由式(7-47)计算最大弯矩:

$$M_{max} = M_0C_2 = 300 \times 1.480 = 444\text{kN} \cdot \text{m}$$

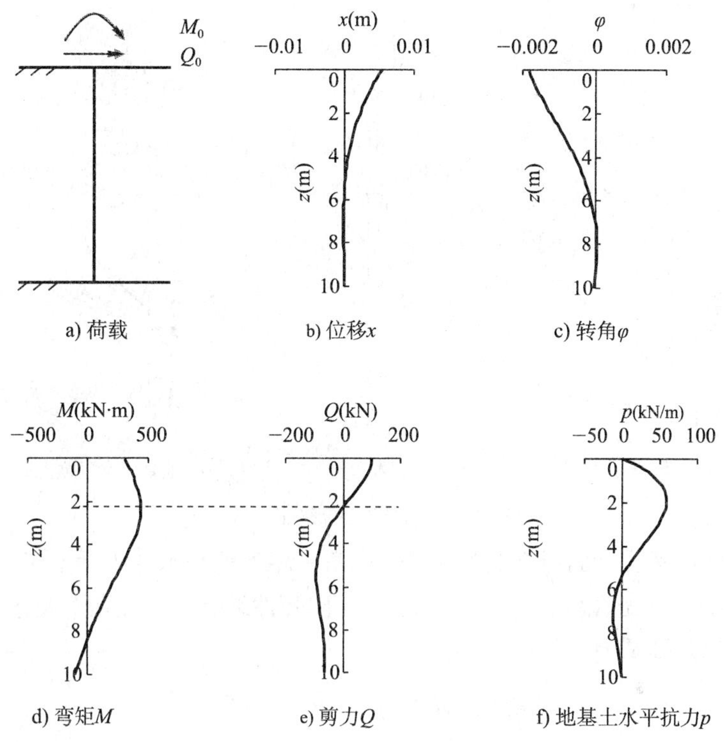

图 7-11 【例题 7-2】位移、内力图

【例题 7-3】 某非嵌岩桩见图 7-12a),设 $M_0 = 300\text{kN} \cdot \text{m}$, $Q_0 = 100\text{kN}$,桩长 10m,桩直径 $d = 1\text{m}$,土反力计算宽度 $b_0 = 1.5\text{m}$,混凝土弹性模量 $E = 2.55 \times 10^7\text{kN/m}^2$,地基土横向抗力系数比例系数 $m = 8550\text{kN/m}^4$ 。

试绘制沿桩长的位移 x、转角 φ、弯矩 M、剪力 Q 及地基土水平抗力 p 分布图。

解:计算参数 I,α 与例题 7-2 相同,因为 $\alpha h = 4 > 2.5$,取 $K_h = 0$,根据式(7-37),式(7-38)计算得 $A_{HH} = 2.4407$, $A_{MH} = -1.6210$, $A_{HM} = 1.6210$, $A_{MM} = -1.7506$,根据公式(7-41),式(7-43)~式(7-45)计算系数 A_x、B_x、A_φ、B_φ、A_M、B_M、A_Q、B_Q ,根据式(7-42)计算位移 x,转角 φ、弯矩 M、剪力 Q,根据式(7-21)计算地基土水平抗力 p,计算结果见图7-12。

7.3.3 悬臂式挡土结构

计算假定如下:

(1)基坑底面以上承受主动土压力。

(2)基坑底面以下按竖向弹性地基梁计算,水平基床系数的比例系数为 m。

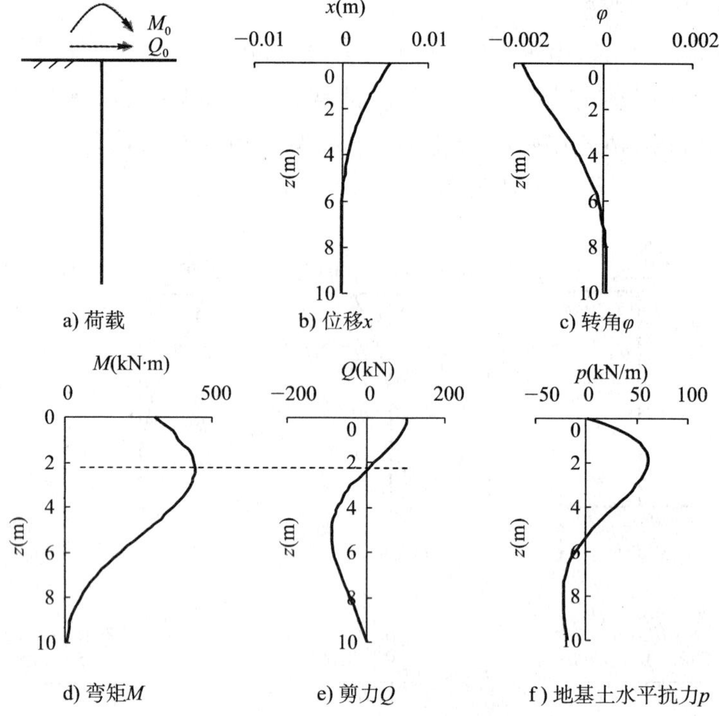

图 7-12 【例题 7-3】位移、内力图

把桩分为两段，基坑底面以上是桩顶承受荷载 M、Q，桩身承受主动土压力的悬臂梁，见图 7-13；基坑底面以下是在桩顶承受 M_0、Q_0 的竖向弹性地基梁。在荷载及土压力作用下基坑底面处弯矩、剪力分别为：

$$M_0 = M + Ql + \frac{2q_1 + q_2}{6} l^2 \tag{7-49}$$

$$Q_0 = Q + \frac{q_1 + q_2}{2} l \tag{7-50}$$

对于图 7-13c) 中桩顶承受荷载 M_0、Q_0 的弹性地基梁，桩顶处的水平位移和转角可用式 (7-39) 表示。

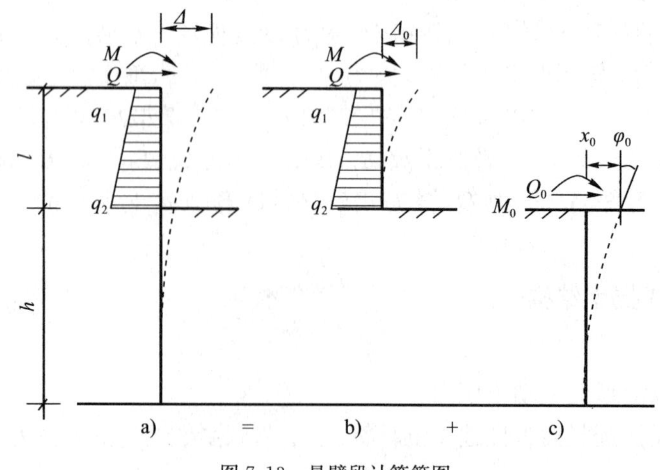

图 7-13 悬臂段计算简图

基坑顶面位移：

$$\Delta = x_0 + \varphi_0 l + \Delta_0 \tag{7-51}$$

Δ_0 按露出段作为下端嵌固，跨度为 l 的悬臂梁计算：

$$\Delta_0 = \frac{Ql^3}{3EI} + \frac{Ml^2}{2EI} + \frac{(11q_1 + 4q_2)l^4}{120EI} \tag{7-52}$$

基坑底面以上桩的内力按悬臂梁计算，基坑底面以下桩的内力按式(7-42)计算。

7.3.4 多支撑挡土结构

例如设有3道支撑的支护结构，见图7-14。根据 T_1、T_2、T_3 这3个支点处水平变位为零的条件建立平衡方程：

$$\left.\begin{aligned} T_1\delta_{11} + T_2\delta_{12} + T_3\delta_{13} + \Delta_{1p} = 0 \\ T_1\delta_{21} + T_2\delta_{22} + T_3\delta_{23} + \Delta_{2p} = 0 \\ T_1\delta_{31} + T_2\delta_{32} + T_3\delta_{33} + \Delta_{3p} = 0 \end{aligned}\right\} \tag{7-53}$$

式中：δ_{ij} —— 在 j 点处单位力的作用下，i 点处产生的沿力的作用方向上的变位；

Δ_{ip} ——在土压力的作用下，i 点处产生的沿支撑方向上的变位。

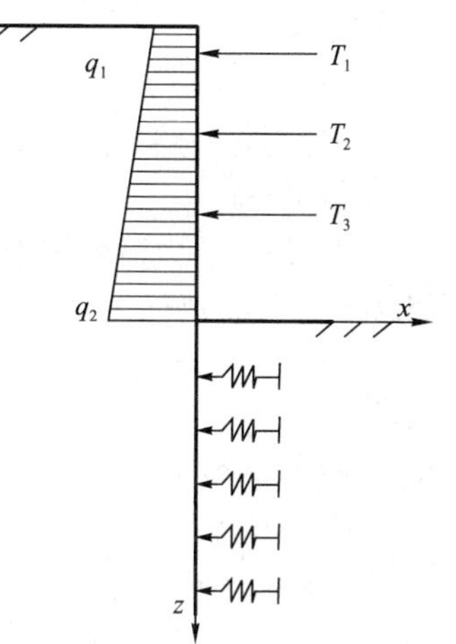

图7-14 3道支撑计算简图

根据式(7-53)解出3个支撑点反力 T_1、T_2、T_3，然后按一般的 m 法求解。

1)求 δ_{ij}

设集中力 $T=1$ 作用于 A 点，任意点 k 的水平变位由3部分组成，见图7-15。

(1)悬臂梁在集中荷载 $T=1$ 作用下使任意点 k 产生变形 Δ_{kT} 计算如下。

由材料力学可知，图7-15b)中的变形为：

$$\left.\begin{aligned} \Delta_{kT} &= \frac{b^2 l}{6EI}\left(3 - \frac{b}{l} - 3\frac{z'}{l}\right) && (0 \leqslant z' \leqslant a) \\ \Delta_{kT} &= \frac{b^3}{6EI}\left[2 - 3\frac{z'-a}{b} + \frac{(z'-a)^3}{b^3}\right] && (a < z' \leqslant l) \end{aligned}\right\} \tag{7-54}$$

当 $z' = a$ 时：

$$\Delta_{kT} = \frac{b^3}{3EI}$$

(2)弹性地基杆系在基底处受水平力 $T_0 = 1$ 和弯矩 $M_0 = 1 \times b$ 作用产生变形 x_0；

$$x_0 = \delta_{HH} + b\delta_{HM} \tag{7-55}$$

(3)弹性地基杆系在 $T_0 = 1$ 和弯矩 $M_0 = 1 \times b$ 作用产生变形 φ_0，使 k 点产生的水平位移：

$$\varphi_0 b = (\delta_{MH} + b\delta_{MM})b \tag{7-56}$$

在 i 点处作用荷载 $T=1$，i 点处产生的水平位移是以上3者之和：

$$\delta_{ii} = \Delta_{kT} + x_0 + \varphi_0 b \tag{7-57}$$

式(7-57)中的 x_0、φ_0 是由集中荷载 $T=1$ 引起的。

同理可求出 δ_{ij} 。

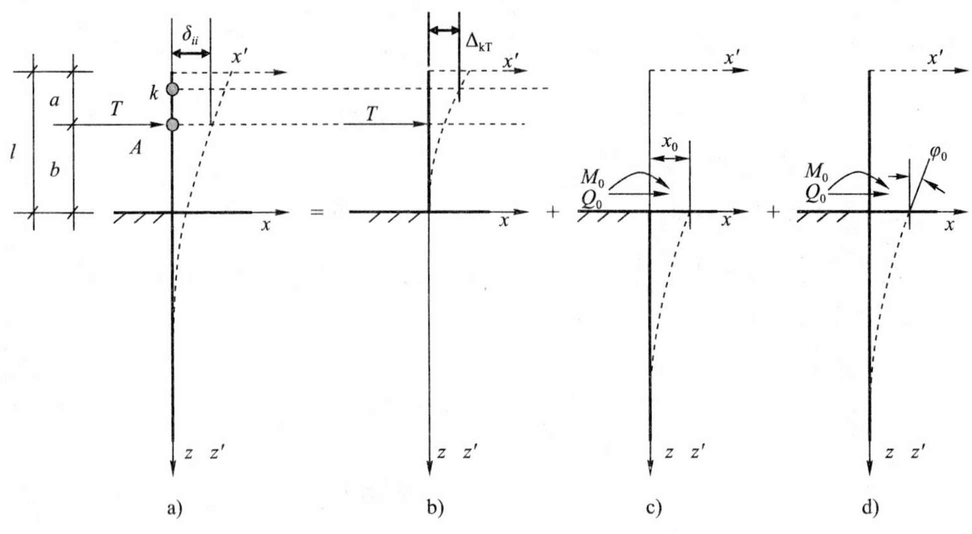

图 7-15　δ_{ij} 计算简图

2)求 Δ_{iP}

Δ_{ij} 是土压力荷载作用下,支撑点 i 处的变形。若基坑底面以上的悬臂梁上作用的土压力如图 7-16a)所示的梯形分布荷载,则图 7-16c)中的初始剪力为:

$$Q_0 = \frac{1}{2}(q_1 + q_2)l \tag{7-58}$$

图 7-16c)中的初始弯矩为:

$$M_0 = \frac{q_2 + 2q_1}{6}l^2 \tag{7-59}$$

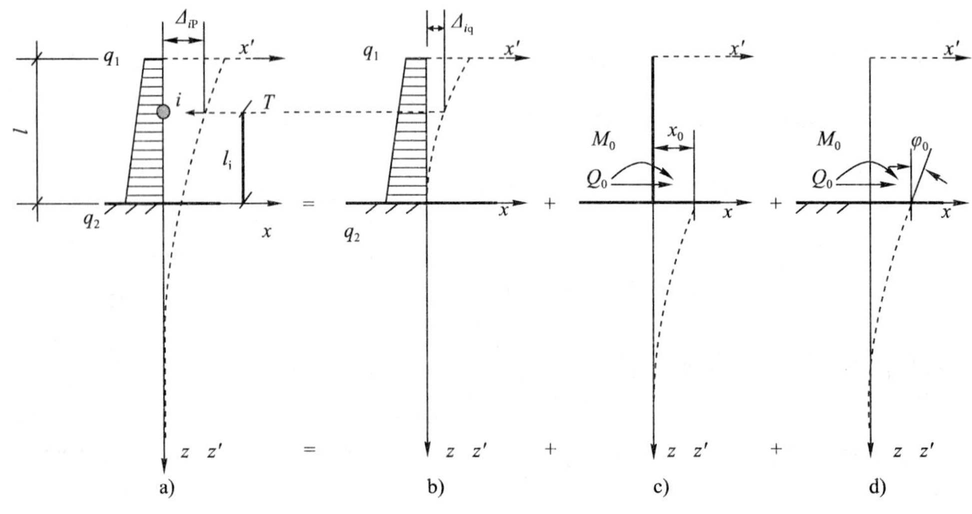

图 7-16　Δ_{iP} 计算简图

把桩分为悬臂梁和弹性地基梁两段考虑。

(1)悬臂梁在分布荷载作用下产生水平位移计算。

由材料力学可知,计算点 i 处产生水平位移为:

$$\Delta_{iq}=x'=\frac{l^4}{120EI}\left\{5q_1\left[3-4\left(\frac{z'}{l}\right)+\left(\frac{z'}{l}\right)^4\right]+(q_2-q_1)\left[4-5\left(\frac{z'}{l}\right)+\left(\frac{z'}{l}\right)^5\right]\right\} \tag{7-60}$$

(2)弹性地基杆系在基底处受水平力 Q_0 和弯矩 M_0 作用产生变形 x_0：

$$x_0=Q_0\delta_{HH}+M_0\delta_{HM} \tag{7-61}$$

(3)弹性地基杆系在 Q_0 和弯矩 M_0 作用产生变形 φ_0，使 i 点产生的水平位移：

$$\varphi_0 l_i=(Q_0\delta_{MH}+M_0\delta_{MM})l_i \tag{7-62}$$

在土压力合力 Q 作用下，计算点 i 处产生的水平位移为三者之和：

$$\Delta_{iP}=\Delta_{iq}+x_0+\varphi_0 l_i \tag{7-63}$$

式(7-63)中的 x_0、φ_0 是由主动土压力引起的。求出柔度矩阵，解出三个支点反力 T_1、T_2、T_3，然后按一般的 m 法求解。

3)计算过程

(1)悬臂梁情况。

(2)单支撑情况。

(3)两道支撑情况。

(4)3 道支撑情况，依此类推。

(5)n 道支撑情况。

(6)绘出弯矩包络图，配筋。

【例题 7-4】 某基坑护坡桩桩长 20m，开挖深度 12m，嵌固深度 8m，桩直径 $d=0.8$m，计算宽度 $b_0=1.0$m，混凝土弹性模量 $E=2.55\times10^7$kN/m²，地基土横向抗力系数比例系数 $m=6050$kN/m⁴，黏聚力 $c=7$kN/m²，内摩擦角 $\varphi=20°$，土的重度 $\gamma=19$kN/m³，$Q_0=20$kN/m²，拟设置两道支撑进行基坑开挖，土层、荷载及支撑布置见图 7-17。

试按 m 法计算护坡桩悬臂阶段、单支撑阶段、双支撑阶段各阶段的弯矩与水平位移，并绘制各施工阶段水平位移及弯矩沿桩长的分布图。

解：1)计算参数

主动土压力系数

$$K_a=\tan^2\left(45°-\frac{\varphi}{2}\right)=\tan^2\left(45°-\frac{20°}{2}\right)=0.49$$

桩截面惯性矩

$$I=\frac{\pi d^4}{64}=\frac{3.1416\times0.8^4}{64}=0.0201\text{m}^4$$

计算系数

$$\alpha=\sqrt[5]{\frac{mb_0}{EI}}=\sqrt[5]{\frac{6050\times1}{2.55\times10^7\times0.0201}}=0.4115\text{m}^{-1}$$

2)悬臂阶段

悬臂阶段见图 7-17b)，支撑(用虚箭头表示)设置在距地面 2m 处，需要预留 1m 的工作面，所以悬臂阶段最不利位置是开挖 3m，基坑底面以下桩长 17m，主动土压力

$$q_1=q_0K_a-2c\sqrt{K_a}=20\times0.49-2\times7\times\sqrt{0.49}=0$$

$$q_2=(q_0+\gamma z)K_a-2c\sqrt{K_a}=(20+19\times8)\times0.49-2\times7\times\sqrt{0.49}=27.95\text{kN/m}^2$$

土压力计算宽度 $b_0 = 1.0\text{m}$，桩上的线荷载：

$$q_2 = 27.95 \times 1 = 27.95\text{kN/m}$$

主动土压力引起基坑底面处的弯矩、剪力即图 7-16c）中的 M_0、Q_0 为：

$$M_0 = \frac{2q_1 + q_2}{6} l^2 = \frac{27.95}{6} \times 3^2 = 41.92\text{kN} \cdot \text{m}$$

$$Q_0 = \frac{q_1 + q_2}{2} l = \frac{27.95}{2} \times 3 = 41.92\text{kN}$$

基坑底面以上，主动土压力引起的弯矩根据式(7-59)计算：

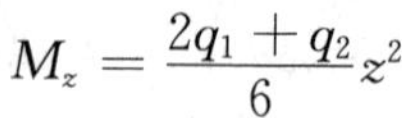

$$M_z = \frac{2q_1 + q_2}{6} z^2$$

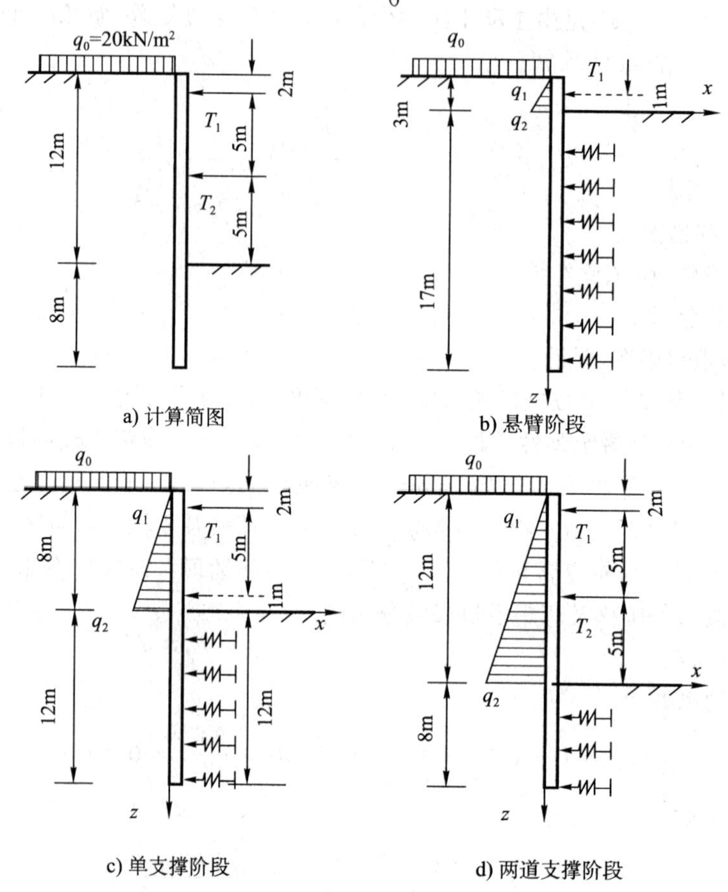

图 7-17 【例题 7-4】计算简图

主动土压力引起的位移根据式(7-60)计算。

基坑底面以下，因为 $\alpha h = 0.4115 \times 17 = 7$，取 $K_h = 0$，根据表 7-2 和式(7-37)、式(7-38)，计算得 $A_{HH} = 2.4292$，$A_{MH} = -1.6194$，$A_{HM} = 1.6194$，$A_{MM} = -1.7468$，计算弯矩和位移的过程与【例题 7-2】相同。沿桩长弯矩和位移的分布图见图 7-18。

3）单支撑阶段

单支撑阶段见图 7-17c)，第 1 道支撑设置在距地面 2m 处，第 2 道支撑(用虚箭头表示)设置在距地面 7m 处，需要预留 1m 的工作面，所以单支撑阶段最不利位置是开挖 8m，基坑底面以下桩长 12m。

(1)主动土压力

$$q_2 = (q_0 + \gamma z)K_a - 2c\sqrt{K_a} = 74.53\text{kN/m}^2$$

考虑计算宽度，桩上的线荷载为 $q_2 = 74.53\text{kN/m}$，主动土压力引起基坑底面处的弯矩、剪力为：

$$M_0 = \frac{74.53}{6} \times 8^2 = 794.96\text{kN} \cdot \text{m}$$

$$Q_0 = \frac{74.53}{2} \times 8 = 298.11\text{kN}$$

(2)求支撑力

根据式(7-53)建立一元线性方程：

$$T_1\delta_{11} + \Delta_{1p} = 0$$

由图 7-17c)可知，单支撑阶段最不利位置桩入土深度 $h=12\text{m}$，此时计算长度 $\alpha h = 0.4115 \times 12 = 5$，取 $K_h=0$，根据表 7-2 和式(7-37)、式(7-38)，计算得 $A_{HH} = 2.4315$，$A_{MH} = -1.6214$，$A_{HM} = 1.6214$，$A_{MM} = -1.7488$，设 $T_1=1$，求得：

$$\Delta_{1T} = \frac{b^3}{3EI} = \frac{6^3}{3EI} = 0.00014,\ x_0 = \delta_{HH} + b\delta_{HM} = 0.00018,\ \varphi_0 = \delta_{MH} + b\delta_{MM} = 6.84 \times 10^{-5}$$

代入式(7-57)得：

$$\delta_{11} = \Delta_{1T} + x_0 + \varphi_0 b = 0.00073$$

上式中的 x_0、φ_0 是由 $T_1=1$ 引起的。

根据公式(7-63)计算主动土压力 q 引起的位移，得：

$$\Delta_{1p} = \Delta_{1q} + x_0 + \varphi_0 l_{T_1} = 0.1217$$

解上述方程得：

$$T_1 = -166.52\text{kN}$$

(3)基坑底面处的弯矩、剪力

基坑底面处的弯矩、剪力由主动土压力和支撑力共同引起，计算得：

$$M_0 = 794.96 - 166.52 \times 6 = -204.15\text{kN} \cdot \text{m}$$

$$Q_0 = 298.11 - 166.52 = 131.59\text{kN}$$

(4)基坑底面以下内力和变形

在荷载 M_0、Q_0 作用下，按 m 法计算内力和变形，基坑底面以下内力和变形计算过程同上。沿桩长弯矩和位移的分布图见图 7-18。

4)两道支撑阶段

两道支撑阶段见图 7-17d)，第 1 道支撑设置在距地面 2m 处，第 2 道支撑设置在距地面 7m 处，两道支撑阶段最不利位置是开挖 12m，基坑底面以下桩长 8m。

(1)主动土压力

$$q_2 = (q_0 + \gamma z)K_a - 2c\sqrt{K_a} = 111.79\text{kN/m}^2$$

考虑计算宽度，桩上的线荷载为 $q_2 = 111.79\text{kN/m}$，主动土压力引起基坑底面处的弯矩、剪力为：

$$M_0 = \frac{111.79}{6} \times 12^2 = 2682.94\text{kN} \cdot \text{m}$$

$$Q_0 = \frac{111.79}{2} \times 12 = 670.74\text{kN}$$

(2)求支撑力

根据式(7-53)建立方程：

$$\left.\begin{aligned} T_1\delta_{11} + T_2\delta_{12} + \Delta_{1p} = 0 \\ T_1\delta_{21} + T_2\delta_{22} + \Delta_{2p} = 0 \end{aligned}\right\}$$

双支撑阶段最不利位置桩入土深度 h=8m，此时计算长度 $\alpha h = 0.4115 \times 8 = 3.29$，取 K_h=0，根据表 7-2 和式(7-37)、式(7-38)，计算参数 A_{HH}，A_{MH}，A_{HM}，A_{MM}，分别设 Q=1，M=1 求柔度系数 δ_{ij}，根据荷载求 Δ_{ip}，得二元一次线性方程组如下：

$$\left.\begin{aligned} 0.001931T_1 + 0.000973T_2 + 0.5672 = 0 \\ 0.000973T_1 + 0.000549T_2 + 0.3161 = 0 \end{aligned}\right\}$$

解上述方程组得 T_1=－30.91kN，T_2=－521.54kN。

(3)基坑底面处的弯矩、剪力

基坑底面处的弯矩、剪力由主动土压力和支撑力共同引起，计算得：

$$M_0 = 2682.94 - 30.91 \times 10 - 521.53 \times 5 = -233.84\text{kN} \cdot \text{m}$$

$$Q_0 = 670.74 - 30.91 - 521.53 = 118.29\text{kN}$$

(4)基坑底面以下

在荷载 M_0、Q_0 作用下，按 m 法计算内力和变形，基坑底面以下计算过程同上。沿桩长弯矩和位移的分布图见图 7-18。

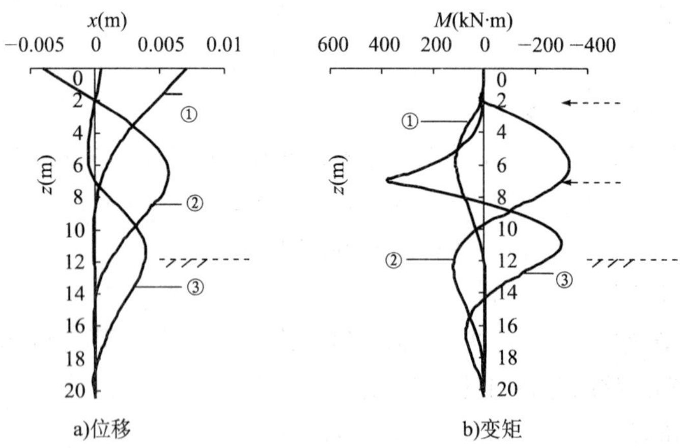

图 7-18 【例题 7-4】计算结果

①-悬臂阶段；②-单支撑阶段；③-两道支撑阶段

注：为了更直观，图中符号取反向

把悬臂阶段、单支撑阶段、两道支撑阶段的弯矩、位移分别绘在同一张图上便于分析比较，由图 7-18 可得最大弯矩和最大位移。

由以上分析可知：

①地基土横向抗力系数比例系数“m”的取值直接影响到计算结果。

②由式(7-53)可知，上述方法没有考虑开挖过程中施工各阶段对位移的影响，各个施工阶段相互是独立的。若要考虑支撑设置前位移的影响，在式(7-53)中，可取等式右边不为零，而是上一施工阶段此处的水平位移值即可。

7.4 弹性支点法

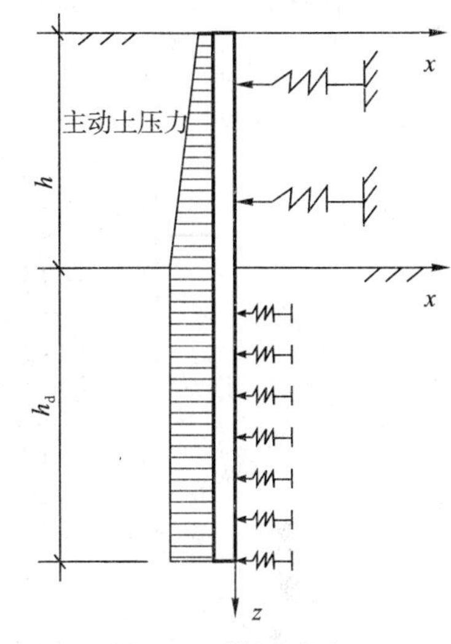

图 7-19 弹性支点法

《建筑基坑支护技术规程》(JGJ 120—99)4.2.2 条中指出：“结构内力与变形计算值、支点力计算值应根据基坑开挖及地下结构施工过程的不同工况按下列规定计算：1. 宜按本规程附录 B 的弹性支点法计算……”。

弹性支点法的计算简图见图 7-19，桩相当于垂直方向设立的承受水平荷载的梁，梁的挠曲线微分方程为：

$$EI\frac{d^4x}{dz^4}=-p(z)+q(z) \tag{7-64}$$

这是四阶线性变系数非齐次常微分方程，式中，$q(z)$ 是作用在桩上的荷载，荷载为主动土压力，设土压力沿桩长的分布规律如图 7-19 所示，基坑底面以上土压力强度随着深度的增加增大，基坑底面以下土压力强度不变，设主动土压力压力强度为 e_a，作用在桩上的线荷载为 $q(z)=e_ab_0$，b_0 是土压力计算宽度。$p(z)$ 是水平地基反力，取线荷载 $p(z)=mxzb_0$，m 是水平基床系数比例系数。设置的支撑为弹性支撑，支撑反力为 $T=K\delta_T$，K 是支撑的刚度。根据桩的受力状态，把桩的基本挠曲线微分方程分为开挖面以上和开挖面以下两部分分别考虑，在两部分的连接处满足连续条件。

开挖面以上，取桩顶为 z 的零点，向下为正，桩的挠曲线微分方程为：

$$EI\frac{d^4x}{dz^4}=e_ab_0 \tag{7-65}$$

开挖面以下，取基坑底面为 z 的零点，向下为正，桩的挠曲线微分方程为：

$$EI\frac{d^4x}{dz^4}+mb_0zx=e_ab_0 \tag{7-66}$$

7.4.1 悬臂阶段

1)开挖面以上方程及其解

开挖面以上见图 7-20a)中的 h 段，该段微分方程(7-65)的解为齐次方程(7-67)的通解与非齐次方程(7-68)特解之和：

$$EI\frac{d^4x}{dz^4}=0 \tag{7-67}$$

$$\frac{d^4x}{dz^4}=\frac{1}{EI}e_ab_0 \tag{7-68}$$

4 阶常微分方程(7-67)的通解为：

$$x=a_1+za_2+z^2a_3+z^3a_4 \tag{7-69}$$

式中的积分常数 a_1、a_2、a_3、a_4 可以根据边界条件求出。

设非齐次方程(7-68)的特解为：

$$x=\frac{1}{EI}X(z) \tag{7-70}$$

则方程(7-65)的解为：

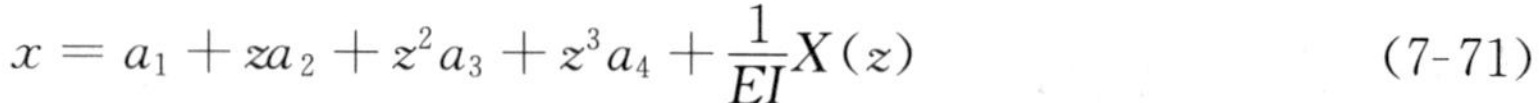

$$x=a_1+za_2+z^2a_3+z^3a_4+\frac{1}{EI}X(z) \tag{7-71}$$

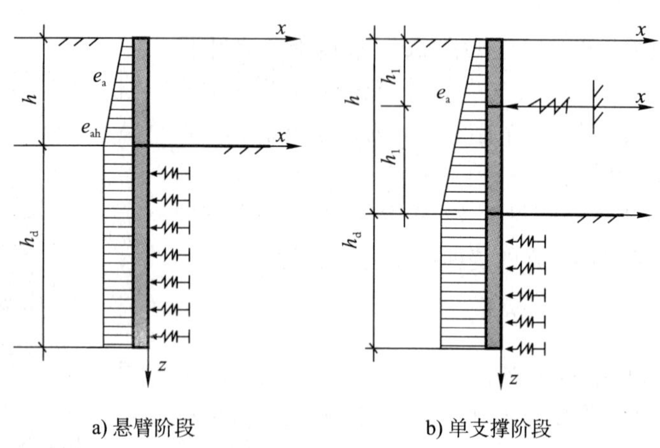

a) 悬臂阶段　　b) 单支撑阶段

图 7-20　弹性支点法计算简图

对式(7-71)求导可得：

$$\left.\begin{aligned}
x&=a_1+za_2+z^2a_3+z^3a_4+\frac{1}{EI}X(z)\\
x'&=a_2+2za_3+3z^2a_4+\frac{1}{EI}\varphi(z)\\
x''&=2a_3+6za_4+\frac{1}{EI}M(z)\\
x'''&=6a_4+\frac{1}{EI}Q(z)\\
x^{(4)}&=\frac{1}{EI}q(z)
\end{aligned}\right\} \tag{7-72a}$$

上式可改写为：

$$\left.\begin{aligned}
x_z&=a_1+za_2+z^2a_3+z^3a_4+\frac{1}{EI}X(z)\\
\varphi_z&=a_2+2za_3+3z^2a_4+\frac{1}{EI}\varphi(z)\\
M_z&=2EIa_3+6zEIa_4+M(z)\\
Q_z&=6EIa_4+Q(z)
\end{aligned}\right\} \tag{7-72b}$$

式中：$X(z)$,$\varphi(z)$,$M(z)$,$Q(z)$ 称为荷载函数；$X(z)/EI$，$\varphi(z)/EI$，$M(z)$，$Q(z)$ 分别是在荷载 $q(z)$ 作用下 z 截面处的水平位移、转角、弯矩和剪力。

(1)荷载为均布荷载 q 时的荷载函数

荷载函数为 $q(z)=q$，设特解为 $x=Az^4$，则 $x'=4Az^3$，$x''=12Az^2$，$x'''=24Az$，

$x^{(4)}=24A$。代入式(7-72a)中的第5式得 $24A=\frac{1}{EI}q$，即 $A=\frac{1}{24EI}q$，整理得：

$$\left.\begin{aligned}x&=\frac{1}{EI}X(z)=\frac{1}{EI}\frac{1}{24}qz^4\\x'&=\frac{1}{EI}\varphi(z)=\frac{1}{EI}\frac{1}{6}qz^3\\x''&=\frac{1}{EI}M(z)=\frac{1}{EI}\frac{1}{2}qz^2\\x'''&=\frac{1}{EI}Q(z)=\frac{1}{EI}qz\\x^{(4)}&=\frac{1}{EI}q(z)=\frac{1}{EI}q\end{aligned}\right\}$$

即荷载函数为：

$$\left.\begin{aligned}X(z)&=\frac{1}{24}qz^4\\\varphi(z)&=\frac{1}{6}qz^3\\M(z)&=\frac{1}{2}qz^2\\Q(z)&=qz\end{aligned}\right\}\tag{7-73}$$

(2)荷载为三角形荷载时的荷载函数

设荷载函数为主动土压力 $q(z)=e_a b_0=K_a\gamma z b_0$，$b_0$ 是土压力计算宽度。设特解为 $x=Az^5$，则 $x'=5Az^4$，$x''=20Az^3$，$x'''=60Az^2$，$x^{(4)}=120Az$。代入式(7-72)中的第5式得 $120Az=\frac{1}{EI}K_a\gamma z b_0$，即 $A=\frac{1}{120EI}K_a\gamma b_0$，整理得荷载函数为：

$$\left.\begin{aligned}X(z)&=\frac{1}{120}K_a\gamma b_0 z^5=\frac{1}{120}q(z)z^4\\\varphi(z)&=\frac{1}{24}K_a\gamma b_0 z^4=\frac{1}{24}q(z)z^3\\M(z)&=\frac{1}{6}K_a\gamma b_0 z^3=\frac{1}{6}q(z)z^2\\Q(z)&=\frac{1}{2}K_a\gamma b_0 z^2=\frac{1}{2}q(z)z\end{aligned}\right\}\tag{7-74}$$

(3)荷载为梯形时的荷载函数

同理，可求得荷载为梯形时的荷载函数为：

$$\left.\begin{aligned}X(z)&=\frac{1}{120}(4q_1+q_2)z^4\\\varphi(z)&=\frac{1}{24}(3q_1+q_2)z^3\\M(z)&=\frac{1}{6}(2q_1+q_2)z^2\\Q(z)&=\frac{1}{2}(q_1+q_2)z\end{aligned}\right\}\tag{7-75}$$

式中：q_1、q_2 分别是梯形荷载两端的值，$q_1<q_2$。

2)开挖面以下方程及其解

开挖面以下的计算简图见图 7-20a)中的 h_d 段,设开挖面以下的荷载是均布荷载 $q(z)=q(h)=K_a\gamma hb_0$,$m_s=mb_0$,桩微分方程(7-66)的解为齐次方程(7-76)的通解与非齐次方程(7-77)特解之和:

$$\frac{d^4x}{dz^4}+\frac{m_s}{EI}zx=0 \tag{7-76}$$

$$\frac{d^4x}{dz^4}+\frac{m_s}{EI}zx=\frac{q(h)}{EI} \tag{7-77}$$

方程(7-77)的解为:

$$\left.\begin{aligned}x_z&=\frac{Q_0}{\alpha^3EI}A_x+\frac{M_0}{\alpha^2EI}B_x+\frac{q(h)}{\alpha^4EI}E_x\\ \varphi_z&=\frac{Q_0}{\alpha^2EI}A_\varphi+\frac{M_0}{\alpha EI}B_\varphi+\frac{q(h)}{\alpha^3EI}E_\varphi\\ M_z&=\frac{Q_0}{\alpha}A_M+M_0B_M+\frac{q(h)}{\alpha^2}E_M\\ Q_z&=Q_0A_Q+\alpha M_0B_Q+\frac{q(h)}{\alpha}E_Q\end{aligned}\right\} \tag{7-78}$$

式中: M_0,Q_0——该段桩顶面处的弯矩、剪力;

$q(h)$——该段桩受到土压力,$q(h)=e_{ah}b_0$;

E_x ,E_φ ,E_M ,E_Q——由 $q(h)$ 引起位移和内力的计算参数。

求 q_0 作用下的柔度系数见图 7-21,在荷载 q_0 作用下,方程(7-77)的解为:

$$\left.\begin{aligned}x_z&=x_0A_1+\frac{\varphi_0}{\alpha}B_1+\frac{q_0}{\alpha^4EI}E_1\\ \varphi_z&=\alpha\left(x_0A_2+\frac{\varphi_0}{\alpha}B_2+\frac{q_0}{\alpha^4EI}E_2\right)\\ M_z&=\alpha^2EI\left(x_0A_3+\frac{\varphi_0}{\alpha}B_3+\frac{q_0}{\alpha^4EI}E_3\right)\\ Q_z&=\alpha^3EI\left(x_0A_4+\frac{\varphi_0}{\alpha}B_4+\frac{q_0}{\alpha^4EI}E_4\right)\end{aligned}\right\} \tag{7-79}$$

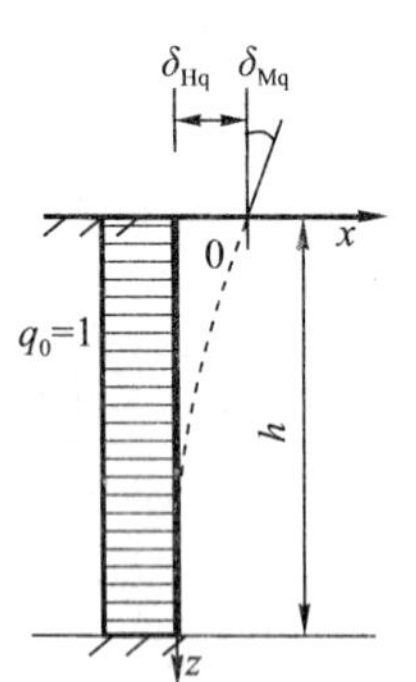

图 7-21 柔度系数计算简图

式中,x_0 ,φ_0 是 q_0 作用下,桩在 $z=0$ 处的位移与转角,因桩在 $z=0$ 处的弯矩、剪力为零,因此上述公式中未含 M_0 、Q_0 项。计算参数 E_1、E_2、E_3、E_4 的计算公式是(7-28),其中取 $i=5$,计算结果见表 7-2。

求柔度系数 δ_{Hq},δ_{Mq}:例如,对于非嵌岩桩,并且桩较长,计算长度 $\alpha z>2.5$,设桩底的边界条件为 $M_h=0$,$Q_h=0$,把 $Q_0=1$ 代入式(7-79),并由桩底的边界条件得:

$$\left.\begin{aligned}0&=\delta_{Hq}A_3+\frac{\delta_{Mq}}{\alpha}B_3+\frac{1}{\alpha^4EI}E_3\\ 0&=\delta_{Hq}A_4+\frac{\delta_{Mq}}{\alpha}B_4+\frac{1}{\alpha^4EI}E_4\end{aligned}\right\}$$

由上式解得:

$$\left.\begin{aligned}\delta_{Hq} &= \frac{1}{\alpha^4 EI} A_{Hq} \\ \delta_{Mq} &= \frac{1}{\alpha^3 EI} A_{Mq}\end{aligned}\right\} \tag{7-80}$$

式中：

$$\left.\begin{aligned}A_{Hq} &= \left(\frac{B_3 E_4 - B_4 E_3}{A_3 B_4 - A_4 B_3}\right)_{z=h} \\ A_{Mq} &= \left(\frac{A_4 E_3 - A_3 E_4}{A_3 B_4 - B_3 A_4}\right)_{z=h}\end{aligned}\right\} \tag{7-81}$$

在 q_0 作用下，该段桩 $z = 0$ 处的初始位移和转角为：

$$\left.\begin{aligned}x_0 &= \frac{1}{\alpha^4 EI} A_{Hq} q_0 \\ \varphi_0 &= \frac{1}{\alpha^3 EI} A_{Mq} q_0\end{aligned}\right\} ❶ \tag{7-82}$$

把式(7-82)代入式(7-79)整理得：

$$\left.\begin{aligned}x_z &= \frac{q_0}{\alpha^4 EI} E_x \\ \varphi_z &= \frac{q_0}{\alpha^3 EI} E_\varphi \\ M_z &= \frac{q_0}{\alpha^2} E_M \\ Q_z &= \frac{q_0}{\alpha} E_Q\end{aligned}\right\} \tag{7-83}$$

其中

$$\left.\begin{aligned}E_x &= A_{Hq} A_1 + A_{Mq} B_1 + E_1 \\ E_\varphi &= A_{Hq} A_2 + A_{Mq} B_2 + E_2 \\ E_M &= A_{Hq} A_3 + A_{Mq} B_3 + E_3 \\ E_Q &= A_{Hq} A_4 + A_{Mq} B_4 + E_4\end{aligned}\right\} \tag{7-84}$$

3)根据边界条件求积分常数

(1)开挖面以上

$z=0$ 处，把边界条件 $M(0) = 0$、$Q(0) = 0$ 代入式(7-72b)得 $a_4 = 0$、$a_3 = 0$，所以开挖面以上桩的位移和内力为：

$$\left.\begin{aligned}x_z &= a_1 + z a_2 + \frac{1}{EI} X(z) \\ \varphi_z &= a_2 + \frac{1}{EI} \varphi(z) \\ M_z &= M(z) \\ Q_z &= Q(z)\end{aligned}\right\} \tag{7-85a}$$

开挖面以上 $z=h$ 代入上式得：

❶ 注：不同的桩底约束条件，A_{Hq}、B_{Mq} 不同，其他情况请读者自行推导。

$$\left.\begin{aligned} x_h &= a_1 + ha_2 + \frac{1}{EI}X(h) \\ \varphi_h &= a_2 + \frac{1}{EI}\varphi(h) \\ M_h &= M(h) \\ Q_h &= Q(h) \end{aligned}\right\} \tag{7-85b}$$

(2)开挖面以下

$z=0$ 处,式(7-78)中的系数 $A_M(0)=0, B_M(0)=1, E_M(0)=0, A_Q(0)=1, B_Q(0)=0, E_Q(0)=0$,把该边界条件代入式(7-78)得:

$$\left.\begin{aligned} x_{z=0} &= \frac{Q_0}{\alpha^3 EI}A_x(0) + \frac{M_0}{\alpha^2 EI}B_x(0) + \frac{q(h)}{\alpha^4 EI}E_x(0) \\ \varphi_{z=0} &= \frac{Q_0}{\alpha^2 EI}A_\varphi(0) + \frac{M_0}{\alpha EI}B_\varphi(0) + \frac{q(h)}{\alpha^3 EI}E_\varphi(0) \\ M_{z=0} &= M_0 \\ Q_{z=0} &= Q_0 \end{aligned}\right\} \tag{7-86}$$

(3)连续条件

开挖面以上 $z=h$ 与开挖面以下 $z=0$ 处相等,联立方程(7-85b)和方程(7-86)求 4 个未知数 a_1、a_2、M_0、Q_0,联立方程整理为矩阵形式为:

$$\begin{bmatrix} 1 & h & -\frac{1}{\alpha^2 EI}B_x(0) & -\frac{1}{\alpha^3 EI}A_x(0) \\ 0 & 1 & -\frac{1}{\alpha EI}B_\varphi(0) & -\frac{1}{\alpha^2 EI}A_\varphi(0) \\ 0 & 0 & -1 & 0 \\ 0 & 0 & 0 & -1 \end{bmatrix} \begin{Bmatrix} a_1 \\ a_2 \\ M_0 \\ Q_0 \end{Bmatrix} = \begin{Bmatrix} \frac{q(h)}{\alpha^4 EI}E_x(0) - \frac{1}{EI}X(h) \\ \frac{q(h)}{\alpha^3 EI}E_\varphi(0) - \frac{1}{EI}\varphi(h) \\ -M(h) \\ -Q(h) \end{Bmatrix} \tag{7-87}$$

解方程求 a_1, a_2, M_0, Q_0,按公式(7-72b)求基底以上桩的内力和变形,按式(7-78)求基底以下桩的内力和变形,并可求出设置第 1 道支撑前该处的初变位为:

$$\delta_{10} = x(z) = a_1 + za_2 + \frac{1}{EI}X(z) \tag{7-88}$$

7.4.2 单支撑阶段

对于单支撑的情况分别以支撑点和基坑底面为界把桩分为 3 部分,见图 7-22b),对这 3 部分分别建立挠曲线方程,深度 z 的起点分别是每一段的顶端。3 部分有两个连续条件,即支撑点处和基坑底面处,根据连续条件联立方程求解积分常数。

1)h_1段

把 $z=0$ 处的边界条件代入公式(7-72b)求得 $a_{13}=0, a_{14}=0$,把 $z=h_1$ 代入式(7-72b)得:

$$\left.\begin{aligned} x_{h_1} &= a_{11} + h_1 a_{12} + \frac{1}{EI}X_1(h_1) \\ \varphi_{h_1} &= a_{12} + \frac{1}{EI}\varphi_1(h_1) \\ M_{h_1} &= M_1(h_1) \\ Q_{h_1} &= Q_1(h_1) \end{aligned}\right\} \tag{7-89}$$

2) h_2段

由公式(7-75)可知，在 $z=0$ 处，梯形荷载作用下的荷载函数 $X(0)=0$ 、$\varphi(0)=0$ 、$M(0)=0$ 、$Q(0)=0$ ，把上述参数及 $z=0$ 代入方程(7-72b)得：

$$\left.\begin{aligned} x_{z=h_2=0} &= a_{21} \\ \varphi_{z=h_2=0} &= a_{22} \\ M_{z=h_2=0} &= 2EIa_{23} \\ Q_{z=h_2=0} &= 6EIa_{24} \end{aligned}\right\} \tag{7-90}$$

把 $z=h_2$ 代入方程(7-72b)得：

$$\left.\begin{aligned} x_{h_2} &= a_{21}+h_2a_{22}+h_2^2a_{23}+h_2^3a_{24}+\frac{1}{EI}X_2(h_2) \\ \varphi_{h_2} &= a_{22}+2h_2a_{23}+3h_2^2a_{24}+\frac{1}{EI}\varphi_2(h_2) \\ M_{h_2} &= 2EIa_{23}+6h_2EIa_{24}+M_2(h_2) \\ Q_{h_2} &= 6EIa_{24}+Q_2(h_2) \end{aligned}\right\} \tag{7-91}$$

3) h_3段

把 $z=0$ 代入方程(7-78)，因为系数 $A_M(0)=0$、$B_M(0)=1$、$E_M(0)=0$、$A_Q(0)=1$、$B_Q(0)=0$、$E_Q(0)=0$，得：

$$\left.\begin{aligned} x_{z=0} &= \frac{Q_0}{\alpha^3EI}A_x(0)+\frac{M_0}{\alpha^2EI}B_x(0)+\frac{q(h_1+h_2)}{\alpha^4EI}E_x(0) \\ \varphi_{z=0} &= \frac{Q_0}{\alpha^2EI}A_\varphi(0)+\frac{M_0}{\alpha EI}B_\varphi(0)+\frac{q(h_1+h_2)}{\alpha^3EI}E_\varphi(0) \\ M_{z=0} &= M_0 \\ Q_{z=0} &= Q_0 \end{aligned}\right\} \tag{7-92}$$

4) 连续条件

(1) 支撑处

根据支撑处的连续条件，并考虑此处在第 1 阶段开挖结束后设置刚度为 K_1 的支撑，设支撑的力为 $N_1=K_1(a_{21}-\delta_{10})$ ，联立式(7-89)、式(7-90)得：

$$\left.\begin{aligned} a_{11}+h_1a_{12}+\frac{X_1(h_1)}{EI} &= a_{21} \\ a_{12}+\frac{\varphi_1(h_1)}{EI} &= a_{22} \\ \frac{M_1(h_1)}{EI} &= 2a_{23} \\ \frac{Q_1(h_1)}{EI} &= 6a_{24}+\frac{K_1(a_{21}-\delta_{10})}{EI} \end{aligned}\right\} \tag{7-93}$$

(2) 开挖面处

根据基坑底面处的连续条件，联立式(7-91)、式(7-92)得：

$$\left.\begin{aligned}
a_{21}+h_2a_{22}+h_2^2a_{23}+h_2^3a_{24}+\frac{X_2(h_2)}{EI}&=\frac{Q_0}{\alpha^3EI}A_x(0)+\frac{M_0}{\alpha^2EI}B_x(0)+\frac{q(h_1+h_2)}{\alpha^4EI}E_x(0)\\
a_{22}+2h_2a_{23}+3h_2^2a_{24}+\frac{\varphi_2(h_2)}{EI}&=\frac{Q_0}{\alpha^2EI}A_\varphi(0)+\frac{M_0}{\alpha EI}B_\varphi(0)+\frac{q(h_1+h_2)}{\alpha^3EI}E_\varphi(0)\\
2a_{23}+6h_2a_{24}+\frac{M_2(h_2)}{EI}&=\frac{M_0}{EI}\\
6a_{24}+\frac{Q_2(h_2)}{EI}&=\frac{Q_0}{EI}
\end{aligned}\right\}\tag{7-94}$$

(3)联立方程组

以上两组方程的未知数是 a_{11}、a_{12}、a_{21}、a_{22}、a_{23}、a_{24}、M_0、Q_0，用矩阵表示为：

$$\begin{bmatrix}
1 & h_1 & -1 & 0 & 0 & 0 & 0 & 0\\
0 & 1 & 0 & -1 & 0 & 0 & 0 & 0\\
0 & 0 & 0 & 0 & -2 & 0 & 0 & 0\\
0 & 0 & \frac{-K_1}{EI} & 0 & 0 & -6 & 0 & 0\\
0 & 0 & 1 & h_2 & h_2^2 & h_2^3 & -\frac{B_x(0)}{\alpha^2EI} & -\frac{A_x(0)}{\alpha^3EI}\\
0 & 0 & 0 & 1 & 2h_2 & 3h_2^2 & -\frac{B_\varphi(0)}{\alpha EI} & -\frac{A_\varphi(0)}{\alpha^2EI}\\
0 & 0 & 0 & 0 & 2 & 6h_2 & \frac{-1}{EI} & 0\\
0 & 0 & 0 & 0 & 0 & 6 & 0 & \frac{-1}{EI}
\end{bmatrix}\begin{Bmatrix}a_{11}\\a_{12}\\a_{21}\\a_{22}\\a_{23}\\a_{24}\\M_0\\Q_0\end{Bmatrix}$$

$$=\frac{1}{EI}\begin{Bmatrix}
-X_1(h_1)\\
-\varphi_1(h_1)\\
-M_1(h_1)\\
-Q_1(h_1)-K_1\delta_{10}\\
\frac{q(h_1+h_2)}{\alpha^4}E_x(0)-X_2(h_2)\\
\frac{q(h_1+h_2)}{\alpha^3}E_\varphi(0)-\varphi_2(h_2)\\
-M_2(h_2)\\
-Q_2(h_2)
\end{Bmatrix}\tag{7-95}$$

解方程(7-95)求出单支撑阶段的未知数 a_{11}、a_{12}、a_{21}、a_{22}、a_{23}、a_{24}、M_0、Q_0，再回代入方程(7-72)、方程(7-78)，即可求出桩的内力和位移。式中 K_1 为支撑材料刚度，支撑受力为：

$$T_1=K_1(a_{21}-\delta_{10})\tag{7-96}$$

7.4.3 多支撑阶段

两道支撑时，把桩以两个支撑点和基底处为界分为 4 段，根据 3 个分界点的连续条件建立平衡方程，整理得：

$$\begin{bmatrix}1 & h_1 & -1 & 0 & 0 & 0 & 0 & 0 & 0 & 0 & 0 & 0\\ 0 & 1 & 0 & -1 & 0 & 0 & 0 & 0 & 0 & 0 & 0 & 0\\ 0 & 0 & 0 & 0 & -2 & 0 & 0 & 0 & 0 & 0 & 0 & 0\\ 0 & 0 & \frac{-K_1}{EI} & 0 & 0 & -6 & 0 & 0 & 0 & 0 & 0 & 0\\ 0 & 0 & 1 & h_2 & h_2^2 & h_2^3 & -1 & 0 & 0 & 0 & 0 & 0\\ 0 & 0 & 0 & 1 & 2h_2 & 3h_2^2 & 0 & -1 & 0 & 0 & 0 & 0\\ 0 & 0 & 0 & 0 & 2 & 6h_2 & 0 & 0 & -2 & 0 & 0 & 0\\ 0 & 0 & 0 & 0 & 0 & 6 & \frac{-K_2}{EI} & 0 & 0 & -6 & 0 & 0\\ 0 & 0 & 0 & 0 & 0 & 0 & 1 & h_3 & h_3^2 & h_3^3 & -\frac{B_x(0)}{\alpha^2 EI} & -\frac{A_x(0)}{\alpha^3 EI}\\ 0 & 0 & 0 & 0 & 0 & 0 & 0 & 1 & 2h_3 & 3h_3^2 & -\frac{B_\varphi(0)}{\alpha EI} & -\frac{A_\varphi(0)}{\alpha^2 EI}\\ 0 & 0 & 0 & 0 & 0 & 0 & 0 & 0 & 2 & 6h_3 & \frac{-1}{EI} & 0\\ 0 & 0 & 0 & 0 & 0 & 0 & 0 & 0 & 0 & 6 & 0 & \frac{-1}{EI}\end{bmatrix}\begin{Bmatrix}a_{11}\\ a_{12}\\ a_{21}\\ a_{22}\\ a_{23}\\ a_{24}\\ a_{31}\\ a_{32}\\ a_{33}\\ a_{34}\\ M_0\\ Q_0\end{Bmatrix}$$

$$=\frac{1}{\mathrm{EI}}\begin{Bmatrix}-X_1(h_1)\\ -\varphi_1(h_1)\\ -M_1(h_1)\\ -Q_1(h_1)-K_1\delta_{10}\\ -X_2(h_2)\\ -\varphi_2(h_2)\\ -M_2(h_2)\\ -Q_2(h_2)-K_2\delta_{20}\\ \frac{q(\sum_1^3 h_i)}{\alpha^4}E_x(0)-X_3(h_3)\\ \frac{q(\sum_1^3 h_i)}{\alpha^3}E_\varphi(0)-\varphi_3(h_3)\\ -M_3(h_3)\\ -Q_3(h_3)\end{Bmatrix} \tag{7-97}$$

式中，K_1、K_2为支撑材料刚度。支撑受力为：

$$\left.\begin{aligned}T_1 &= K_1(a_{21}-\delta_{10})\\ T_2 &= K_2(a_{31}-\delta_{20})\end{aligned}\right\} \tag{7-98}$$

根据平衡方程解出双支撑阶段的未知数 a_{11}、a_{12}、a_{21}、a_{22}、a_{23}、a_{24}、a_{31}、a_{32}、a_{33}、a_{34}、M_0、Q_0，根据式(7-72)、式(7-78)可分别求出各段的内力和位移。

同理可求出 3 道支撑等多道支撑情况下桩的内力和位移。

比较 m 法与弹性支点法的计算简图可知，两者的不同之处有：在荷载方面，m 法仅考虑基坑开挖面以上的主动土压力（图 7-14）。弹性支点法不仅考虑基坑开挖面以上的主动土压力，还考虑了基坑开挖面以下的主动土压力（图 7-22）；在变形方面，m 法对于开挖的各个阶段分别独立分析，没有考虑各个阶段之间变形和受力的影响。弹性支点法考虑了上一阶段位移对支撑受力的影响[参见式（7-96）]。因为两者计算假定不同，所以位移与内力的计算结果不同。

【例题 7-5】 某基坑土质与开挖情况同例题 7-4，见图 7-22，设支撑刚度为 $K=5\times10^5$ kN/m，试按弹性支点法计算桩的内力与变形，绘制各施工阶段水平位移及弯矩沿桩长的分布图。

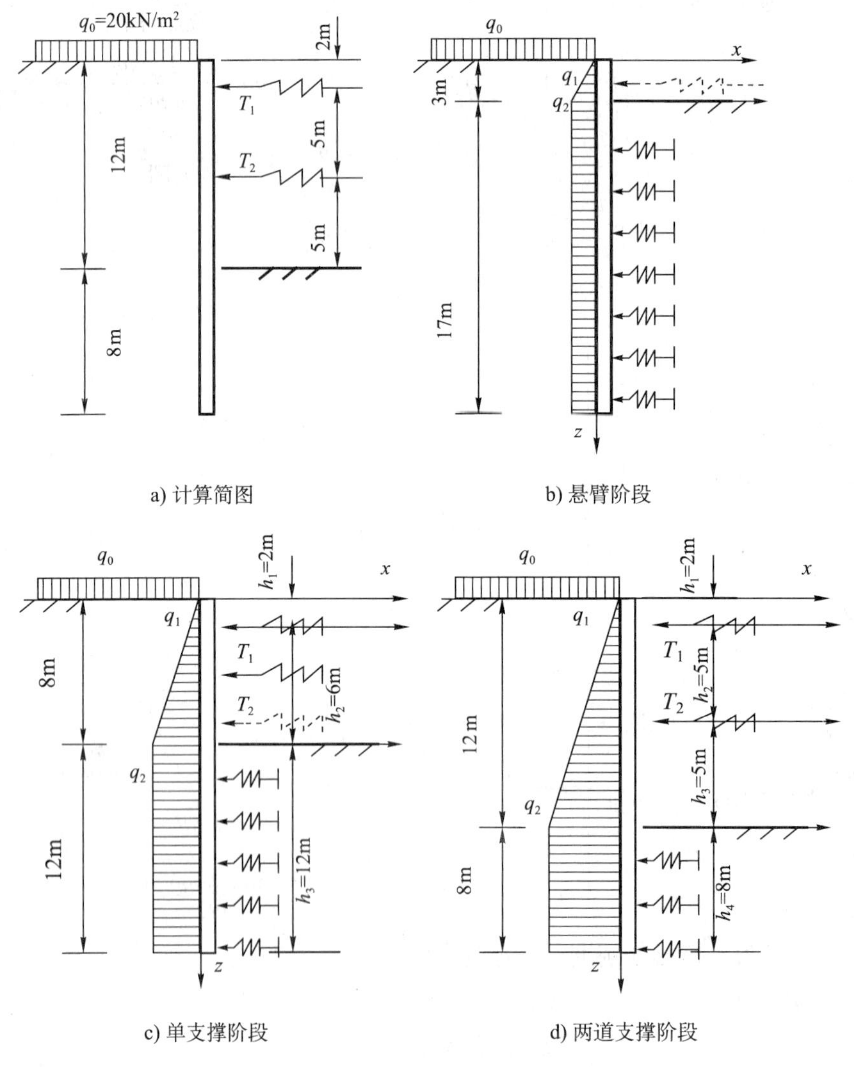

图 7-22 【例题 7-5】图

解：根据已知条件求得：$K_a=\tan^2\left(45^\circ-\dfrac{20^\circ}{2}\right)=0.4903$，$I=\dfrac{\pi d^4}{64}=0.0201\ \text{m}^4$，$EI=512708\ \text{kN}\cdot\text{m}^2$，$q_1=q_0K_a-2c\sqrt{K_a}=0$，$q(z)=K_a\gamma b_0 z=9.316z(\text{kN/m})$。

1）悬臂阶段

（1）开挖面以上

最不利位置悬臂3m，荷载为三角形的主动土压力，$q(z)=9.316z$，把 $z=3$ 代入公式（7-74）得基坑底面处的荷载函数为：

$$X(z=3)=\frac{1}{120}q(z)z^4=18.86\text{kN}\cdot\text{m}^3\qquad \varphi(z=3)=\frac{1}{24}q(z)z^3=31.44\text{kN}\cdot\text{m}^2$$

$$M(z=3)=\frac{1}{6}q(z)z^2=41.92\text{kN}\cdot\text{m}\qquad Q(z=3)=\frac{1}{2}q(z)z=41.92\text{kN}$$

（2）开挖面以下

桩入土深 $h_2=17\text{m}$，$\alpha z=0.4115\times17=7\text{m}$，与例题7-4计算方法相同，计算得 $A_x(0)=2.4292$，$B_x(0)=1.6194$，$A_\varphi(0)=-1.6194$，$B_\varphi(0)=-1.7468$，与例题7-4的不同之处是考虑了基坑开挖面以下的主动土压力，由式（7-84）计算得 $E_x(0)=2.0498$，$E_\varphi(0)=-0.8445$。

（3）开挖面处

把上述参数代入式（7-87）得方程：

$$\begin{bmatrix}1 & 3 & -\dfrac{1.6194}{\alpha^2EI} & -\dfrac{2.4292}{\alpha^3EI}\\ 0 & 1 & -\dfrac{-1.7468}{\alpha EI} & -\dfrac{-1.6194}{\alpha^2EI}\\ 0 & 0 & -1 & 0\\ 0 & 0 & 0 & -1\end{bmatrix}\begin{Bmatrix}a_1\\ a_2\\ M_0\\ Q_0\end{Bmatrix}=\begin{Bmatrix}\dfrac{9.316\times3}{\alpha^4EI}\times2.0498-\dfrac{18.86}{EI}\\ \dfrac{9.316\times3}{\alpha^3EI}\times(-0.8445)-\dfrac{31.44}{EI}\\ -41.92\\ -41.92\end{Bmatrix}$$

解以上方程得：$a_1=0.01304$，$a_2=-0.00185$，$M_0=41.92\text{kN}\cdot\text{m}$，$Q_0=41.92\text{kN}$，按式（7-72b）求基坑底面以上桩的内力和变形，按式（7-78）求基坑底面以下桩的内力和变形，沿桩长位移、弯矩、剪力分布图见图7-23，支撑点处位移为：

$$\delta_{10}=x(2)=a_{11}+2\times a_{12}+\frac{1}{EI}X_1(2)=0.01304-2\times0.00185+\frac{2.4841}{5.127\times10^5}=0.0093\text{m}$$

2）单支撑阶段

（1）h_1段

$h_1=2\text{m}$，土压力为三角形荷载，由公式（7-74）求得该段底部的荷载函数为：

$$X_1(z=2)=\frac{1}{120}q(z)z^4=2.4841\text{kN}\cdot\text{m}^3\qquad \varphi_1(z=2)=\frac{1}{24}q(z)z^3=6.2103\text{kN}\cdot\text{m}^2$$

$$M_1(z=2)=\frac{1}{6}q(z)z^2=12.42\text{kN}\cdot\text{m}\qquad Q_1(z=2)=\frac{1}{2}q(z)z=18.63\text{kN}$$

（2）h_2段

$h_2=6\text{m}$，土压力为梯形荷载，$q_1=18.63\text{kN/m}$，$q_2=74.52\text{kN/m}$，由式（7-75）求得该段下部的荷载函数为 $X_2(z=6)=1609.72\text{kN}\cdot\text{m}^3$，$\varphi_2(z=6)=1173.86\text{kN}\cdot\text{m}^2$，$M_2(z=6)=670.72\text{kN}\cdot\text{m}$，$Q_2(z=6)=279.47\text{kN}$。

(3)开挖面以下

桩入土深 $h_3 = 12\text{m}$，$\alpha h = 0.4115 \times 12 \approx 5$，计算得 $A_x(0) = 2.4315$，$B_x(0) = 1.6214$，$A_\varphi(0) = -1.6214$，$B_\varphi(0) = -1.7488$，由式(7-84)计算基坑开挖面以下的主动土压力引起位移和内力的计算参数为 $E_x(0) = 2.0491$，$E_\varphi(0) = -0.8437$。把以上参数代入式(7-95)求得 $a_{11} = 0.00622$，$a_{12} = 0.00174$，$a_{21} = 0.00971$，$a_{22} = 0.00176$，$a_{23} = 2.423 \times 10^{-5}$，$a_{24} = -5.36 \times 10^{-5}$，$M_0 = -294.46\text{kN}\cdot\text{m}$，$Q_0 = 114.46\text{kN}$。

支撑受力

$$T_1 = K_1(a_{21} - \delta_{10}) = 5 \times 10^5 \times (9.7147 - 9.347) \times 10^{-3} = 183.63\text{kN}$$

单支撑阶段支撑点处位移为：

$$\delta_{10} = x(2) = a_{11} + 2 \times a_{12} + \frac{1}{EI}X_1(2) = 0.00622 + 2 \times 0.00174 + \frac{2.4841}{5.127 \times 10^5} = 0.009715\text{m}$$

$$\delta_{20} = x(7) = a_{21} + 7 \times a_{22} + 7^2 \times a_{23} + 7^3 \times a_{24} + \frac{1}{EI}X_2(7) = 0.01391\text{m}$$

按式(7-72b)求基底以上桩的内力和变形，按公式(7-78)求基底以下桩的内力和变形，沿桩长位移、弯矩、剪力分布图见图 7-23。

3)双支撑阶段

(1)h_1段

$h_1 = 2\text{m}$，土压力为三角形荷载，与单支撑阶段一样，求得该段底部的荷载函数为：

$$X_1(z = 2) = 2.4841,\ \varphi_1(z = 2) = 6.2103,\ M_1(z = 2) = 12.42,\ Q_1(z = 2) = 18.63$$

(2)h_2段

$h_2 = 5\text{m}$，土压力为梯形荷载，$q_1 = 18.63\text{kN/m}$，$q_2 = 65.21\text{kN/m}$，求得该段底部的荷载函数为：

$$X_2(z = 5) = 727.78,\ \varphi_2(z = 5) = 630.74,\ M_2(z = 5) = 426.96,\ Q_2(z = 5) = 209.60$$

(3)h_3段

$h_3 = 5\text{m}$，土压力为梯形荷载，$q_1 = 65.21\text{kN/m}$，$q_2 = 111.79\text{kN/m}$，求得该段底部的荷载函数为：

$$X_3(z = 5) = 1940.73\text{kN}\cdot\text{m}^3,\ \varphi_3(z = 5) = 1601.11\text{kN}\cdot\text{m}^2,\ M_3(z = 5) = 1009.18\text{kN}\cdot\text{m},$$
$$Q_3(z = 5) = 442.49\text{kN}$$

(4)h_4段

基坑底面以下桩入土深 $h_4 = 8\text{m}$，$\alpha h = 0.4115 \times 8 = 3.29$，近似按 $\alpha h = 3.5$ 计算得 $A_x(0) = 2.5018$，$B_x(0) = 1.6408$，$A_\varphi(0) = -1.408$，$B_\varphi(0) = -1.7573$，$E_x(0) = 2.1075$，$E_\varphi(0) = -0.8559$。把以上参数代入式(7-97)求得 $a_{11} = 0.0078$，$a_{12} = 0.0010$，$a_{21} = 0.0098$，$a_{22} = 0.0010$，$a_{23} = 1.211 \times 10^{-5}$，$a_{24} = -1.539 \times 10^{-5}$，$a_{31}\ 0.0149$，$\text{a}_{31} = 0.0012$，$a_{33} = 0.0002$，$a_{34} = -0.001$，$M_0 = -405.92\text{kN}\cdot\text{m}$，$Q_0 = 118.94\text{kN}$。

支撑受力为：

$$T_1 = K_1(a_{21} - \delta_{10}) = 65.98\text{kN}$$

$$T_2 = K_2(a_{31} - \delta_{20}) = 485.80\text{kN}$$

根据以上参数绘制沿桩长位移、弯矩、剪力分布图见图 7-23。

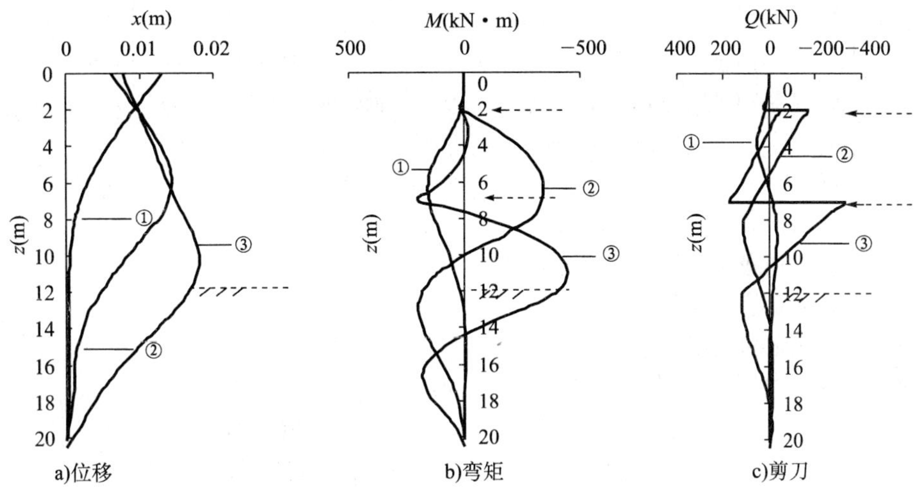

图 7-23 【例题 7-5】位移、弯矩、剪力分布图

①-悬臂阶段;②-单支撑阶段;③-两道支撑阶段

7.5 弹性地基杆系有限单元法

弹性支点法还可以用弹性地基杆系有限单元法进行分析计算。

7.5.1 计算简图

计算简图见图 7-24,荷载为主动土压力,基坑开挖面以上主动土压力随着深度增加,基坑开挖面以下主动土压力分布为矩形。弹性地基杆系有限单元法把桩离散为梁单元,沿竖向每 0.5~1m 为一个梁单元,支撑采用杆单元,地基抗力用弹簧模拟。

7.5.2 单元刚度矩阵

1)梁单元

采用每个结点 3 个自由度的梁单元,梁单元结点力和结点位移见图 7-25,根据有限单元法原理可知梁单元结点力$\{F\}^e$与结点位移$\{\delta\}^e$的关系为:

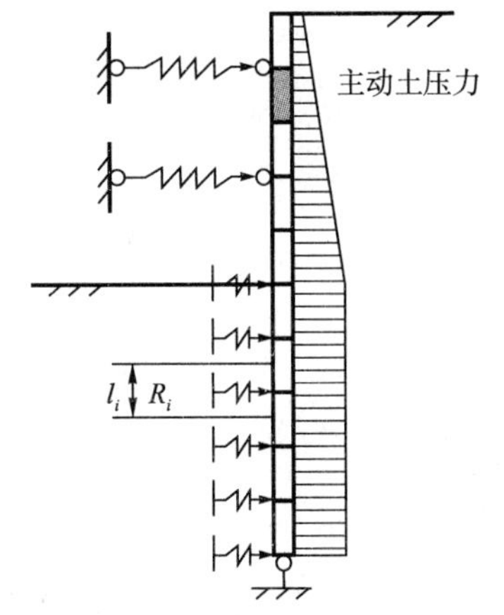

图 7-24 弹性地基杆系有限单元法计算简图

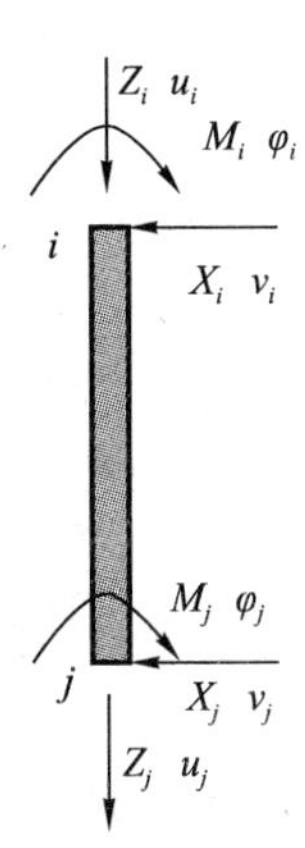

图 7-25 单元的结点力和结点位移

$$\begin{Bmatrix} Z_i \\ X_i \\ M_i \\ Z_j \\ X_j \\ M_j \end{Bmatrix} = \left(\frac{EI}{l^3}\right) \begin{bmatrix} Al^2/I & 0 & 0 & -Al^2/I & 0 & 0 \\ 0 & 12 & 6l & 0 & -12 & 6l \\ 0 & 6l & 4l^2 & 0 & -6l & 2l^2 \\ -Al^2/I & 0 & 0 & Al^2/I & 0 & 0 \\ 0 & -12 & -6l & 0 & 12 & -6l \\ 0 & 6l & 2l^2 & 0 & -6l & 4l^2 \end{bmatrix} \begin{Bmatrix} u_i \\ \upsilon_i \\ \varphi_i \\ u_j \\ \upsilon_j \\ \varphi_j \end{Bmatrix} \tag{7-99}$$

式中：E——梁单元弹性模量(kPa)；

I——梁单元截对主轴的惯性矩(m^4)；

A——梁单元截面面积(m^2)；

l——梁单元的长度(m)。

若不考虑垂直方向的荷载，式(7-99)简化为：

$$\begin{Bmatrix} X_i \\ M_i \\ X_j \\ M_j \end{Bmatrix} = \left(\frac{EI}{l^3}\right) \begin{bmatrix} 12 & 6l & -12 & 6l \\ 6l & 4l^2 & -6l & 2l^2 \\ -12 & -6l & 12 & -6l \\ 6l & 2l^2 & -6l & 4l^2 \end{bmatrix} \begin{Bmatrix} \upsilon_i \\ \varphi_i \\ \upsilon_j \\ \varphi_j \end{Bmatrix} \tag{7-100}$$

式(7-99)或式(7-100)简记为：

$$\{F\}^e = [k]^e \{\delta\}^e \tag{7-101}$$

2)支撑杆单元

(1)设置支撑

设支撑杆面积为A，弹性模量为E，长度为L(取基坑宽度的1/2)，支撑杆受到轴向力X作用产生了变形υ，可知：

$$X = \frac{EA}{L}\upsilon \tag{7-102}$$

若把支撑杆简化为弹性支点，支撑杆受力X与变形υ的关系可以表示为：

$$X = K\upsilon \tag{7-103}$$

其中支撑杆的刚度系数为：

$$K = \frac{KA}{L} \tag{7-104}$$

(2)土层锚杆

若采用土层锚杆作为支撑，锚杆刚度系数为[9]：

$$K = \frac{3AE_sE_cA_cb_a}{3L_fE_cA_c + E_sAL_a} \tag{7-105}$$

式中：A，A_c——分别为锚杆、锚固体截面面积；

E_s，E_c——分别为锚杆、锚固体弹性模量；

L_f，L_a——分别为锚杆自由段、锚固段长度；

b_a——挡土结构计算宽度。

3)地基抗力

设地基抗力与水平位移成比例，并取基床系数为：

$$k_v = mz \tag{7-106}$$

则地基抗力R与位移υ的关系为：

$$R = K\upsilon \tag{7-107}$$

式中：K 称为集中基床系数，即产生单位变形所需要的力，设土反力计算宽度为 b_0，计算长度 l_i，地基土水平抗力系数比例系数为 m(kN/m^4)，z 深度处的集中基床系数用公式表示为：

$$K = mzb_0 l_i \tag{7-108}$$

7.5.3 平衡方程

对于图 7-24 中所示的桩，建立结点力与结点荷载的整体平衡方程为：

$$\{F\} = \{P\} - \{R\} - \{N\} \tag{7-109}$$

式中，结点力 $\{F\}$ 与结点位移 $\{\delta\}$ 的关系为：

$$\{F\} = [K]_B\{\delta\} \tag{7-110}$$

式中：$[K]_B$——由梁单元刚度矩阵形成的整体刚度矩阵；

$\{P\}$——等效结点荷载矩阵；

$\{R\}$，$\{N\}$——分别为零元扩展的地基反力向量和支撑力向量。

设地基抗力弹簧支点处和支撑(锚杆)支点处与桩相应位置的变形协调，式(7-109)可整理为：

$$([K]_B + [K]_N + [K]_S)\{\delta\} = \{P\} \tag{7-111}$$

式中：$[K]_N$——零元扩展的支撑刚度矩阵；

$[K]_S$——零元扩展的地基刚度矩阵。

式(7-111)可简记为：

$$[K]\{\delta\} = \{P\} \tag{7-112}$$

解方程(7-112)求出位移 $\{\delta\}$，再由公式(7-101)可求出桩的内力。

7.5.4 等效结点荷载

由虚功原理把作用在边界面上的荷载等效为作用在单元结点上的等效结点荷载。图 7-26 中梁单元上的荷载有三角形荷载、梯形荷载，梯形荷载可分为三角形荷载与矩形荷载之和。单元长 l_i，峰值为 q 的三角形分布荷载的等效结点荷载可近似地取为：

$$\{P\}^e = [P_i \quad M_i \quad P_j \quad M_j]^T = \begin{bmatrix}\frac{1}{6}ql_i & 0 & \frac{2}{6}ql_i & 0\end{bmatrix}^T \tag{7-113a}$$

矩形分布荷载 q 的等效结点荷载可近似取为

$$\{P\}^e = [P_i \quad M_i \quad P_j \quad M_j]^T = \begin{bmatrix}\frac{1}{2}ql_i & 0 & \frac{1}{2}ql_i & 0\end{bmatrix}^T \tag{7-113b}$$

7.5.5 解题步骤

施工过程见图 7-26，悬臂阶段的最不利位置是设置第 1 道支撑前的位置，首先根据计算简图 7-26a)计算悬臂式挡墙的内力；单支撑阶段的最不利位置是设置第 2 道支撑前的位置，根据计算简图 7-26b)计算单支撑挡墙的内力；两道支撑阶段的最不利位置是设置第 3 道支撑前的位置，根据计算简图 7-26c)计算两道支撑挡墙的内力。根据以上计算绘出弯矩包络图，根据最大弯矩配筋。

【例题 7-6】 某基坑土质与开挖情况与例题 7-5 相同，即基坑护坡桩长 20m，最终开挖深度 12m，嵌固深度 8m，桩直径 d=0.8m，桩的计算宽度 b_0=1.0m，EI=5.127×10^{5}kN·m^2，地基土横向抗力系数比例系数 m = 6050kN/m^4，土的黏聚力 c = 7kN/m^2，内摩擦角 φ= 20°，重度 γ = 19kN/m^3，地面超载 q_0 = 20kN/m^2，支撑刚度为 K=5×10^{5}kN/m。根据开挖深度，拟设置两道支撑进行基坑开挖，试按杆系有限单元法计算桩的内力与变形，并绘制各施工阶段水平位移及弯矩沿桩长的分布图。

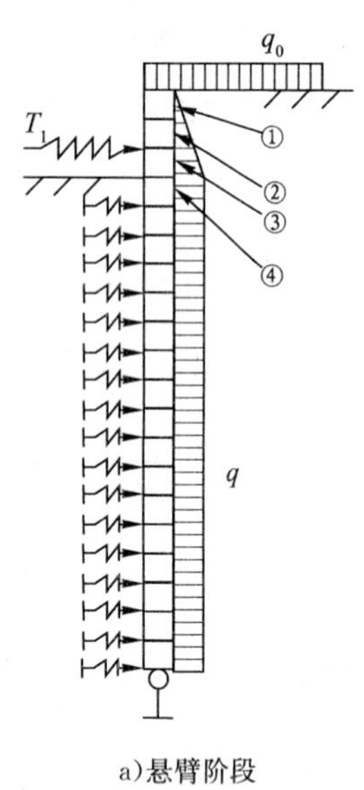

a)悬臂阶段

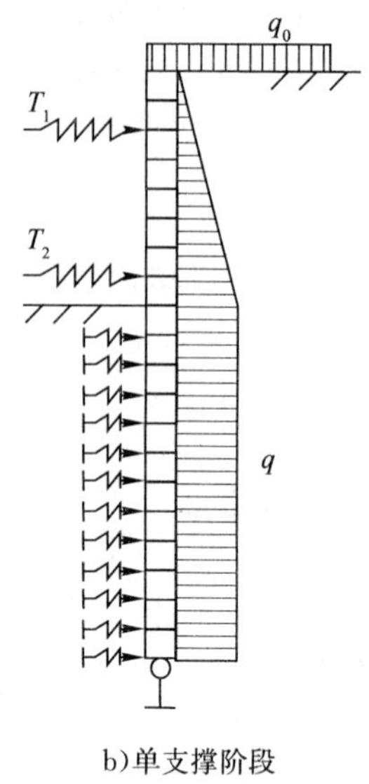

b)单支撑阶段

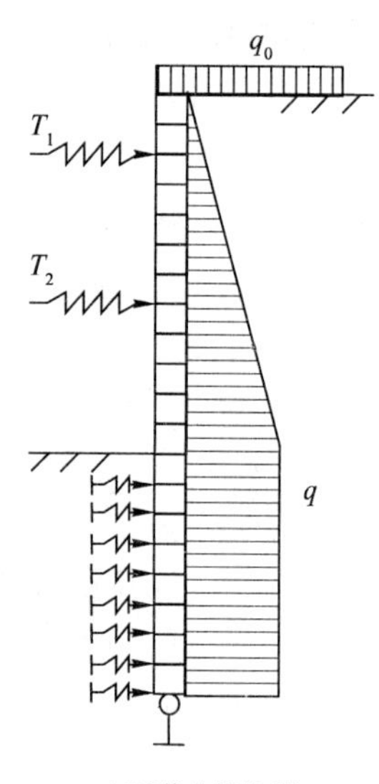

c)两道支撑阶段

图 7-26 开挖过程

解:1)悬臂阶段

(1)单元刚度矩阵

计算简图见图 7-26a),桩长 20m,取单元长度 $l_i=1\text{m}$,共划分为 20 个单元,不考虑垂直方向的荷载,根据公式(7-100)得杆件单元刚度矩阵:

$$\begin{Bmatrix} X_i \\ M_i \\ X_j \\ M_j \end{Bmatrix} = \left(\frac{EI}{l^3}\right) \begin{bmatrix} 12 & 6l & -12 & 6l \\ 6l & 4l^2 & -6l & 2l^2 \\ -12 & -6l & 12 & -6l \\ 6l & 2l^2 & -6l & 4l^2 \end{bmatrix} \begin{Bmatrix} v_i \\ \varphi_i \\ v_j \\ \varphi_j \end{Bmatrix} = 5.127\times10^5 \begin{bmatrix} 12 & 6 & -12 & 6 \\ 6 & 4 & -6 & 2 \\ -12 & -6 & 12 & -6 \\ 6 & 2 & -6 & 4 \end{bmatrix} \begin{Bmatrix} v_i \\ \varphi_i \\ v_j \\ \varphi_j \end{Bmatrix}$$

(2)整体刚度矩阵

划分 20 个单元,21 个结点,每个结点考虑水平位移与转角有两个编号,根据对号入座,同号相加的原则形成整体刚度矩阵$[K]_{42\times42}$,地基抗力 $R_i=K_iv_i$ 设在结点处,在整体刚度矩阵对角线的相应位置添加集中基床系数 K_i,悬臂阶段自基坑底面 3m 开始,此处 $z_i=0$,实际从 4m 处开始添加集中基床系数

$$K_i = mz_ib_0l_i = 6050z_i$$

(3)荷载列阵

基坑开挖面 3m 以上主动土压力三角形分布,3m 以下矩形分布。

桩顶主动土压力为:$\sigma_{a0}=q_0K_a-2c\sqrt{K_a}=20\times\tan^2(45°-20°/2)-2\times7\times\tan(45°-20°/2)\approx0$

图 7.26a)中的主动土压力分别为 $p_{0\text{m}}=0$,$p_{1\text{m}}=9.32\text{kN/m}$,$q_{2\text{m}}=18.63\text{kN/m}$,$p_{3\text{m}}=27.95\text{kN/m}$,$q_{4\text{m}}=\cdots=q_{20\text{m}}=27.95\text{kN/m}$。

按式(7-113)计算等效结点荷载为 $P_1=9.316/6=1.553\text{kN}$,$M_1=0$,$P_2=9.32\text{kN}$,$M_2=0$,…,写成矩阵形式为:

$$\{P\}=[1.55\quad 0\quad 9.32\quad 0\quad 18.63\quad 0\quad 26.39\quad 0\quad 27.95\quad 0\quad 27.95\quad 0\quad \cdots]^{\mathrm{T}}_{1\times42}$$

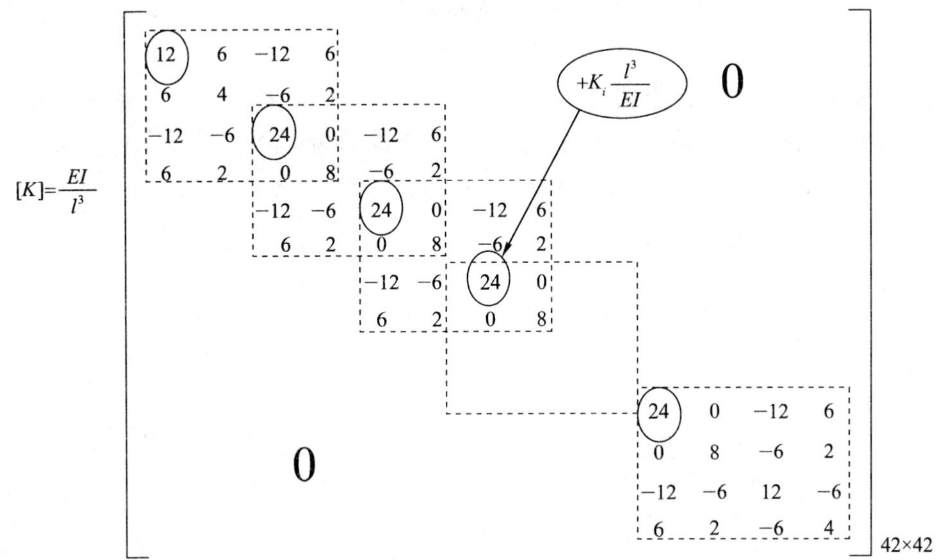

(4)建立整体平衡方程并求解

根据整体刚度矩阵和荷载矩阵建立方程(7-111)并求解,求出悬臂阶段的位移和内力,详见图 7-27。

2)单支撑阶段

计算简图见图 7-26b),根据公式(7-111)建立平衡方程。与悬臂阶段的不同之处有:

(1)等效结点荷载

基坑开挖面 8m 以上主动土压力三角形分布,8m 以下矩形分布。

(2)整体刚度矩阵

对悬臂阶段的整体刚度矩阵稍加修改就得到单支撑阶段的整体刚度矩阵,即把支撑的刚度添加到整体刚度矩阵相应位置,本题目中第一道支撑 T_1 位于 2m 处,结点编号为 3,整体刚度矩阵中编号为 5,把悬臂阶段整体刚度矩阵中的元素 k_{55} 改为 $(k_{55})_{单支撑阶段}=(k_{55})_{悬臂阶段}+K_1$。

(3)考虑支撑处上一阶段位移的影响

若考虑到支撑杆(整体刚度矩阵中编号为 5)设置之前悬臂阶段桩的水平位移 $\delta_{5悬臂}$,参考式(7-96),单支撑阶段支撑杆受力可写为 $T_1=K_1(\delta_{5单支撑}-\delta_{5悬臂})$,荷载列阵中把 T_1 处的荷载改为 $P_5=P_5+K_1\delta_{5悬臂}$。

建立整体平衡方程并求解,求出单支撑阶段的位移及内力见图 7-27。

求出位移后,求支撑杆受力:

$$T_1=K_1(\delta_{5单支撑}-\delta_{5悬臂})=183.67\text{kN}$$

3)两道支撑阶段

计算简图见图 7-26c),对单支撑阶段的整体刚度矩阵加以修改就得到两道支撑阶段的整体刚度矩阵,第二道支撑 T_2 位于 7m 处,结点编号为 8,整体刚度矩阵中编号为 15,两道支撑阶段支撑杆受力为:

$$T_1=K_1(\delta_{5双支撑}-\delta_{5单支撑})$$

$$T_2=K_2(\delta_{15双支撑}-\delta_{15单支撑})$$

根据计算简图 7-26c),及上述公式,写出等效结点荷载,根据式(7-111)建立平衡方程并求解,求出两道支撑阶段的位移和内力见图 7-27。支撑力为:

$$T_1=K_1(\delta_{5双支撑}-\delta_{5单支撑})=69.17\text{kN}$$

$$T_2=K_2(\delta_{15双支撑}-\delta_{15单支撑})=484.19\text{kN}$$

4)位移和弯矩图

计算结果见图 7-27,该结果与解析法例题 7-5 的计算结果基本相同。

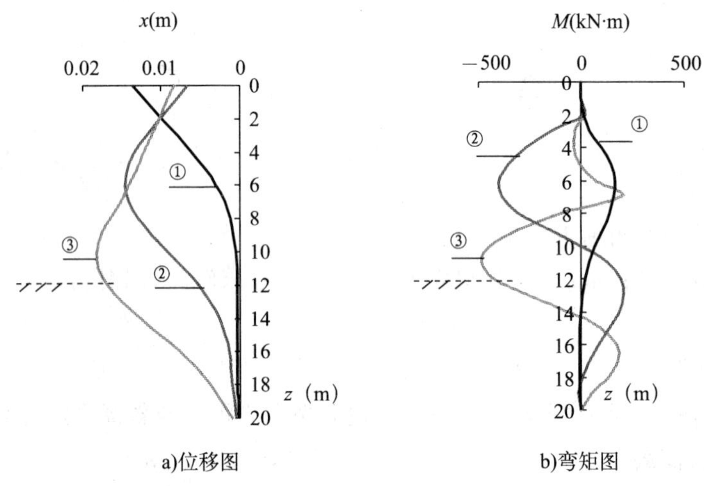

图 7-27 【例题 7-6】位移、弯矩分布图

①-悬臂阶段;②-单支撑阶段;③-两道支撑阶段

分析计算过程可知,杆系有限单元法概念清楚,计算简单。本例题把 20m 长的桩划分为 20 个单元,每个单元长 1m,共 21 个结点,每个结点两个未知数,共 42 个未知数,根据式(7-111)建立了 42 个方程,各个阶段整体刚度矩阵稍有不同,荷载矩阵不同,均需解 42 元 1 次线性方程组,用 Excel 很容易完成计算与绘图。

5)m 不是常数时

在上述计算中,取 z 深度处的集中基床系数为 $K=mzb_0l_i$。若考虑达某深度后集中基床系数 K 不再增加,取为定值,用弹性地基杆系有限单元法很好解决该问题,只需在整体刚度矩阵相应的位置给出确定的 K 值即可。

6)基坑底面以下主动侧土压力三角形分布

取基坑开挖面以下主动侧土压力沿深度增加,该题目的计算简图见图 7-28。

按图 7-28 的荷载分布规律由式(7-113)求出单元各结点的等效结点荷载,单元刚度矩阵与整体刚度矩阵都不变,建立整体平衡方程,解这个 42 元的线性方程组,求结点位移,进而求内力。

两种方法位移和弯矩的计算结果比较见图 7-29,该题目两者位移计算值相比,土压力大位移较大。由弯矩图比较可知,两者相差不大。

由以上分析计算可知，弹性地基杆系有限单元法可以较简单地完成上述问题的分析计算，主动土压力按实际分层分布亦很容易完成。

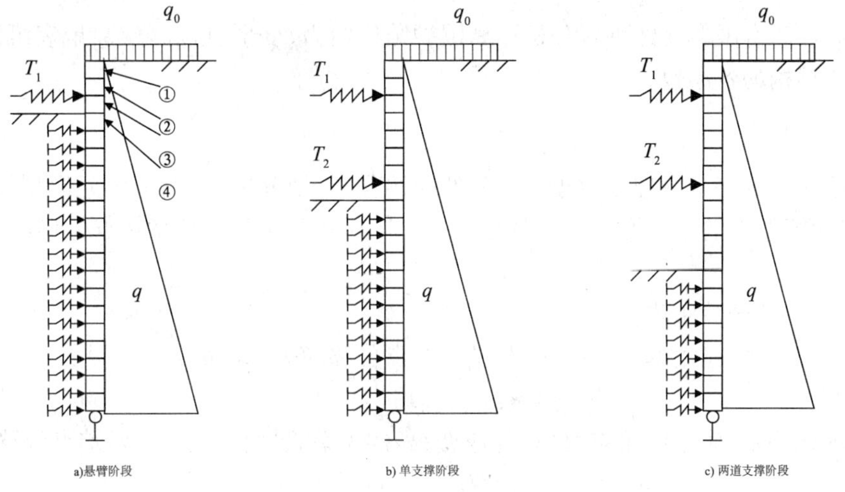

图 7-28　开挖过程计算简图

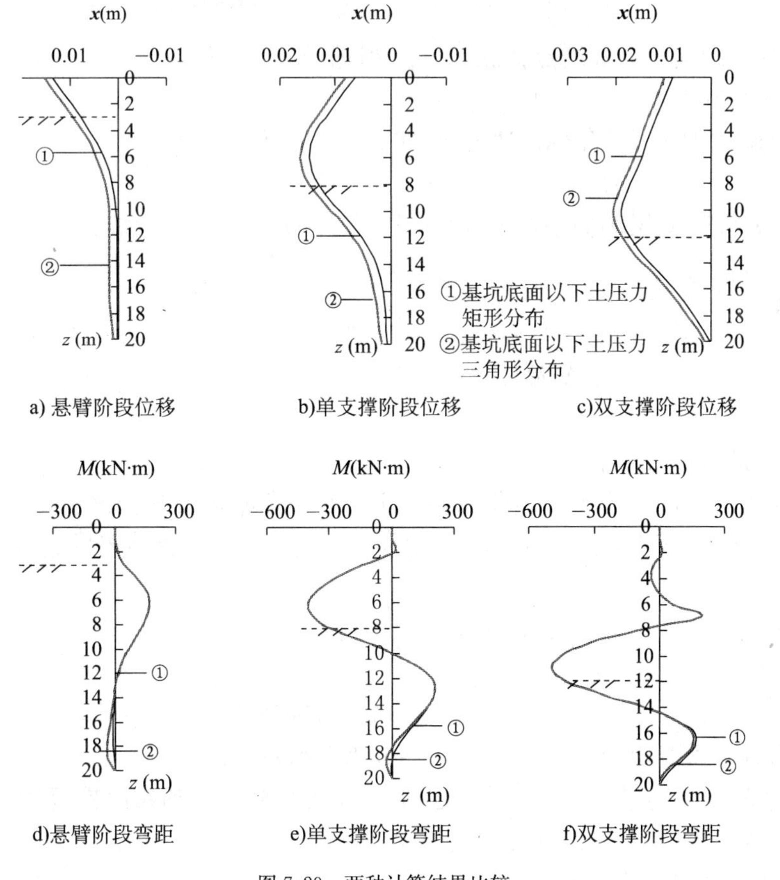

图 7-29　两种计算结果比较

7.6 二维有限元法

用连续介质有限单元法可以分析计算围护结构内力、变形、坑底隆起、地表沉陷等基坑开挖中土与结构的各参数。

7.6.1 概述

有限单元法的基本原理是对于所分析的结构及土，划分单元，确定单元模型，选择位移模式，确定单元结点的自由度。建立单元结点位移$\{\delta\}^e$与单元中任意一点位移ω的关系：

$$w=[N]\{\delta\}^e \tag{7-114}$$

式中：$[N]$——形函数矩阵。

根据几何关系，建立单元应变$\{\varepsilon\}$与单元结点位移的关系：

$$\{\varepsilon\}=[B]\{\delta\}^e \tag{7-115}$$

根据本构关系，建立单元应力$\{\sigma\}$与应变$\{\varepsilon\}$的关系，进而建立应力与结点位移的关系：

$$\{\sigma\}=[D]\{\varepsilon\}=[D][B]\{\delta\}^e \tag{7-116}$$

根据虚功原理建立单元刚度矩阵：

$$[k]^e=\iiint_V[\mathrm{B}]^{\mathrm{T}}[D][B]\mathrm{d}x\mathrm{d}y\mathrm{d}z \tag{7-117}$$

根据虚功原理确定等效结点荷载$\{P\}^e$。根据结点力$\{F\}$与结点荷载$\{P\}$相等的条件建立整体平衡方程式：

式中的整体刚度矩阵$[k]$可用编码法形成，即对号入座，同号相加。

$$[K]\{\delta\}=\{P\} \tag{7-118}$$

解方程(7-118)求出结点位移$\{\delta\}$，回代入方程(7-116)求出单元应力。

7.6.2 二维有限元法

基坑开挖中若基坑沿长度方向较长，则可把空间问题简化为二维的平面应变问题，若支护结构采用地下连续墙，计算简图见图 7-30。

1)单元划分

对于不同的材料采用不同的计算单元：

(1)土体为四结点单元，材料计算参数是土的变形模量E_0和泊松比υ。

(2)墙体为四结点单元或梁单元，材料计算参数是混凝土的弹性模量E和泊松比υ。

(3)支撑或锚杆可采用二力杆单元。

(4)土与结构的接触面可采用接触面单元。

2)边界条件及计算范围

(1)基坑内侧边界：取对称轴为内边界，该处没有水平位移。

(2)基坑外侧边界：取大于一倍墙高的地方为不动铰边界。

(3)基坑下侧边界：墙底位于坚硬土层时，取坚硬土层为不动铰边界；否则，取墙下大于(基坑宽度－入土深度)/1.414 的地方为不动铰边界。

3)四结点矩形单元单元分析

四结点土单元见图 7-31，每个结点两个自由度，单元结点力与结点位移的关系为：

$$\{F\}^e=[k]^e\{\delta\}^e \tag{7-119}$$

式(7-119)中的单元刚度矩阵为[4]：

$$[k]^e=H\begin{bmatrix} \beta+\gamma\alpha & & & & & & & \\ m & \alpha+\gamma\beta & & & & \text{对} & \text{称} & \\ -\beta+\frac{\gamma\alpha}{2} & s & \beta+\gamma\alpha & & & & & \\ -s & \frac{\alpha}{2}-\gamma\beta & -m & \alpha+\gamma\beta & & & & \\ -\frac{\beta}{2}-\frac{\gamma\alpha}{2} & -m & \frac{\beta}{2}-\gamma\alpha & s & \beta+\gamma\alpha & & & \\ -m & -\frac{\alpha}{2}-\frac{\gamma\beta}{2} & -s & -\alpha+\frac{\gamma\beta}{2} & m & \alpha+\gamma\beta & & \\ -\frac{\beta}{2}-\gamma\alpha & -s & -\frac{\beta}{2}-\frac{\gamma\alpha}{2} & m & -\beta+\frac{\gamma\alpha}{2} & s & \beta+\gamma\alpha & \\ s & -\alpha+\frac{\gamma\beta}{2} & m & -\frac{\alpha}{2}-\frac{\gamma\beta}{2} & -s & \frac{\alpha}{2}-\gamma\beta & -m & \alpha+\gamma\beta \end{bmatrix} \tag{7-120}$$

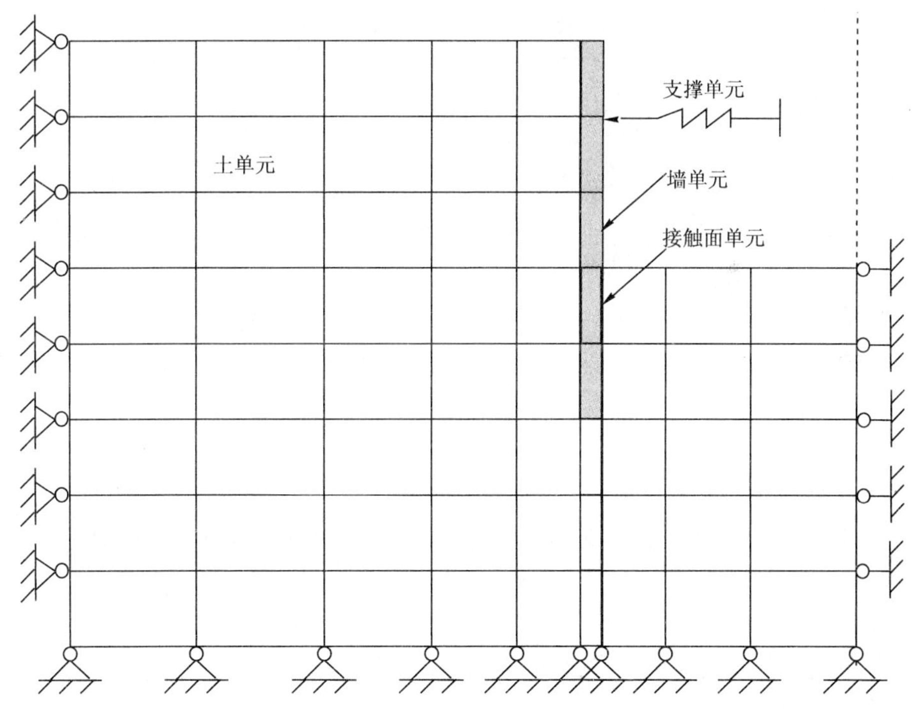

图 7-30　二维有限元方法计算简图

对于平面应变问题，公式中的 $H=Et\dfrac{1-\upsilon}{(1+\upsilon)(1-2\upsilon)}$，$\gamma=\dfrac{1-2\upsilon}{2(1-\upsilon)}$，$s=\dfrac{1-4\upsilon}{8(1-\upsilon)}$，$m=\dfrac{1}{8(1-\upsilon)}$，$\alpha=\dfrac{a}{3b}$，$\beta=\dfrac{b}{3a}$，$t$ 为单元厚度。

4)接触面单元

墙的混凝土单元与土单元之间的接触面可设接触面单元，见图 7-32，接触面之间既能传递法向应力，也能传递剪应力，接触面单元的厚度为零，接触面单元应力与变形之间的关系为：

$$\begin{Bmatrix} \tau_s \\ \sigma_n \end{Bmatrix} = \begin{bmatrix} K_s & 0 \\ 0 & K_n \end{bmatrix} \begin{Bmatrix} \Delta u \\ \Delta v \end{Bmatrix} \tag{7-121}$$

式中：K_s ——剪切刚度系数，可以由混凝土与土之间的抗剪强度试验求得；

K_n ——法向刚度系数，当接触面受拉时 K_n 取较小数，使拉应力忽略不计；当接触面受压时；K_n 取较大数，例如取 $K_n=10^9\,\text{kN/m}^3$，使接触面之间不重叠。

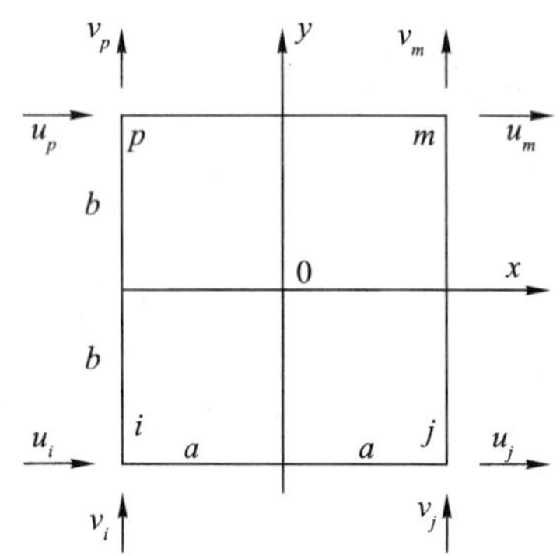

图 7-31　四结点矩形单元

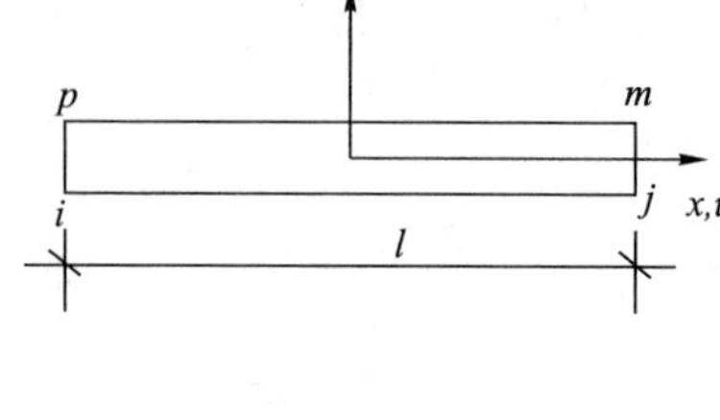

图 7-32　接触面单元

结点力与结点位移的关系为：

$$\begin{Bmatrix} X_i \\ Y_i \\ X_j \\ Y_j \\ X_m \\ Y_m \\ X_p \\ Y_p \end{Bmatrix} = \frac{l}{6} \begin{bmatrix} 2K_s & 0 & K_s & 0 & -K_s & 0 & -2K_s & 0 \\ 0 & 2K_n & 0 & K_n & 0 & -K_n & 0 & 2K_n \\ K_s & 0 & 2K_s & 0 & -2K_s & 0 & -K_s & 0 \\ 0 & K_n & 0 & 2K_n & 0 & -2K_n & 0 & -K_n \\ -K_s & 0 & -2K_s & 0 & 2K_s & 0 & K_s & 0 \\ 0 & -K_n & 0 & -2K_n & 0 & 2K_n & 0 & K_n \\ -2K_s & 0 & -K_s & 0 & K_s & 0 & 2K_s & 0 \\ 0 & -2K_n & 0 & -K_n & 0 & K_n & 0 & 2K_n \end{bmatrix} \begin{Bmatrix} u_i \\ v_i \\ u_j \\ v_j \\ u_m \\ v_m \\ u_p \\ v_p \end{Bmatrix} \tag{7-122}$$

5）支撑单元

若把支撑杆简化为弹性支点，支撑刚度为 K，支撑杆受力 X 与变形 u 的关系为：

$$X = Ku \tag{7-123}$$

6）形成总刚

建立各单元的单元刚度矩阵，按照对号入座，同号相加的方法形成整体刚度矩阵。

7）等效结点荷载

对于自重荷载，每个结点的荷载是单元自重的 1/4；对于边界上三角形分布面力如水压力，合力的 1/3 移置到水压力零点，2/3 移置到另一结点。

8）求解

根据已知边界条件整理整体刚度矩阵，通过施加位移边界条件消除刚体位移，从而消除整体刚度矩阵的奇异性，具体的做法可以是把整体刚度矩阵中与整体方程零位移对应的行列划去，使方程组有解，解这个线性方程组求结点位移。

可以根据基坑开挖的各阶段设主动土压力为荷载，并简化为等效结点荷载，求出各阶段的内力与位移。

采用二维有限单元法进行分析，还可以采用增量法，初始状态是图 7-30 中所有的土单元均为实体，根据边界条件可求出初始状态下各单元的内力。基坑开挖就是把图 7-30 中相应位置的土单元卸除，用等效结点荷载模拟卸荷，求出该阶段的应力与位移增量，再与初始状态进行叠加得出总的应力与位移。如果采用理想弹塑性模型，把求出的剪应力与抗剪强度进行比较，若剪应力大于抗剪强度，该处的剪应力不再增加取抗剪强度值，若计算出拉应力，则取该处应力为零，重新计算。

对于弹塑性地基模型，根据所采用的地基模型，建立式(2-99)或式 (2-108)中的弹塑性矩阵$[C]^{ep}$，弹塑性应力应变增量关系与当前应力状态相关，常采用增量法分析计算，分析过程为：

①划分单元，形成初始弹性整体刚度矩阵，根据初始自重荷载求出初始变位，并求出初始状态下地基中的应力。

②根据各单元的应力水平确定是处于弹性区还是塑性区，由此形成整体刚度矩阵，由基坑开挖确定荷载增量，建立整体平衡方程求解位移增量，计算单元应变增量、应力增量，并把增量值叠加到原有水平上。

③若应变增量含弹性与塑性两部分，可根据弹性矩阵$[C]^{e}$ 与弹塑性矩阵$[C]^{ep}$计算加权平均弹塑性矩阵$[C]^{ep}$，形成新的整体刚度矩阵，用于下一阶段计算。

根据式(2-99)计算的应力增量是近似的，只有荷载增量足够小时才能近似逼近到准确值，可以把增量法与迭代法联合使用，使之得到满意的解答。

④继续加荷，重复步骤②～③，开挖土体至基础底面为止。

【例题 7-7】 某基坑工程采用地下连续墙支护，地下连续墙深 10m，开挖深度 5m，宽度 30m，墙厚 0.6m，计算宽度为 1m，混凝土弹性模量 $E_c = 3\times10^7$ kPa，地基土变形模量 $E_0 = 1.2\times10^4$ kPa，泊松比 $\upsilon=0.3$，土的内摩擦角 $\varphi=25°$，重度 $\gamma = 19\text{kN/m}^3$ 。

试按二维有限单元法计算(忽略自重荷载)：

(1)悬臂开挖 5m 深时墙体变形。

(2)在墙顶设置支撑，计算开挖至 5m 深墙体变形。

解：(1)悬臂开挖

①单元刚度矩阵

按平面应变问题考虑，二维有限单元法计算简图见图 7-33，共划分为三种计算单元，一个墙单元，两个土单元，需建立三个单元刚度矩阵。根据式(7-120)，求得三个不同单元的单元刚度矩阵见表 7-4～表 7-6(因篇幅有限，表中数值取整)：

土单元(1)刚度矩阵(单位：kN/m)　　表 7-4

	i_x	i_y	j_x	j_y	m_x	m_y	p_x	p_y
i_x	6410	2885	513	577	−3205	−2885	−3718	−577
i_y	2885	16667	−577	7564	−2885	−8333	577	−15897
j_x	513	−577	6410	−2885	−3718	577	−3205	2885

续上表

	i_x	i_y	j_x	j_y	m_x	m_y	p_x	p_y
j_y	577	7564	−2885	16667	−577	−15897	2885	−8333
m_x	−3205	−2885	−3718	−577	6410	2885	513	577
m_y	−2885	−8333	577	−15897	2885	16667	−577	7564
p_x	−3718	577	−3205	2885	513	−577	6410	−2885
p_y	−577	−15897	2885	−8333	577	7564	−2885	16667

土单元(2)刚度矩阵(单位:kN/m) 表 7-5

	i_x	i_y	j_x	j_y	m_x	m_y	p_x	p_y
i_x	45056	2885	−44779	577	−22528	−2885	22251	−577
i_y	2885	13467	−577	−12497	−2885	−6733	577	5764
j_x	−44779	−577	45056	−2885	22251	577	−22528	2885
j_y	577	−12497	−2885	13467	−577	5764	2885	−6733
m_x	−22528	−2885	22251	−577	45056	2885	−44779	577
m_y	−2885	−6733	577	5764	2885	13467	−577	−12497
p_x	22251	577	−22528	2885	−44779	−577	45056	−2885
p_y	−577	5764	2885	−6733	577	−12497	−2885	13467

墙单元刚度矩阵(单位:kN/m) 表 7-6

	i_x	i_y	j_x	j_y	m_x	m_y	p_x	p_y
i_x	112641026	7211538	−111948718	1442308	−56320513	−7211538	55628205	−1442308
i_y	7211538	33666667	−1442308	−31243590	−7211538	−16833333	1442308	14410256
j_x	−111948718	−1442308	112641026	−7211538	55628205	1442308	−56320513	7211538
j_y	1442308	−31243590	−7211538	33666667	−1442308	14410256	7211538	−16833333
m_x	−56320513	−7211538	55628205	−1442308	112641026	7211538	−111948718	1442308
m_y	−7211538	−16833333	1442308	14410256	7211538	33666667	−1442308	−31243590
p_x	55628205	1442308	−56320513	7211538	−111948718	−1442308	112641026	−7211538
p_y	−1442308	14410256	7211538	−16833333	1442308	−31243590	−7211538	3366667

②结点荷载

荷载为主动土压力:

$$E_a = \frac{1}{2}\gamma \tan^2\left(45° - \frac{\varphi}{2}\right)h^2 t = \frac{1}{2}\times 19\times \tan^2\left(45° - \frac{25}{2}\right)\times 5^2\times 1 = 96.39\text{kN}$$

图 7-33 中结点荷载分别为 $E_{a1}=32.13$kN,$E_{a2}=64.26$kN。

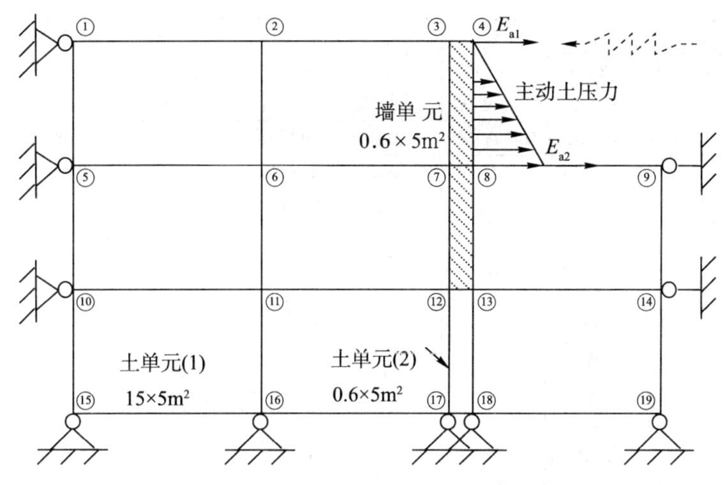

图 7-33 【例题 7-7】计算简图

③建立整体刚度矩阵并求解

单元个数共 11 个，结点数共 19 个，结点编号见图 7-33，结点位移数为 2×19=38 个，总体刚度矩阵大小为 $[K]_{38\times38}$。

例如其中与结点②，结点⑦相应的主对角线上的元素分别为：

$$[K]_{22}=[K]_{mm}^{\pm(1)}+[K]_{pp}^{\pm(1)}$$

$$[K]_{22}=\begin{bmatrix}6410 & 2885\\2885 & 16667\end{bmatrix}_{mm}^{\pm(1)}+\begin{bmatrix}6410 & -2885\\-2885 & 16667\end{bmatrix}_{pp}^{\pm(1)}=\begin{bmatrix}12821 & 0\\0 & 33333\end{bmatrix}$$

$$[K]_{77}=\begin{bmatrix}6410 & -2885\\-2885 & 16667\end{bmatrix}_{jj}^{\pm(1)}+\begin{bmatrix}6410 & 2885\\2885 & 16667\end{bmatrix}_{mm}^{\pm(1)}+$$

$$\begin{bmatrix}112641026 & 7211538\\7211538 & 33666667\end{bmatrix}_{ii}^{墙}+\begin{bmatrix}112641026 & -7211538\\-7211538 & 33666667\end{bmatrix}_{pp}^{墙}=\begin{bmatrix}225294872 & 0\\0 & 67366667\end{bmatrix}$$

同理可求出整体刚度矩阵非主对角线上的元素。

由图 7-33 可知，位移为零的边界条件是 $u_1=0$，$v_1=0$，…，$u_{19}=0$，$v_{19}=0$，共 18 个，在整体方程中，划去这 18 个零位移对应的行列，形成的整体刚度矩阵见表 7-7，实际需要解 20 元线性方程组。

建立整体平衡方程，求解位移 $\{\delta\}=[K]^{-1}\{P\}$，计算结果见表 7-8，结点位移计算结果图示见图 7-34a)。

【例题 7-7】的整体刚度矩阵[K]（单位：kN/m）　　表 7-7

	2_x	2_y	3_x	3_y	4_x	4_y	6_x	6_y	7_x	7_y
2_x	12821	0	513	−577	0	0	−7436	0	−3205	2885
2_y	0	33333	577	7564	0	0	0	−31795	2885	−8333
3_x	513	577	112647436	−7208654	−111948718	−1442308	−3205	−2885	55624487	1441731
3_y	−577	7564	−7208654	33683333	1442308	−31243590	−2885	−8333	−1441731	14394359
4_x	0	0	−111948718	1442308	112641026	7211538	0	0	−56320513	−7211538
4_y	0	0	−1442308	−31243590	7211538	33666667	0	0	−7211538	−16833333
6_x	−7436	0	−3205	−2885	0	0	25641	0	1026	0

续上表

	2_x	2_y	3_x	3_y	4_x	4_y	6_x	6_y	7_x	7_y
6_y	0	−31795	−2885	−8333	0	0	0	66667	0	15128
7_x	−3205	2885	55624487	−1441731	−56320513	−7211538	1026	0	225294872	0
7_y	2885	−8333	1441731	14394359	−7211538	−16833333	0	15128	0	67366667
8_x	0	0	−56320513	7211538	55628205	1442308	0	0		0
8_y	0	0	7211538	−16833333	−1442308	14410256	0	0	0	−62487179
9_y	0	0	0	0	0	0	0	0	0	0
11_x	0	0	0	0	0	0	−7436	0	−3205	−2885
11_y	0	0	0	0	0	0	0	−31795	−2885	−8333
12_x	0	0	0	0	0	0	−3205	2885	55624487	−1441731
12_y	0	0	0	0	0	0	2885	−8333	1441731	14394359
13_x	0	0	0	0	0	0	0	0	−56320513	7211538
13_y	0	0	0	0	0	0	0	0	7211538	−16833333
14_y	0	0	0	0	0	0	0	0	0	0

	8_x	8_y	9_y	11_x	11_y	12_x	12_y	13_x	13_y	14_y
2_x	0	0	0	0	0	0	0	0	0	0
2_y	0	0	0	0	0	0	0	0	0	0
3_x	−56320513	7211538	0	0	0	0	0	0	0	0
3_y	7211538	−16833333	0	0	0	0	0	0	0	0
4_x	55628205	−1442308	0	0	0	0	0	0	0	0
4_y	1442308	14410256	0	0	0	0	0	0	0	0
6_x	0	0	0	−7436	0	−3205	2885	0	0	0
6_y	0	0	0	0	−31795	2885	−8333	0	0	0
7_x	−223897436	0	0	−3205	−2885	55624487	1441731	−56320513	7211538	0
7_y	0	−62487179	0	−2885	−8333	−1441731	14394359	7211538	−16833333	0
8_x	225288462	−2885	−577	0	0	−56320513	−7211538	55624487	−1441731	2885
8_y	−2885	67350000	7564	0	0	−7211538	−16833333	1441731	14394359	−8333
9_y	−577	7564	16667	0	0	0	0	−2885	−8333	−15897
11_x	0	0	0	25641	0	1026	0	0	0	0
11_y	0	0	0	0	66667	0	15128	0	0	0
12_x	−56320513	−7211538	0	1026	0	1126998903	7208654	−111993497	1441731	0
12_y	−7211538	−16833333	0	0	15128	7208654	33713467	−1441731	−31256087	0
13_x	55624487	1441731	−2885	0	0	−111993497	−1441731	112698903	−7208654	0
13_y	−1441731	14394359	−8333	0	0	1441731	−31256087	−7208654	33713467	15128
14_y	2885	−8333	−15897	0	0	0		0	15128	33333

【例题 7-7】位移计算结果 表 7-8

结点	②	③	④	⑥	⑦	⑧	⑨	⑪	⑫	⑬	⑭
水平位移(mm)	2.68	10.53	10.53	2.55	6.46	6.46	0	1.44	2.36	2.36	0
垂直位移(mm)	−0.34	−0.08	−0.56	0.42	−0.07	−0.56	0.33	0.49	−0.07	−0.56	−0.29

(2)单支撑开挖

在墙顶设置支撑，计算简图见图 7-33，若采用截面积 139cm^2 的型钢做支撑，该弹性支撑刚度为：

$$K=\frac{E_gA}{L}=\frac{2.1\times10^8\times0.0139}{15}=194600\text{kN/m}$$

同样还是三种计算单元，单元刚度矩阵不变，与问题1不同之处只是在整体刚度矩阵的元素 K_{4x4x} 处加上支撑刚度 K。位移计算结果见图7-34b)。

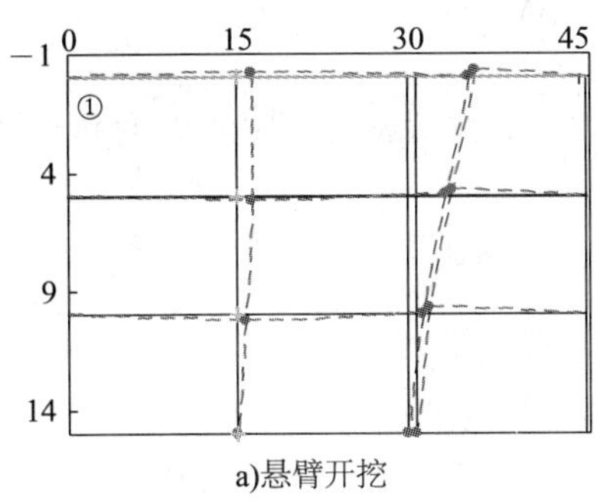

a)悬臂开挖

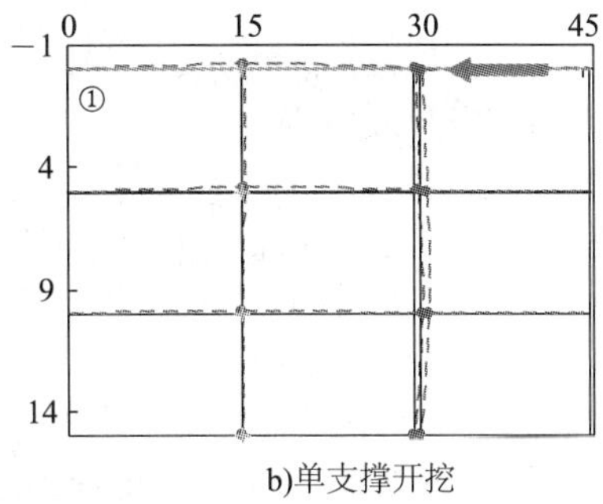

b)单支撑开挖

图7-34 【例题7-7】结点位移图(为表示清楚，图中位移值扩大了500倍)(尺寸单位：m)

本章小结

本章简要介绍了极限平衡法中的静力平衡法、假想支点法。

详细介绍了弹性地基梁法中m法，给出了m法中参数 A_1、A_2、A_3、A_4、B_1、…D_4 的计算公式，并给出了该组公式(7-28) e_{ij} 中 $A_1(\alpha z)$ 的Maple计算程序，方便读者编程自行计算 e_{ij}，或根据所需要的计算深度 z 补充表7-2中的数据。由例题7-2可知，用Excel可以方便地计算出内力、位移并绘图，不用查计算参数表，因此本书没有列 A_x、B_x、A_φ、B_φ、A_M、B_M、A_Q、B_Q、C_2 等参数的数值表，不会因为计算参数表中的数据有误影响分析结果。

对于《建筑基坑支护技术规程》(JGJ 120—99)中推荐的"弹性支点法"，给出了解析方法的详细分析过程及例题，其中给出了计算参数 E_1、E_2、E_3、E_4 的计算公式(式7-28中 $i=5$)及计算结果(见表7-2)，方便读者分析计算。对于"弹性支点法"，还分别根据《建筑基坑支护技术规程》(JGJ 120—99)和《建筑基坑支护技术规程》(JGJ 120—2012)中推荐的计算简图，给出了弹性地基杆系有限单元法的详细分析过程及例题。经分析比较可知，弹性地基杆系有限单元法概念清楚，计算简单，只是需要解多元线性方程组，现在用Excel很容易求解，亦可编程求解。

介绍了基坑工程中分析结构受力和变形的二维有限元法，并通过一个简单的例题说明该方法的实施全过程。

思 考 题

1. 基坑支护工程应进行哪方面的设计与计算?
2. 什么是假想支点法? 简述其设计原理与步骤。
3. 什么是 m 法? 简述其设计原理与步骤，公式(7-26)中参数 A_j，B_j，C_j，D_j ($j=1,2,3,4$)是如何求出的?
4. 什么是弹性支点法? 简述解析法和弹性地基杆系有限单元法的设计原理与步骤。
5. 什么是二维有限单元法? 简述其原理与步骤。

6. 试比较基坑支护工程中不同分析方法的异同。

参考文献

[1] 中华人民共和国行业标准．JGJ 120—99　建筑基坑支护技术规程[S]. 北京：中国建筑工业出版社，1999.

[2] 中华人民共和国行业标准．JGJ 94—2008　建筑桩基技术规范[S]. 北京：中国建筑工业出版社，2008.

[3] 陈忠汉，程丽萍．深基坑工程[M]. 北京：机械工业出版社，1999.

[4] 朱伯芳．有限单元法原理与应用[M]. 2 版．北京：中国水利水电出版社，1998.

[5] 郑刚，刘瑞光．软土地区基坑工程支护设计实例[M]. 北京：中国建筑工业出版社，2011.

[6] 王晓谋．基础工程[M]. 4 版．北京：人民交通出版社，2010.

[7] 姚仰平，冯兴，黄祥，等．UH 模型在有限元分析中的应用[J]. 岩土力学，2010，31(1)：237-245.

[8] 谢贻权，何福保．弹性和塑性力学中的有限单元法[M]. 北京：机械工业出版社，1981

[9] 中华人民共和国行业标准．JGJ 120—2012　建筑基坑支护技术规程[S]. 北京：中国建筑工业出版社，2012.

第 8 章　MATLAB 在基础工程中的应用

8.1　引言

MATLAB 是一种面向科学和工程计算的高级语言[1]，萌芽自美国新墨西哥大学 Cleve Moler 教授为减轻学生编程负担而设计的一组程序，其名称是分别取 MATrix 和 LABoratory 两个单词的前三个字母组合而成。MATLAB 强大的科学计算与可视化功能、简单易用的开放式可扩展环境以及多达 40 多个面向不同领域而扩展的工具箱支持，使得它在许多学科领域中成为计算机辅助分析、算法研究和应用开发的基本工具和首选平台。

MATLAB 最突出的特点是语言简洁紧凑，使用灵活方便[2]。相对于冗长的 C 和 Fortran 语言，MATLAB 代码更直观、也更符合人们的思维习惯。借助由本领域专家编写的丰富库函数，MATLAB 程序避开了繁杂的子程序编写，压缩了一切不必要的编程工作，使编程人员从繁琐的程序代码中解放出来。例如，本章多次用到求解线性方程组，传统的程序语言需要选用 Gauss 消去法、LU 分解法或针对带状和稀疏方程组的三角分解法以及各种迭代解法自行编写子程序；MATLAB 只用右除“/”一个符号即可求解，而且算法稳定，适用性强，不必担心函数的可靠性，与本书第 3 章中的 Excel 逆矩阵求解法相比，MATLAB 也更加简单易用。

本章就是借助 MATLAB 的强大功能，以本书第 3 章所述柱下条形基础内力计算方法为例，解决基础工程领域的典型问题。利用 MATLAB 强大的科学计算和可视化功能，能够轻松省略繁杂的编程细节与技巧，获得最佳的学习效率，使我们能够把重点放在理解每一种基础工程计算方法上，而不在数值计算上的小节上浪费过多时间，并且正确率更高。由于将大量常规的数值方法交由 MATLAB 完成，本章所附的程序都很简洁；一个典型的方法的子程序均在 50 行之内，运算速度也非常快。作者也注意使程序具有规范性、相似性和通用性，每个变量名尽量可以顾名思义，每行后附加了程序说明。相对于本书第 3 章的 Excel 解法，MATLAB 程序简洁、易读、易改动、易扩充，可改变参数在不同精度下进行数值对比试验。本章的目的在于用程序说明算法，书中的程序既体现了基础工程分析方法的每个步骤，又包含了全部的计算细节，阅读这些程序对理解第 3 章中计算方法很有裨益。本章还针对具体例题，对不同方法的计算结果进行了对比分析。

为方便手算，例题中的梁划分为 10 个梁单元。因为是用计算机编程计算，梁单元的个数多少对工作量没有影响，因此本章还给出了把梁划分为 50 个单元的分析计算结果，由结果可以看出，解析法的弹性地基梁法和数值计算的有限单元法、有限差分法因为都采用了文克尔地基模型，当梁单元分段数足够多时计算结果几乎一样。

本章给出了本书第 3 章例题的 MATLAB 解题程序，起抛砖引玉的作用，读者掌握了该方法，对于其他章节更为复杂的问题可以自己编程解决。

8.2 主程序

为避免对本书第 3 章所述 6 种计算方法的参数输入和图形输出做过多重复定义，这里首先编写 M 脚本文件“main. m”，作为柱下条形基础内力计算的运行平台和主程序。主程序可以通过赋予变量“Caculation_Method”1～6 的不同值，即可选择 6 种方法，其架构图如图 8-1 所示。其后，在编写各种方法的子程序时，只需将注意力聚焦在计算方法本身如何实现上。主程序可一键直接输出本章除第 8. 9 节外的所有图形结果（界面见图 8-11），无需再对图形编写其他程序或使用其他软件进行二次处理，简单方便。

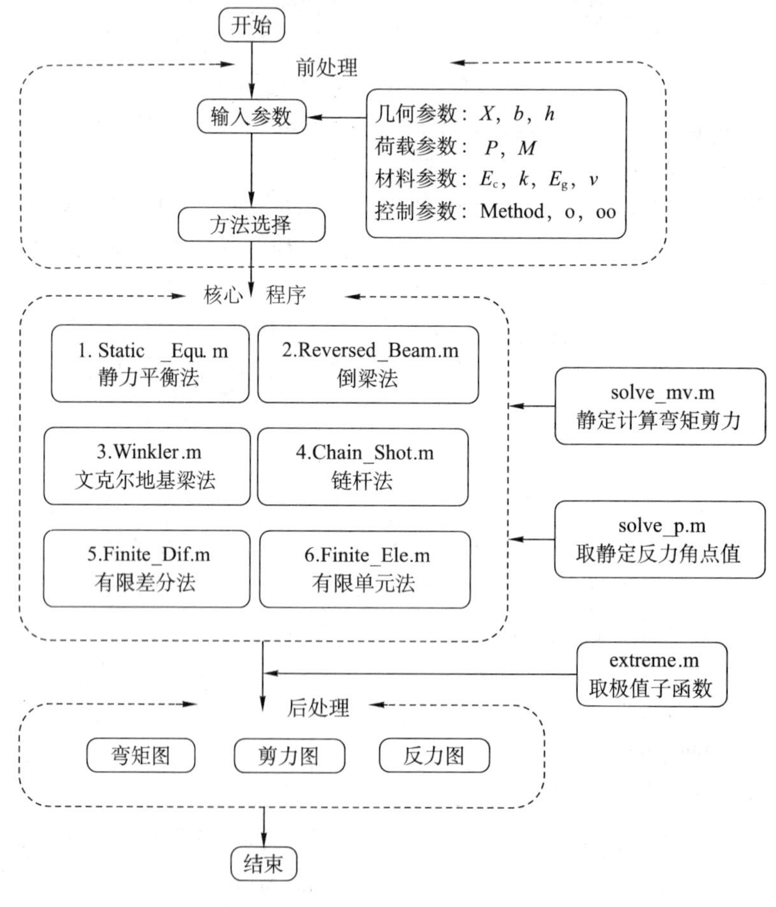

图 8-1 主程序架构图

本章程序用到的 MATLAB 函数和符号见表 8-1。

程序中用到的 MATLAB 函数和符号 表 8-1

符号	意 义	函数	意 义	函数	意 义
%	注释号	all	所有元素非零为真	linewidth	线条粗细
.*	数组乘	axis	控制坐标轴的高层指令	matlabroot	MATLAB 安装的根目录
./	数组右除	cd	指定当前目录	mexext	本平台的 mex 文件后缀名
.\	数组左除	clc	清除指令窗	num2str	把数组转换为字符串
/	矩阵右除	clear	清除内存变量和函数	ones	生成全 1 数组
\	矩阵左除	close	关闭指定窗口	plot	绘制平面线图
^	幂运算	cwd	当前工作目录	pwd	显示当前工作目录
_	下连符	disp	显示数组	repmat	铺放模块数组
''	单引号	end	控制流 FOR 等结构体的结尾	round	向最近整数取整
'	共轭转置号	exp	指数函数	set	设置图形对象属性
<=	小于等于	eye	生成单位阵	sum	求元素和
=	赋值号	figure	创建图形窗	switch-case	多分支结构
==	等于	fileassoc	文件打开方式关联	text	文字注释
>=	大于等于	fontsize	字体大小	title	图名
…	续行符	for	构成 for 环	warning	显示警告信息
()	圆括号	gca	获得当前轴句柄	xlabel	x 轴名
[ ]	方括号	hold	当前图上重画的切换开关	ylabel	y 轴名
[]	空矩阵	if-else	条件分支结构	zeros	生成全 0 数组
{ }	花括号	length	数组长度		

主程序的 M 脚本文件指令：

```
clear;clc;close all;
% 1 参数输入 = = = = = = = = = = = = = = = = = = = = = = = = = = = = = = = = = = = = = = =
% 1.1 坐标和外力输入 - - - - - - - - - - - - - - - - - - - - - - - - - - - - - - - - - - -
X = [0;2.5;7.5;12.5;17.5;22.5;25];                       % 结点坐标(以左端为原点,m)
P = [0;500;600;600;600;500;0] * 1e3;                      % 结点集中力(N)
n = length(X);                                            % 结点个数
M = zeros(n,1);                                           % 结点集中力偶(N * m)
% 1.2 材料参数和梁尺寸输入 - - - - - - - - - - - - - - - - - - - - - - - - - - - - - - - -
b = 0.7;                                                  % 地基梁宽度(m)
h = 1.0;                                                  % 地基梁高度(m)
E_c = 30e9;                                               % 混凝土弹性模量(Pa)
k = 21.1e6;                                               % 地基土基床系数(N/m^3)
E_g = 12e6;                                               % 地基土变形模量(Pa)
niu = 0.3;                                                % 地基土泊松比
% 1.3 精度控制和计算方法选择 - - - - - - - - - - - - - - - - - - - - - - - - - - - - - - -
o = 10;                                                   % 计算精度
oo = 1e5;                                                 % 显示精度
Caculation_Method = 1;                                    % 计算方法选择
% 2 内力计算 = = = = = = = = = = = = = = = = = = = = = = = = = = = = = = = = = = = = = = =
switch Caculation_Method                                  % 根据选择,运行子程序
case 1;                       % 1 = = Static_equilibrium  静力平衡法
[m,v,p,x_m,x_v,x_p] = Static_Equ(X,P,M,oo,b);
```

```
case 2;                          % 2 = = Reversed_Beam          倒梁法
[m,v,p,x_m,x_v,x_p] = Reversed_Beam(X,P,M,oo,b,h,E_c);
case 3;                          % 3 = = Winkler                文克尔地基梁法
[m,v,p,x_m,x_v,x_p] = Winkler(X,P,M,oo,b,h,k,E_c);
case 4;                          % 4 = = Chain_shot             链杆法
[m,v,p,x_m,x_v,x_p] = Chain_Shot(X,P,M,o,oo,b,h,E_g,niu,E_c,k);
case 5;                          % 5 = = Finite_Difference      有限差分法
[m,v,p,x_m,x_v,x_p] = Finite_Dif(X,P,M,o,oo,b,h,k,E_c);
case 6;                          % 6 = = Finite_Element         有限单元法
[m,v,p,x_m,x_v,x_p] = Finite_Ele(X,P,M,o,oo,b,h,k,E_c);
end;
m = m/1000;v = v/1000;p = p/1000;                          % 力的单位由 N 化为 kN
[mm,x_me] = extreme(m,x_m);                                % 生成弯矩的极值数组
[vv,x_ve] = extreme(v,x_v);                                % 生成剪力的极值数组
%   output: m = 弯矩(内力,N * m)
%               v = 剪力(内力,N)
%               p = 地基均布反力的角点值(面力,N/m^2)
%               x = 每个计算点处的坐标(m)
%               x_m = 每个显示点处的弯矩几何坐标(m),下标 m 代表弯矩
%               x_v = 每个显示点处的剪力几何坐标(m),下标 v 代表剪力
%               x_p = 每个显示点处的反力几何坐标(m),下标 p 代表反力
%               p_l = 地基反力(线荷载,N/m),下标 l 代表线力(line force)
%               p_s = 地基反力(面力,N/m^2),下标 s 代表面力(surface force)
%               mm = 弯矩极值(内力,N * m)
%               vv = 剪力极值(内力,N)
%               x_me = 极值处的弯矩几何坐标(m)
%               x_ve = 极值处的剪力几何坐标(m)
% 3 内力图绘制 = = = = = = = = = = = = = = = = = = = = = = = = = = = = = = = = = = =
% 3.1 弯矩图 - - - - - - - - - - - - - - - - - - - - - - - - - - - - - - - - - - - -
plot([X(1),X(n)],[0,0],'k','LineWidth',1.5);                      % 绘制横坐标轴
hold on;                                                          % 图形保持
plot(x_m,m,'LineWidth',1.5);                                      % 绘制每个显示点处的弯矩
title('弯矩 M  (kN * m)','fontsize',18);                          % 标识图名
set(gca,'YDir','reverse');                                        % 纵坐标轴向下为正
axis off;                                                         % 关闭图框
for i = 1:length(mm);                                             % 在每个弯矩极值处
text(x_me(i) * 1.0,mm(i) * 1.08,num2str(round(mm(i))),'fontsize',18); % 标识极值
end;
% 3.2 剪力图 - - - - - - - - - - - - - - - - - - - - - - - - - - - - - - - - - - - -
figure;                                                           % 创建新的图形,返回句柄
plot([X(1),X(n)],[0,0],'k','LineWidth',1.5);                      % 绘制横坐标轴
hold on;                                                          % 图形保持
plot(x_v,v,'LineWidth',1.5);                                      % 绘制每个显示点处的剪力
title('剪力 V  (kN)','fontsize',18);                              % 标识图名
axis off;                                                         % 关闭图框
for i = 1:length(vv);                                             % 在每个剪力极值处
```

```
text(x_ve(i),vv(i),num2str(round(vv(i))),'fontsize',18);          %标识极值
end;
% 3.3 反力图 - - - - - - - - - - - - - - - - - - - - - - - - - - - - - - - - - - - - -
figure;                                                            % 创建新的图形,返回句柄
plot([X(1),X(n)],[0,0],'k','LineWidth',1.5);                       % 绘制横坐标轴
hold on;                                                           % 图形保持
plot(x_p,p,'LineWidth',1.5);                                       % 绘制每个角点处的反力
title('反力 p  (kN/m^2)','fontsize',18);                           % 标识图名
set(gca,'YDir','reverse');                                         % 纵坐标轴向下为正
axis off;                                                          % 关闭图框
text(mean(X),max(p)*1.09,num2str(round(max(p))),'fontsize',18);%标识反力的最大值
```

8.3 静力平衡法

子程序的编写全部采用 M 函数文件的形式。与主程序所采用的 M 脚本文件不同,M 函数文件在被调用时只看到传给它的输入量和送出来的输出量,而内部运作是藏而不见的;MATLAB 会为它专门开辟一个临时工作空间,将所有中间变量放入其中,当执行完最后一条指令或遇到 return 时,就结束该函数文件的运行,同时删除该临时工作空间中的所有变量。每次对 M 函数文件进行修改后,需要进行保存,方可在被调用时更新。

静力平衡法的 M 函数文件指令:

```
function  [m,v,p,x_m,x_v,x_p] = Static_Equ(X,P,M,oo,b);
%  Static_equ 本函数用于使用静力平衡法计算柱下条形基础的内力
% 1 中间参数计算 = = = = = = = = = = = = = = = = = = = = = = = = = = = = = = = = = = =
o = 1;                                            % 计算点数目恒为 1 个
n = length(X);                                    % 统计结点个数(向量长度)
l = X(n) - X(1)/o;                                % 计算相邻两个计算点的距离
ll = (X(n) - X(1))/oo;                            % 计算相邻两个显示点的距离
x = X(1) + l/2;                                   % 形成计算点处的坐标数组
x_R = x;                                          % 每个均布反力作用的中点数组
x_m = X(1):ll:X(n);                               % 形成显示点处的几何坐标
% 2 计算地基对基础的反力 = = = = = = = = = = = = = = = = = = = = = = = = = = = = = = =
R = sum(P);                                       % 反力为结点集中力之和
% 3 计算地基分布力和基础内力 = = = = = = = = = = = = = = = = = = = = = = = = = = = = =
p_l = R/l;                                        % 反力的线荷载形式
[p,x_p] = solve_p(R,x,X,l,b);                     % 形成均布反力的角点值数组
[m,v,x_m,x_v] = solve_mv(X,P,M,R,p_l,x,x_m,x_R,l);   %形成基础的内力数组
```

静力平衡法进行内力计算的结果见图 8-2。其中,弯矩图和剪力图中标识的值是极大值或极小值,这与本书第 3 章中固定结点处的标识值存在差异。反力图的标识值为地基反力最大值的面荷载形式。

本章的计算结果与第 3 章的 Excel 计算结果进行过仔细比对,两者的结果几乎是完全一致的,且所有集中荷载作用处的剪力差值也与相应的集中荷载大小相等。这些都在一定程度上验证了计算结果的正确性,下面的方法不再赘述。

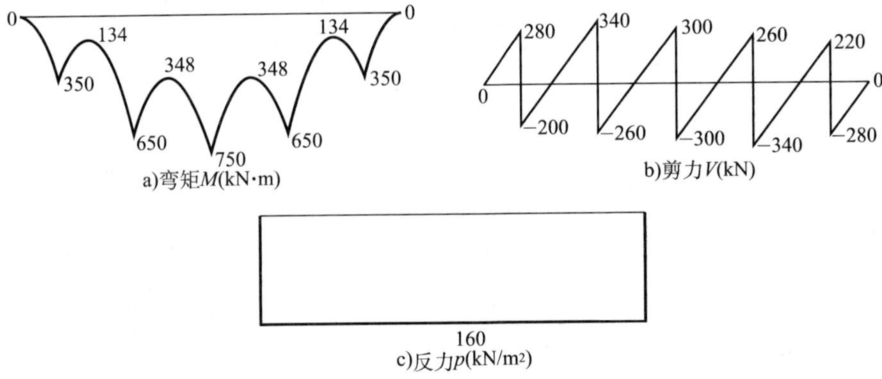

图 8-2 静力平衡法结果

8.4 倒梁法

倒梁法的 M 函数文件指令：

```
function  [m,v,p,x_m,x_v,x_p] = Reversed_Beam(X,P,M,oo,b,h,E_c);
%  Reversed_Beam 本函数用于使用倒梁法计算柱下条形基础的内力
% 1 中间参数计算 = = = = = = = = = = = = = = = = = = = = = = = = = = = = = = = = = = = =
o = 1;                                      % 计算点数目恒为 1 个
n = length(X);                              % 集中力结点个数
l = X(n) - X(1)/o;                          % 计算相邻两个计算点的距离
ll = (X(n) - X(1))/oo;                      % 计算相邻两个显示点的距离
x = X(1) + l/2;                             % 形成计算点处的坐标数组
x_m = X(1) + ll/2:ll:X(n) - ll/2;           % 形成显示点处的几何坐标
x_R = x;                                    % 均布反力作用的中点数组
I = b * h^3/12;                             % 矩形截面惯性矩公式
% 2 计算均布压力下的倒梁在支座处的反力 = = = = = = = = = = = = = = = = = = = = = = = =
% 2.1 计算均布地基反力 - - - - - - - - - - - - - - - - - - - - - - - - - - - - - - -
R = sum(P);                                 % 反力为结点集中力之和
p_l = R/l;                                  % 反力的线荷载形式
R_m = p_l * ll;                             % 相邻显示点之间的合反力
% 2.2 使用混合法求解超静定结构,得到支座处反力 - - - - - - - - - - - - - - - - - - - -
for i = 2:n - 1;                            % 对每个支座 i 进行循环
    for j = 2:n - 1;                        % 对每个支座 j 进行循环
      if X(j) <= X(i);                      % 如果支座 j 在支座 i 的左侧
        Matrix(i - 1,j - 1) = X(j)^2 * (3 * X(i) - X(j))/(6 * E_c * I);
      else;                                 % 如果支座 j 在支座 i 的右侧
        Matrix(i - 1,j - 1) = X(i)^2 * (3 * X(j) - X(i))/(6 * E_c * I);
      end;                                  % Matrix_Omega 为支座 i 上作用的
    end;                                    % 单位力在支座 j 处引起的变形的
end;                                        % 矩阵
Matrix = [Matrix, - ones(n - 2,1), - X(2:n - 1)];   % 扩展矩阵(平衡条件)
Matrix = [Matrix;[ - ones(1,n - 2),[0,0]];[ - X(2:n - 1)′,[0,0]]];
```

```
                                                  % 扩展矩阵(平衡条件)
for i = 2:n - 1;                                  % 对每个支座 i 进行循环
    for j = 1:oo;                                 % 对每个显示点 j 进行循环
      if x_m(j)<X(i);                             % 如果显示点在支座左侧
        delta(i - 1,j) = x_m(j)^2 * (3 * X(i) - x_m(j))/(6 * E_c * I) * R_m;
      else;                                       % 如果显示点在支座右侧
        delta(i - 1,j) = X(i)^2 * (3 * x_m(j) - X(i))/(6 * E_c * I) * R_m;
      end;                                        % 数组 delta 为显示点 j 处作用的
    end;                                          % 单位力在支座 i 处引起的变形的
end;                                              % 数组
Delta = sum(delta,2);                             % 均布地基反力在支座处引起的变形
Delta = [Delta; - R; - (sum(M) + P′ * X)];        % 扩展数组(力和力偶平衡)
Force = Matrix\Delta;                             % 解方程组,得支座反力
Force = [0;Force(1:n - 2);0];                     % 形成支座反力数组
% 2.3 检查支座反力误差是否满足小于 20 % 的要求 - - - - - - - - - - - - - - - - - - - - - -
D_P = Force(2:n - 1) - P(2:n - 1);                % 计算不平衡力
if max(abs(D_P./P(2:n - 1)))> = 0.2;warning('需要调整不平衡力');end;
                                                  % 发出警告
% 3 计算地基分布力和基础内力 = = = = = = = = = = = = = = = = = = = = = = = = = = = = = = = =
[p,x_p] = solve_p(R,x,X,l,b);                     % 形成均布反力的角点值数组
[m,v,x_m,x_v] = solve_mv(X,Force,M,R,p_l,x,x_m,x_R,l);  % 形成基础的内力数组
```

倒梁法进行内力计算的结果见图 8-3。

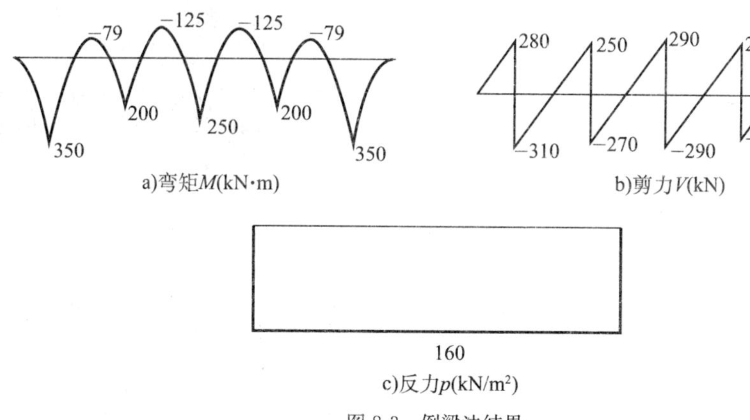

图 8-3　倒梁法结果

8.5　文克尔地基梁法

文克尔地基梁法的 M 函数文件指令：

```
function  [m,v,p,x_m,x_v,x_p] = Winkler(X,P,M,oo,b,h,k,E_c);
%  Winkler 本函数用于使用文克尔地基梁法计算柱下条形基础的内力
% 1 中间参数计算 = = = = = = = = = = = = = = = = = = = = = = = = = = = = = = = = = = =
n = length(X);                                    % 结点个数
ll = (X(n) - X(1))/oo;                            % 计算点间距
x = X(1):ll:X(n);                                 % 形成计算点数组
```

```
I = b * h^3/12;                                          % 矩形截面惯性矩公式
lambda = ((k * b)/(4 * E_c * I))^0.25;                   % 式(3-21)
% 2 计算有限长梁两端的附加荷载 = = = = = = = = = = = = = = = = = = = = = = = = = = = = = = =
[MM,VV,omega,Ax,Bx,Cx,Dx] = ABCDMVo(X,[X(1),X(n)],lambda,P,M,b,k);
                                                         % 无限长梁子函数
COE = [1/(4 * lambda),Cx/(4 * lambda),0.5, - Dx/2;       % 式(3-38)左侧 4 * 4 矩阵
    - 0.5,Dx/2, - lambda/2, - lambda * Ax/2;
    Cx/(4 * lambda),1/(4 * lambda),Dx/2, - 0.5;
    - Dx/2,0.5, - lambda * Ax/2, - lambda/2];
Force = [ - MM(:,1)´; - VV(:,1)´; - MM(:,2)´; - VV(:,2)´]; % 式(3-38)右侧一维数组,两端内力
ADD_cpt = COE\Force;                                     % 解方程,计算梁两端的反作用力
ADD = sum(ADD_cpt,2);                                    % 对 ADD_cpt 按行累加
P(1) = P(1) + ADD(1);                                    % 累加计算所得左侧集中力
P(n) = P(n) + ADD(2);                                    % 累加计算所得右侧集中力
M(1) = M(1) + ADD(3);                                    % 累加计算所得左侧集中力偶
M(n) = M(n) + ADD(4);                                    % 累加计算所得右侧集中力偶
% 3 计算地基分布力和基础内力 = = = = = = = = = = = = = = = = = = = = = = = = = = = = = = =
% 3.1 根据无限长梁解析解计算的内力和变形 - - - - - - - - - - - - - - - - - - - - - - - -
[MM,VV,omega,Ax,Bx,Cx,Dx] = ABCDMVo(X,x,lambda,P,M,b,k);
                                                         % 无限长梁解析解子函数
MM(n,oo + 1) = MM(1,1);VV(n,oo + 1) = - VV(1,1);omega(n,oo + 1) = omega(1,1);
% 荷载对称情况下,令右端在自身处产生的内力与左端在自身处产生的内力相同
% 3.2 形成基础内力和地基反力数组 - - - - - - - - - - - - - - - - - - - - - - - - - - - -
m = sum(MM);                                             % 将每个结点在该计算点处的弯矩叠加
v = sum(VV);                                             % 将每个结点在该计算点处的剪力叠加
p_s = sum(omega) * k;p = [0,p_s,0];                      % 将位移叠加,由式(3-6)计算该点反力
x_m = x;x_v = x;x_p = [X(1),x,X(n)];                     % 对计算点处的内力几何坐标赋值
```

提供文克尔地基无限长梁的解析解的 M 函数文件指令：

```
function [MM,VV,omega,Ax,Bx,Cx,Dx] = ABCDMVo(x_1,x_2,lambda,P,M,b,k);
%   ABCDMVo 本函数用于提供文克尔地基无限长梁的解析解解答
for i = 1:length(x_1);                                   % 对每个结点进行循环
    for j = length(x_2): - 1:1;                          % 对每个计算点逆序循环
      XX = abs((x_2(j) - x_1(i)) * lambda);              % lambda * |x|
      Ax = exp( - XX) * (cos(XX) + sin(XX));             % Ax,由式(3-29)得到
      Bx = exp( - XX) * sin(XX);                         % Bx
      Cx = exp( - XX) * (cos(XX) - sin(XX));             % Cx
      Dx = exp( - XX) * cos(XX);                         % Dx
      if x_2(j)> = x_1(i);                               % 当计算点在结点的右侧时
        MM(i,j) = P(i) * Cx/(4 * lambda) + M(i) * Dx/2;  % 结点 i 上的外力反映在计算点 j
        VV(i,j) = - P(i) * Dx/2 - M(i) * lambda * Ax/2;  % 上的内力,见式(3-30)和式(3-33)
        omega(i,j) = P(i) * lambda * Ax/(2 * b * k) + M(i) * lambda^2 * Bx/(b * k);
      else;                                              % 当计算点在结点的左侧时
        MM(i,j) = P(i) * Cx/(4 * lambda) - M(i) * Dx/2;
        VV(i,j) = P(i) * Dx/2 - M(i) * lambda * Ax/2;    % 需根据对称性修改符号
        omega(i,j) = P(i) * lambda * Ax/(2 * b * k) - M(i) * lambda^2 * Bx/(b * k);
```

```
        end;
    end;
end;
```

文克尔地基梁法进行内力计算的结果见图 8-4。

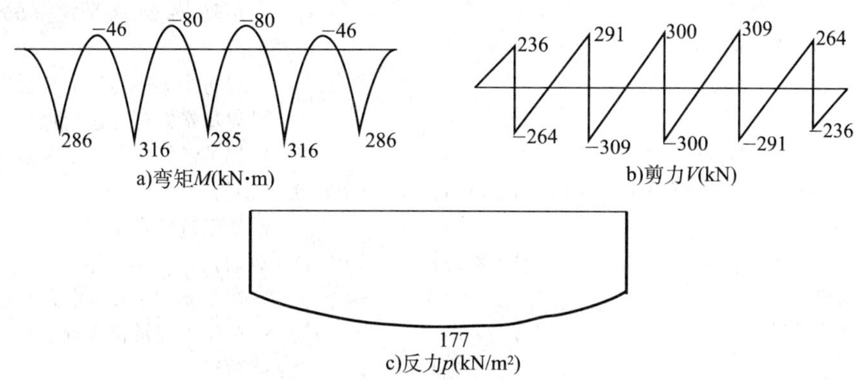

图 8-4 文克尔地基梁法结果

8.6 链杆法

链杆法的 M 函数文件指令：

```
function  [m,v,p,x_m,x_v,x_p] = Chain_Shot(X,P,M,o,oo,b,h,E_g,niu,E_c,k);
%  Chain_shot 本函数用于使用链杆法计算柱下条形基础的内力
% 1 中间参数计算 = = = = = = = = = = = = = = = = = = = = = = = = = = = = = = = = = = =
n = length(X);                                  % 集中力结点个数
l = (X(n) - X(1))/o;                            % 链杆间距
ll = (X(n) - X(1))/oo;                          % 显示点间距
x = X(1) + l/2:l:X(n) - l/2;                    % 形成链杆坐标数组
n_c = length(x);                                % 统计链杆个数
x_R = x;                                        % 每个均布反力作用的中点数组
x_m = X(1) + ll/2:ll:X(n) - ll/2;               % 形成显示点处的几何坐标
I = b * h^3/12;                                 % 矩形截面惯性矩公式
% 2 计算地基对基础的反力 = = = = = = = = = = = = = = = = = = = = = = = = = = = = = =
%2.1 构造矩阵 Matrix_S - - - - - - - - - - - - - - - - - - - - - - - - - - - - - - -
S = repmat(x,n_c,1);                            % 将 x 扩展为 n_c 行、1 列
coe = l * b/(l * log((b + (l^2 + b^2)^0.5)/l) + b * log((l + (l^2 + b^2)^0.5)/b));
                                                %系数
SS = abs(S′ - S) + eye(n_c) * coe/2;            % 中间矩阵
Matrix_S = (1 - niu^2)./(pi * E_g * SS);        % 矩阵 s,参见式(3-49)和式(3-53)
% Matrix_S = eye(n_c)/(k * b * l);              % 文克尔地基模型的柔度矩阵
%2.2 构造矩阵 Matrix_Omega - - - - - - - - - - - - - - - - - - - - - - - - - - - -
for i = 1:n_c;                                  % 对每根链杆 i 进行循环
    for j = 1:n_c;                              % 对每根链杆 j 进行循环
      if x(j)< = x(i);                          % 如果链杆 j 在链杆 i 的左侧
```

```
      Matrix_Omega(i,j) = x(j)^2 * (3 * x(i) - x(j))/(6 * E_c * I);
    else;                                       % 如果链杆 j 在链杆 i 的右侧
      Matrix_Omega(i,j) = x(i)^2 * (3 * x(j) - x(i))/(6 * E_c * I);
    end;                                        % Matrix_Omega 为链杆 i 上作用的
  end;                                          % 单位力在链杆 j 处引起的变形的
end;                                            % 矩阵 omega,参见式(3-55)
% 2.3 构造数组 Delta -----------------------------------------
for i = 1:n;                                    % 对每个集中力结点 i 处循环
  for j = 1:n_c;                                % 对每根链杆 j 进行循环
    if x(j)<X(i);                               % 如果链杆在集中力结点左侧
      delta(i,j) = x(j)^2 * (3 * X(i) - x(j))/(6 * E_c * I) * P(i);
    else;                                       % 如果链杆在集中力结点右侧
      delta(i,j) = X(i)^2 * (3 * x(j) - X(i))/(6 * E_c * I) * P(i);
    end;                                        % 数组 delta 为集中力 i 处作用的
  end;                                          % 单位力在链杆 j 处引起的变形的
end;                                            % 数组
Delta = sum(delta);                             % 所有集中力在链杆处引起的变形
Delta = [Delta'; - sum(P); - (sum(M) + P' * X)];   % 扩展为式(3-48)中的右侧数组
% 2.4 求解方程组,计算链杆力 Ri ----------------------------------
Matrix = Matrix_S + Matrix_Omega;               % 矩阵 delta,参见式(3-43)
Matrix = [Matrix, - ones(n_c,1), - x'];         % 扩展矩阵
Matrix = [Matrix;[ - ones(1,n_c),[0,0]];[ - x,[0,0]]];  %式(3-48)中的左侧的矩阵
R = Matrix\Delta;                               % 解方程组,得链杆力
R(n_c + 1:n_c + 2,:) = [];                      % 去掉最后两项
% 3 计算地基分布力和基础内力 = = = = = = = = = = = = = = = = = = = = = = = = = = = = =
p_l = R/l;                                      % 反力的线荷载形式
[p,x_p] = solve_p(R,x,X,l,b);                   % 形成均布反力的角点值数组
[m,v,x_m,x_v] = solve_mv(X,P,M,R,p_l,x,x_m,x_R,l);  %形成基础的内力数组
```

本子程序含有两种地基模型,默认采用弹性半空间地基模型,如欲采用文克尔地基模型,只需将程序“2.1 构造矩阵 Matrix_S”中有无前置“%”的行互置即可,其计算结果见 8.9 节。下面采用弹性半空间地基模型,取链杆数目为 10,进行链杆法内力计算,结果见图 8-5。

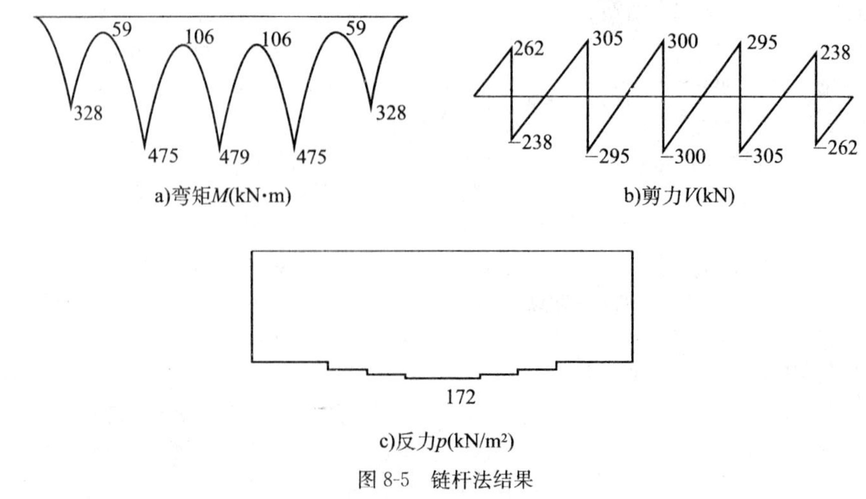

图 8-5　链杆法结果

8.7 有限差分法

有限差分法的 M 函数文件指令：

```
function   [m,v,p,x_m,x_v,x_p] = Finite_Dif(X,P,M,o,oo,b,h,k,E_c);
%   Finite_Dif 本函数用于使用有限差分法计算柱下条形基础的内力
% 1 中间参数计算 = = = = = = = = = = = = = = = = = = = = = = = = = = = = = = = = = = =
n = length(X);                                    % 集中力结点个数
l = (X(n) - X(1))/o;                              % 子域长度
ll = (X(n) - X(1))/oo;                            % 显示点间距
x = X(1) + l/2:l:X(n) - l/2;x_R = x;              % 形成单元结点数组
x_m = X(1) + ll/2:ll:X(n) - ll/2;                 % 形成计算点数组
I = b * h^3/12;                                   % 矩形截面惯性矩公式
% 2 计算地基对基础的反力 = = = = = = = = = = = = = = = = = = = = = = = = = = = = = = =
%2.1 构造矩阵 Matrix_C - - - - - - - - - - - - - - - - - - - - - - - - - - - - - - - -
C = E_c * I/l^2;                                  % 用于式(3-74)中的矩阵 C
for i = 1:o - 2;                                  % 对 Matrix_C 前 o~2 行分行赋值
    Matrix_C(i,i) = C;                            % 对角线上的元素赋值
    Matrix_C(i,i + 1) = - 2 * C;                  % 对角线右边第一个元素赋值
    Matrix_C(i,i + 2) = C;                        % 对角线右边第二个元素赋值
end;
Matrix_C(o - 1:o,:) = 0;                          % 将 Matrix_C 向下扩展两行
%2.2 构造矩阵 Matrix_K - - - - - - - - - - - - - - - - - - - - - - - - - - - - - - - -
K = k * b * l;                                    % 用于式(3-74)中的矩阵 K
for i = 1:o;                                      % 对每行进行循环
    for j = 1:i;                                  % 对每列进行循环
      Matrix_K(i,j) = (i - j + 1) * K;            % Matrix_K 元素赋值与行列数相关
    end;
end;
Matrix_K(o,:) = K/l;                              % 对最后一行重新赋值为 K/l
Matrix_K = Matrix_K * l;                          % 矩阵 K 与标量 l 相乘
%2.3 构造数组 M_pi - - - - - - - - - - - - - - - - - - - - - - - - - - - - - - - - - -
M_pi = zeros(o,1);                                % 定义 M_pi 为 o 行 1 列
for j = 2:o;                                      % 对从 2 起的每个结点进行循环
    m_p = P. * (x(j) - X);                        % 所有外力对结点的力矩
    m_p(m_p<0) = 0;                               % 力矩为负的元素设置为 0
    M_pi(j - 1) = sum(m_p);                       % 左侧外力的力矩进行累加
end;
M_pi(o) = sum(P);                                 % 对 M_pi 最后一行赋值
%2.4 求解方程组,计算地基对子域的合力 Ri - - - - - - - - - - - - - - - - - - - - - - -
Matrix = Matrix_C + Matrix_K;                     % Matrix_C 和 Matrix_K 相加
S = Matrix\M_pi;                                  % 求解方程组
R = K * S;                                        % 计算地基对子域的合力
% 3 计算地基分布力和基础内力 = = = = = = = = = = = = = = = = = = = = = = = = = = = = =
```

```
p_l = R/l;                                      % 反力的线荷载形式
[p,x_p] = solve_p(R,x,X,l,b);                   % 形成均布反力的角点值数组
[m,v,x_m,x_v] = solve_mv(X,P,M,R,p_l,x,x_m,x_R,l);  %形成基础的内力数组
```

有限差分法进行内力计算的结果见图 8-6。

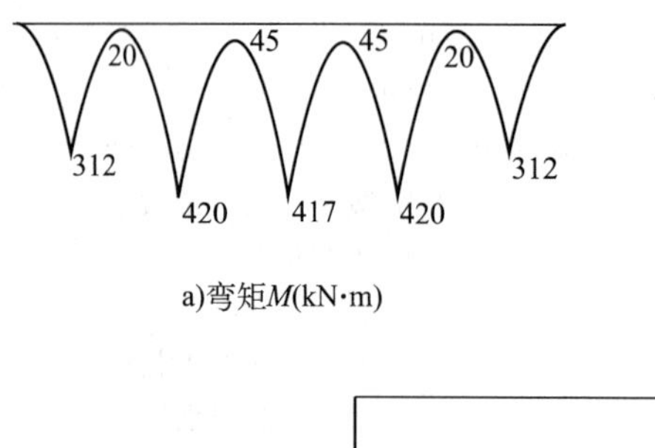

a)弯矩M(kN·m)

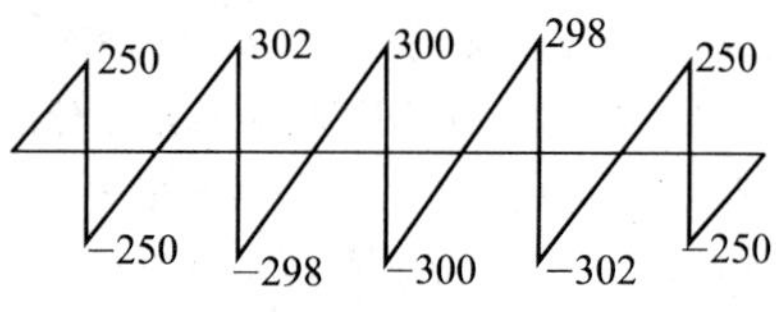

b)剪力V(kN)

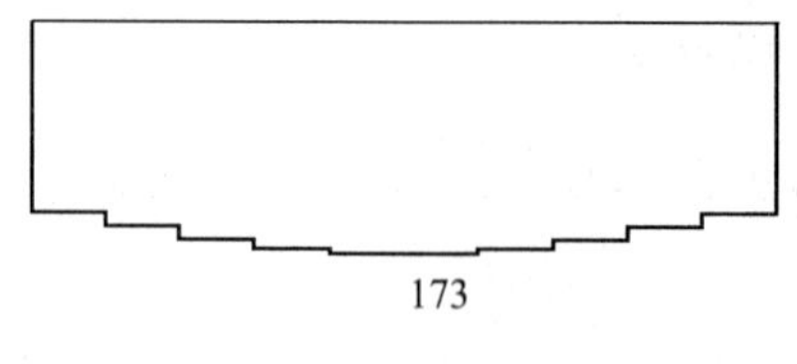

c)反力p(kN/m²)

图 8-6　有限差分法结果

8.8　有限单元法

有限单元法的 M 函数文件指令：

```
function   [m,v,p,x_m,x_v,x_p] = Finite_Ele(X,P,M,o,oo,b,h,k,E_c);
%   Finite_Ele 本函数用于使用有限单元法计算柱下条形基础的内力
% 1 中间参数计算 = = = = = = = = = = = = = = = = = = = = = = = = = = = = = = = = = = = = =
n = length(X);                                  % 集中力结点个数
l = (X(n) - X(1))/o;                            % 子域长度
ll = (X(n) - X(1))/oo;                          % 显示点间距
x = X(1):l:X(n);x_R = x;                        % 形成单元结点数组
x_m = X(1) + ll/2:ll:X(n) - ll/2;               % 形成计算点数组
x_R(1) = l/4;                                   % 第一个均布反力作用的中点
I = b * h^3/12;                                 % 矩形截面惯性矩公式
% 2 计算地基对基础的反力 = = = = = = = = = = = = = = = = = = = = = = = = = = = = = = = = =
%2.1 构造矩阵 K_b - - - - - - - - - - - - - - - - - - - - - - - - - - - - - - - - - - -
B = E_c * I/l^3;                                % 用于式(3-80)右侧的系数 Ci
k_b = [12,6 * l, - 12,6 * l;                    % 式(3-80)右侧的系数矩阵
6 * l,4 * l^2, - 6 * l,2 * l^2;
- 12, - 6 * l,12, - 6 * l;
6 * l,2 * l^2, - 6 * l,4 * l^2];
K_b = k_b;                                      % 形成第一层次的 K_b
for i = 1:o - 1;                                % 将系数矩阵叠加 o - 1 次
K_b = [[K_b,zeros(2 * i + 2,2)];zeros(2,2 * i + 4)] + [zeros(2 * i,2 * i + 4);[zeros(4,2 * i),...
```

```
k_b]];
end;                                          % 系数矩阵对号入座
K_b = K_b * B;                                % 乘以系数
%2.2 构造矩阵 K_s ------------------------------------------------
K = b * l * k;                                % 式(3-84)中的 Ki
K_s = eye(2 * o + 2) * K;                     % 形成只有对角线上有元素的矩阵
K_s(2:2:2 * o + 2, :) = 0;                    % 偶数行设为 0
K_s(1,1) = K/2;                               % 第一个数设为原来的一半
K_s(2 * o + 1,2 * o + 1) = K/2;               % 第 2 * o + 1 个数设为原来的一半
%2.3 构造数组 Force ---------------------------------------------
Force = zeros(2 * o + 2,1);                   % 生成零矩阵
for j = 1:o + 1;                              % 对每个计算点进行循环
    for i = 1:n;                              % 对每个集中力结点进行循环
        if X(i) = = x(j);                     % 如果两者几何坐标相等
            Force(2 * j - 1) = P(i);          % 记录该点的集中力
            Force(2 * j) = M(i);              % 记录该点的外力偶
        end;                                  % 将记录形成数组
    end;                                      % 式(3-91)右侧的数组
end;
%2.4 求解方程组,计算地基对子域的合力 Ri ------------------------------
Matrix = K_b + K_s;                           % 矩阵 K_b 和 K_S 相加
S = Matrix\Force;                             % 求解方程组
R = S(1:2:2 * o + 1) * K;                     % 去除结果的奇数项,并乘系数
% 3 计算地基分布力和基础内力 ====================================
p_l = R/l;                                    % 反力的线荷载形式
[p,x_p] = solve_p(R,x,X,l,b);                 % 形成均布反力的角点值数组
R(1) = R(1)/2;                                % 最左端反力取一半
R(o + 1) = R(o + 1)/2;                        % 最右端反力取一半
[m,v,x_m,x_v] = solve_mv(X,P,M,R,p_l,x,x_m,x_R,l);   %形成基础的内力数组
```

有限单元法进行内力计算的结果见图 8-7。

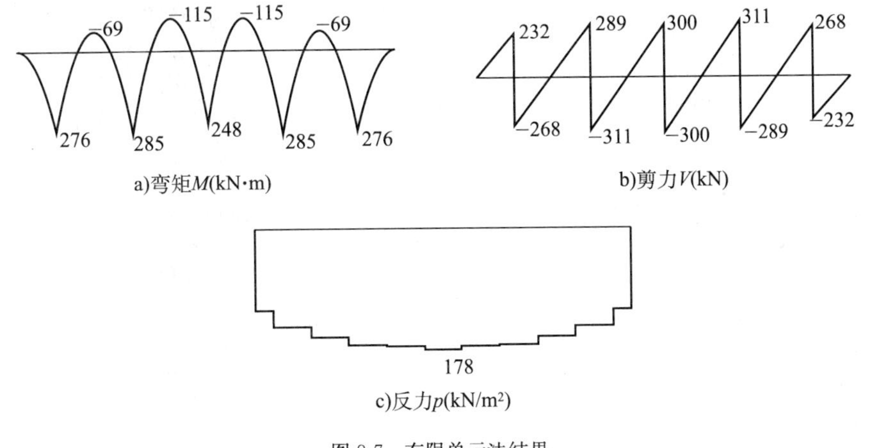

图 8-7　有限单元法结果

8.9 各种计算方法比较

为了对比在采用同种地基模型时使用不同计算方法，和在使用同种计算方法时采用不同地基模型的计算结果，这里增加了第7种方法，即采用文克尔模型的链杆法，其程序见8-6节。这里对以上7种方法的计算结果进行对比分析，见图8-8、图8-9。

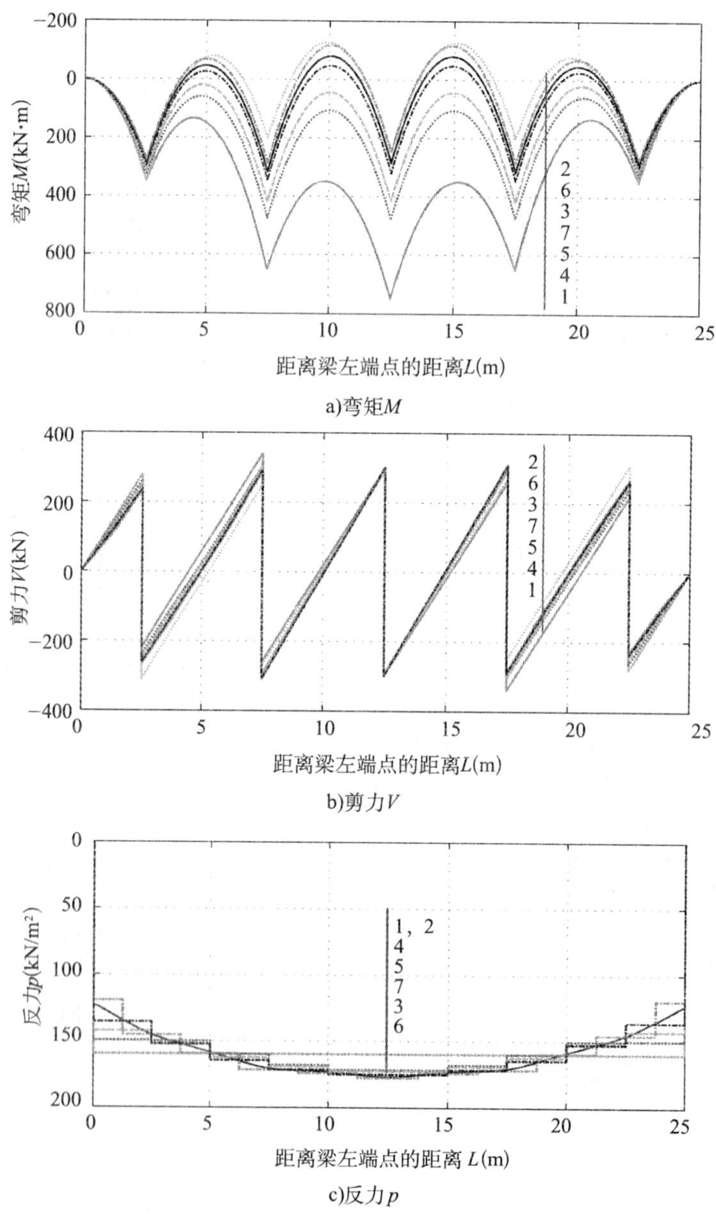

图8-8 7种方法比较(分段数为10)

1-静力平衡法；2-倒梁法；3-文克尔地基梁法；4-链杆法；5-有限差分法；6-有限单元法；7-链杆法(文克尔模型)

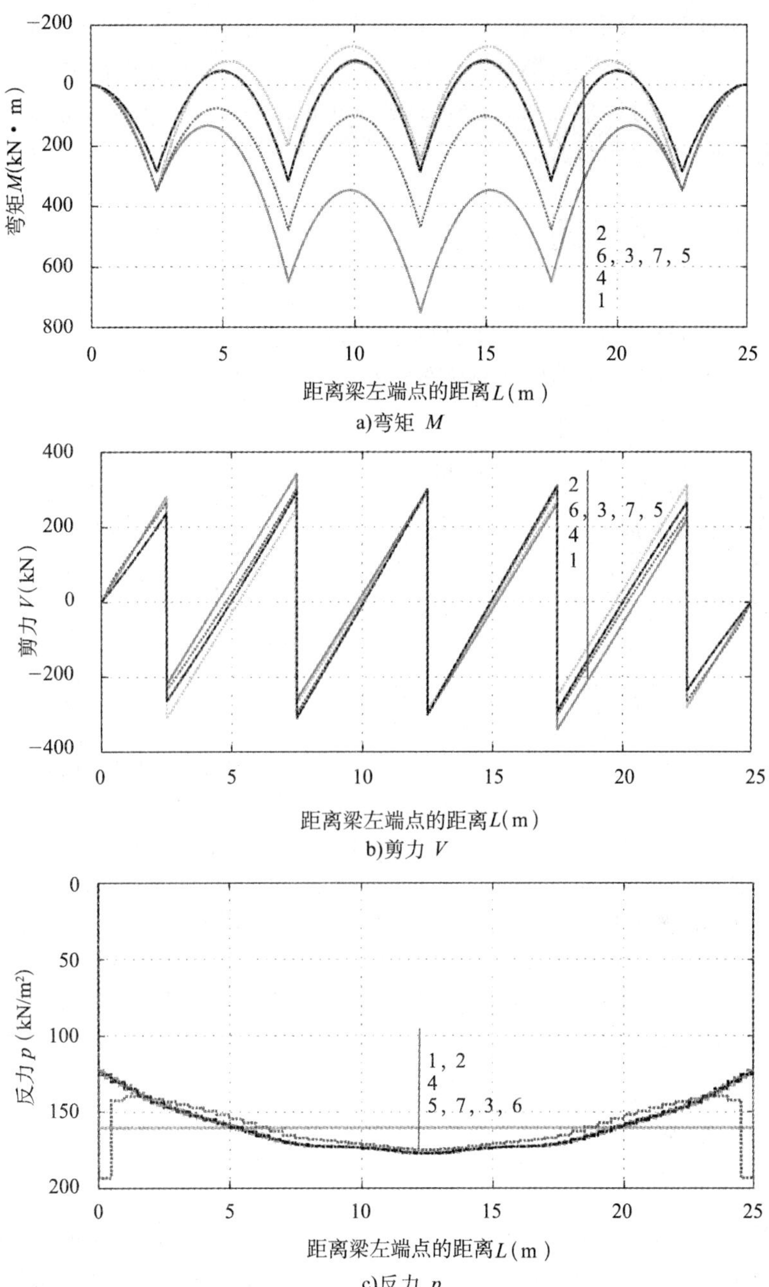

a)弯矩 M

b)剪力 V

c)反力 p

图 8-9　7 种方法比较(分段数为 50)

1-静力平衡法;2-倒梁法;3-文克尔地基梁法;4-链杆法;5-有限差分法;6-有限单元法;7-链杆法(文克尔模型)

从图 8-8 和图 8-9 中不同计算精度时 7 种方法比较可以发现:(1)分段数为 10 时,计算结果离散性较大;(2)分段数为 50 时计算较精细,离散性较大的 7 种结果化为 4 种结果,有限差分法、有限单元法和采用文克尔地基模型的链杆法的弯矩、剪力和反力结果,趋近于文克尔地基梁法的解析解,四者结果一致;(3)各种方法在弯矩最大处和剪力最大处的顺序相同;(4)采用弹性半空间地基模型的链杆法不趋近于其他方法的计算结果,原因在于采用了不同的地基模型；(5)当计算精细时，地基模型是影响计算结果的主要因素，计算方法的影响逐渐淡化；(6)静力平衡法和倒梁法中没有考虑基础与地基的变形协调，没有地基模型的概念，其计算结果也与分段数无关，反力依然为均布形式；(7)静力平衡法结果出现了过大的正弯矩，与其他方法差距最大。

8.10 静力计算的辅助子程序

```
function    [m,v,x_m,x_v] = solve_mv(X,P,M,R,p_l,x,x_m,x_R,l);
%   solve_mv 本函数用于根据静力平衡条件生成基础的内力及其坐标数组
% - - - - - - - - - - - - - - - - - - - - - - - - - - - - - - - - - - - - - - - -
m = zeros(1,length(x_m));v = m;                         % 生成 m 和 v 的零数组
for j = 1:length(m);                                    % 对每个显示点进行循环
    for i = 1:length(P);                                % 对每个集中外力和外力偶循环
      if X(i)<x_m(j);                                   % 如果外力在该显示点的左侧
        m(j) = m(j) - P(i) * (x_m(j) - X(i)) + M(i);    % 累加该外力和外力偶的弯矩效应
        v(j) = v(j) - P(i);                             % 累加该外力的剪力效应
      end;
    end;
    for i_R = 1:length(R);                              % 对每个反力进行循环
      if x(i_R) + l/2<x_m(j);                           % 如果该反力完全在显示点左侧
        m(j) = m(j) + R(i_R) * (x_m(j) - x_R(i_R));     % 全部累加该反力的弯矩效应
        v(j) = v(j) + R(i_R);                           % 全部累加该反力的剪力效应
      else if x(i_R) - l/2<x_m(j);                      % 如果该反力部分在显示点左侧
          dist = x_m(j) - max(0,(x(i_R) - l/2));        % 计算在左侧的部分
          m(j) = m(j) + p_l(i_R)/2 * dist^2;            % 按线荷载形式累加弯矩效应
          v(j) = v(j) + p_l(i_R) * dist;                % 按线荷载形式累加剪力效应
        end;
      end;
    end;
end;
m = [0,m,0];x_m = [min(X),x_m,max(X)];                  % 在梁两端添加弯矩为零的一组数
v = [0,v,0];x_v = x_m;                                  % 在梁两端添加剪力为零的一组数

function    [p,x_p] = solve_p(R,x,X,l,b);
%   solve_p 本函数用于生成均布反力的角点值数组
% - - - - - - - - - - - - - - - - - - - - - - - - - - - - - - - - - - - - - - - -
p_l = R/l;                                              % 生成反力的线荷载形式
p_s = p_l/b;                                            % 生成反力的均布荷载形式
for i = 1:2:2 * length(x) - 1;                          % 用于反力左边的角点
    x_p(i) = max(x(i/2 + 0.5) - l/2,min(X));            % 坐标取反力作用处左侧 l/2 处
    p(i) = p_s(i/2 + 0.5);                              % 角点反力值取该处的均布反力
```

```
end;
for i = 2:2:2 * length(x);                          % 用于反力右边的角点
    x_p(i) = min(x(i/2) + 1/2, max(X));             % 坐标取反力作用处左侧 1/2 处
    p(i) = p_s(i/2);                                % 角点反力值取该处的均布反力
end;
x_p = [min(X), x_p, max(X)]; p = [0, p, 0];         % 在梁两端添加均布反力为零的一组数

function   [mm, x_me] = extreme(m, x_m);
%   extreme 本函数用于生成内力及其坐标的极值数组
mm = []; x_me = [];                                 % 令极值处的内力及其几何坐标为空
for j = 2:length(m) - 1;                            % 对除两端外的每个计算点进行循环
    if(m(j) - m(j-1)) * (m(j) - m(j+1)) >= 0;      % 如果该点处的内力为极值
      x_me = [x_me; x_m(j)];                        % 那么将其内力几何坐标记录到 x_me 中
      mm = [mm, m(j)];                              % 将其内力值记录到 mm 中
    end;
end;
```

8.11 程序运行方法

为了使没有 MATLAB 使用经验的读者能尽快掌握该软件，特简单介绍本章程序的运行方法。关于 MATLAB 用法的更详细和更深入的内容，读者可参考 MATLAB 的帮助文件和文献[1]。

MATLAB 运行程序的方法有两种：指令窗输入和 M 文件（扩展名为“ * . m”）运行。对于比较简单的问题和“一次性”问题，指令窗直接输入求解或许是比较简便快捷的。但本章所解决问题需要的指令较多，且涉及自编函数文件、指令结构稍复杂，指令窗输入的方法就显得过于繁琐、累赘和笨拙。因此，本章所编程序均采用 M 文件运行方式。这种方式通过改变少量参数，就可以反复利用程序进行对比计算，且不易出错。

程序运行的方法非常简单，可分为 4 步：

（1）双击桌面或开始菜单中的 MATLAB 快捷方式，启动操作界面，见图 8-10。

（2）将图 8-10 中“当前文件夹”的路径设置为本程序文件所在的文件夹。

（3）用鼠标左键双击“当前目录浏览器”中的“main. m”，引出的 M 文件编辑调试器，如图 8-10 所示。

（4）用鼠标左键单击图中的“运行按钮”，或点击键盘上的“F5”键，产生图 8-11 中“运行结果”所示 3 幅内力和反力图。

另外，也可以采用更加简捷的方法运行：直接打开程序所在文件夹，双击“main. m”，启动 M 文件编辑器并运行该程序。如果直接双击“main. m”未能启动 M 文件编辑器，可通过运行以下代码，将“. m”等 MATLAB 内置文件格式，与相应的打开方式进行关联。

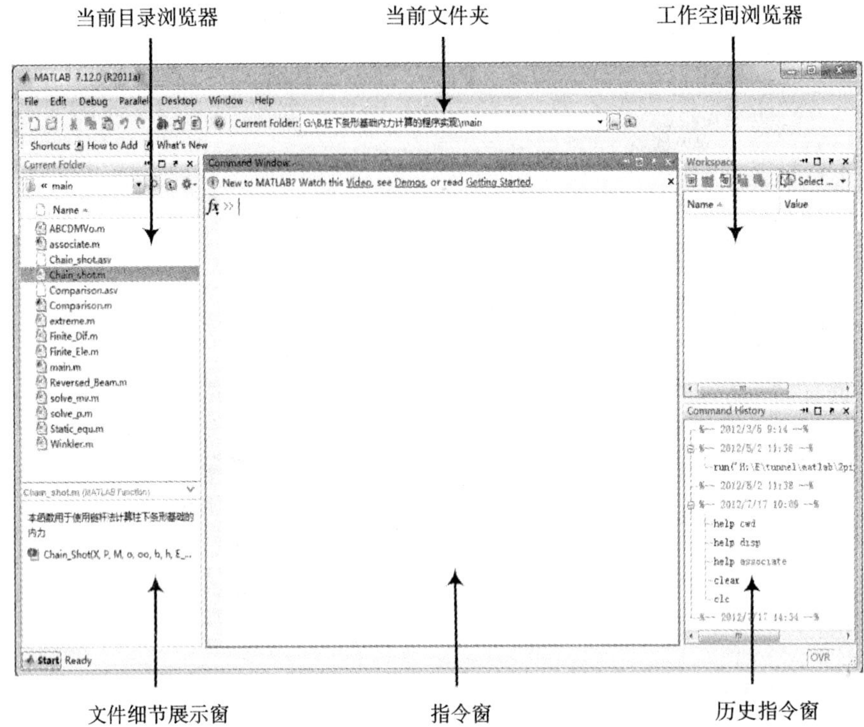

图 8-10 MATLAB 操作界面

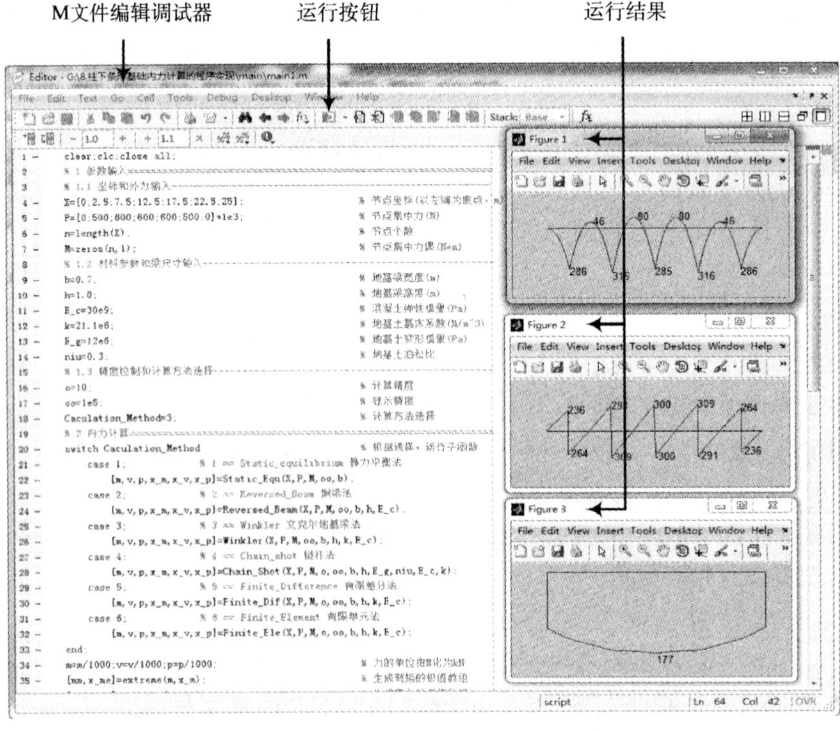

图 8-11 M 文件编辑器和运行结果

```
cwd = pwd;                                                   % 设置路径
cd([matlabroot'\toolbox\matlab\winfun\private']);            % 指定当前目录
fileassoc('add',{'.m','.mat','.fig','.p','.mdl',['.' mexext]});
                                                             % 使用 fileassoc 函数添加关联(重点)
cd(cwd);                                                     % 指定路径
disp('FIG,M,MAT,MDL,MEX,and P files are now associated with MATLAB.'); % 显示运行结果
```

参考文献

[1] 张志涌．精通 MATLAB 6.5 版[M]. 北京：北京航空航天大学出版社，2003.

[2] 张明．结构可靠度分析:方法与程序[M]. 北京：科学出版社，2009.

附　录

用 Excel 解方程，例如解方程：

$$\begin{bmatrix}2 & 3\\4 & 9\end{bmatrix}\begin{Bmatrix}x_1\\x_2\end{Bmatrix}=\begin{Bmatrix}8\\22\end{Bmatrix}$$

1. 求逆矩阵

(1)在 Excel 表格的任意位置输入系数矩阵，例如(A1:B2)，如附图 1 所示。

(2)在逆矩阵的起点处插入函数 MINVERSE(A1:B2)，按"确定"得此处逆矩阵的值，如附图 2 所示。

(3)从逆矩阵起点处开始，选择逆矩阵的所有单元，按"F2"，再按"ctrl+shift+Enter"即可表示出全部逆矩阵的值，如附图 3 所示。

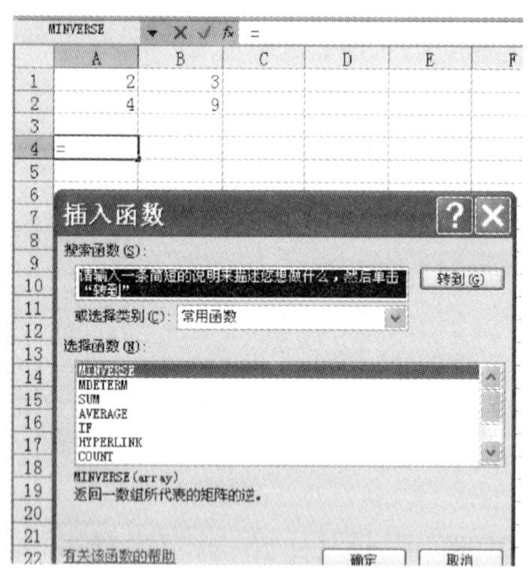

附图　1

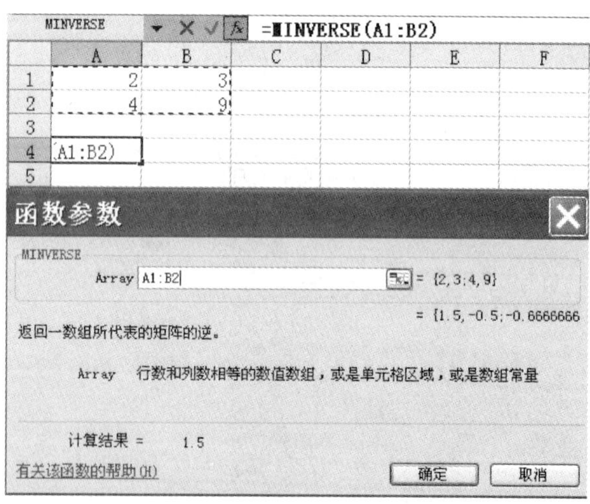

附图　2

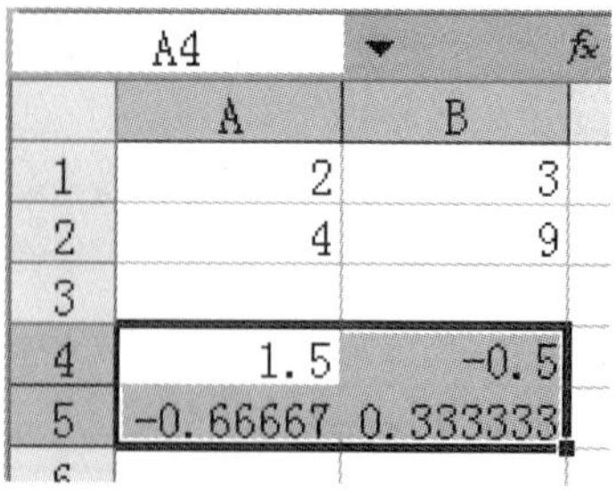

A4	A	B
1	2	3
2	4	9
3		
4	1.5	-0.5
5	-0.66667	0.333333

附图　3

由第三步可得矩阵$\begin{bmatrix}2 & 3\\4 & 9\end{bmatrix}$的逆矩阵是$\begin{bmatrix}1.5 & -0.5\\-2/3 & 1/3\end{bmatrix}$

2. 矩阵相乘

(1)输入需要相乘的数组,两个相乘的数组行列的个数应满足矩阵相乘的要求,如附图4所示。

(2)在解的位置处插入函数 MMULT(A4:B5,C4:C5),如附图5所示。

(3)从解的起点处开始,选择解的所有单元,按“F2”,再按“ctrl+shift+Enter”即可表示出全部解,如附图6所示。

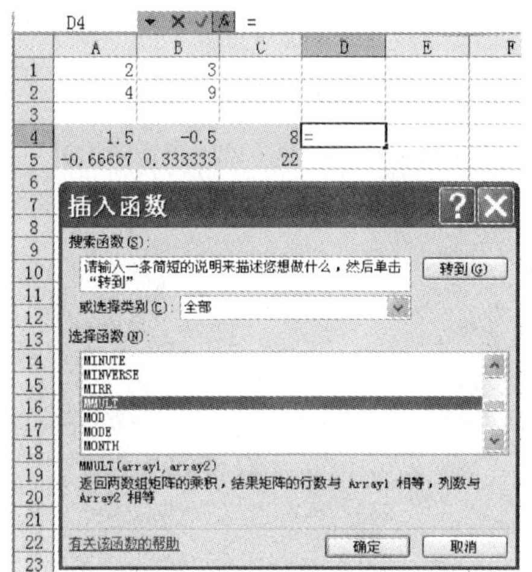

附图　4

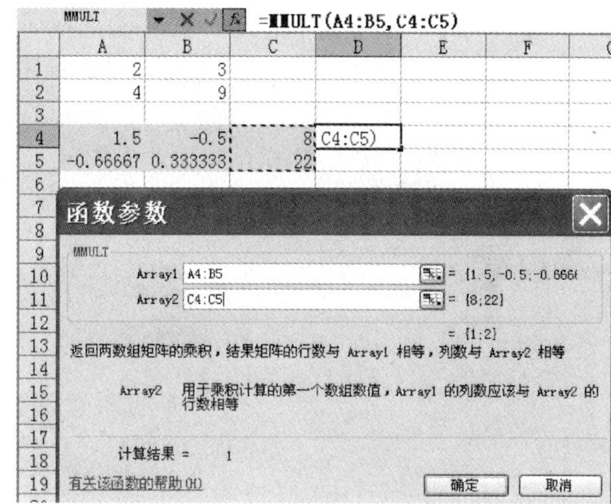

附图　5

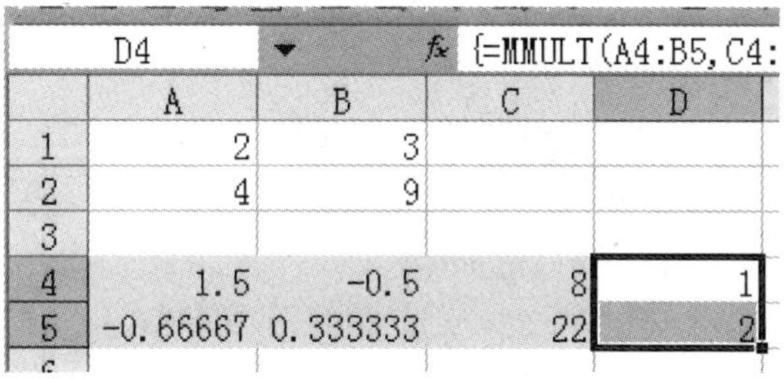

D4　{=MMULT(A4:B5,C4:

	A	B	C	D
1	2	3		
2	4	9		
3				
4	1.5	-0.5	8	1
5	-0.66667	0.333333	22	2

附图　6

由第三步可知该方程的解是:$[x_1 \quad x_3]^{\mathrm{T}}=[1 \quad 2]^{\mathrm{T}}$。